面 向 新 文 科 专 业 建 设 计 算 机 系 列 教 材

U0187417

大学计算机基础教程

计算思维 + Python + Office 2016

王亚利　张婷　任静静　种惠芳　沈丽民◎编著

清华大学出版社

北 京

内 容 简 介

本书内容主要包括计算与计算思维、数据表示与编码思想、计算机软硬件系统、常用工具软件、Python 程序设计基础、MySQL 数据库基础、计算机网络和信息安全。本书特色主要有：一是面向文科类专业，筛选合适的应用场景设计教学案例，除传统办公软件外，增加资源获取和效率管理工具软件；二是对于计算思维的讲授不单单是对概念的简单介绍，而是更加沣重将思维、方法和内涵融入计算机技术发展、科学家故事、核心知识点和概念中，并辅以课程思政元素；三是以问题为牵引，通过问题驱动教材内容的展开和深入，并提供实践练习题目，将教材和习题融为一体；四是提供配套的素材、代码、课件。

本书可作为高等院校计算机基础类课程的教材，也可作为相关计算机能力考试的参考书，还可作为培养计算机综合应用素质、提高办公自动化水平的自学参考书。

图书在版编目（CIP）数据

大学计算机基础教程：计算思维＋Python＋Office 2016/王亚利等编著. —北京：清华大学出版社，2022.9（2024.8重印）

面向新文科专业建设计算机系列教材

ISBN 978-7-302-61287-2

Ⅰ.①大…　Ⅱ.①王…　Ⅲ.①电子计算机－高等学校－教材　Ⅳ.①TP3

中国版本图书馆 CIP 数据核字(2022)第 120556 号

责任编辑：郭　赛
封面设计：杨玉兰
责任校对：胡伟民
责任印制：刘海龙

出版发行：清华大学出版社
   网　　址：https://www.tup.com.cn，https://www.wqxuetang.com
   地　　址：北京清华大学学研大厦 A 座　　　　邮　　编：100084
   社 总 机：010-83470000　　　　　　　　　邮　　购：010-62786544
   投稿与读者服务：010-62776969，c-service@tup.tsinghua.edu.cn
   质量反馈：010-62772015，zhiliang@tup.tsinghua.edu.cn
   课件下载：https://www.tup.com.cn,010-83470236
印 装 者：三河市铭诚印务有限公司
经　　销：全国新华书店
开　　本：185mm×260mm　　　印　　张：23.25　　　字　　数：566 千字
版　　次：2022 年 9 月第 1 版　　　　　　　　印　　次：2024 年 8 月第 2 次印刷
定　　价：69.80 元

产品编号：095500-01

前 言

在信息时代和智能时代,科技给人们的生产方式、生活方式、交流方式、思维方式、行为方式都带来了较大冲击,并呈现出全新的面貌。正如 1972 年图灵奖得主 Edsger Wybe Dijkstra(艾兹格·W.迪科斯彻)所说的:"我们使用的工具影响着我们的思维方式和思维习惯,从而也将深刻地影响我们的思维能力。"

为了适应时代需求,我们不仅要学习计算机相关知识、技术、思维和方法,还要具备利用计算机分析和解决实际问题的能力。

"大学计算机基础"是高等学校非计算机专业开设的第一门计算机公共基础必修课程。在教育部高等学校大学计算机课程教学指导委员会的领导下,计算机基础教学改革不断推进,近几年更加注重计算思维和赋能教育改革,以能力为核心,旨在提升学生应用计算机的综合能力和素养。因此,本书在编写上引入了计算思维的概念,旨在让学生理解计算思维的本质,了解计算思维的核心概念,有意识地培养学生的计算思维能力。

为适应计算机技术的发展,考虑到不同层次和学科专业对计算机知识模块需求的不同,以及全国计算机等级考试的大纲要求,本书选用 Windows 10 操作系统和 Office 2016 办公软件,编程语言采用 Python 语言。本书内容既涵盖计算机技术的基础知识,又包含前沿技术的科普;既有基本理论的讲解,又有实用技术的实践。对于计算思维,既有对概念和本质的介绍,又有贯穿和融入不同章节和知识点的案例。同时,本书在介绍计算机技术的发展和应用中润物细无声地融入了科学精神、科技强国等思政元素。

本书共 8 章,分别为计算与计算思维、数据表示与编码思想、计算机系统、Office 办公软件、常用工具软件介绍、Python 基础、数据库技术应用基础、计算机网络及其应用。对于理论部分,本书先从计算的本质开始,分析什么是计算,计算机作为计算的工具是如何一步步演变而来的,其中有哪些思维的火花。计算机要对现实中的问题进行计算,首先需要将不同类型的数据进行数字化表示、存储和运算,其中蕴含精妙的编码思想,在此基础上介绍计算机软硬件系统的组成架构和基本工作原理。对于应用部分,本书介绍的办公软件和常用工具软件都非常实用,难度不大,可供读者自学。对于 Python 基础部分,本书通过大量案例详细介绍编程基础知识和实际应用。对于数据库部分,本书介绍数据库的基础知识,并以 MySQL 数据库为例介绍数据库的创建及其和 Python 语言的联合应用。对于计算机网络部分,本书介绍网络的基本概念,以及网络应用和网络安全。

本书由马延周主审,王亚利、张婷、任静静、种惠芳、沈丽民编著。其中,第 1 章和第 2 章由王亚利编写;第 3 章和第 4 章中的 Word 部分由任静静编写;第 4 章中的 PPT 部分和第 6 章由张婷编写;第 5 章和第 8 章由种惠芳编写;第 4 章中的 Excel 部分和第 7 章由沈丽民编写;全书由王亚利统稿。编写过程中,马延周老师作为主审,提出了许多建设性意见,李健老师给予了许多有益的支持和帮助,在此深表谢意。

作者在编写本书的过程中参阅了大量的文献资料,在此向文献资料的作者表示衷心的感谢。

由于时间仓促和水平有限,加之计算机技术发展迅速,书中缺点和遗漏之处在所难免,恳请广大读者批评指正。

编　者

2022 年 7 月

CONTENTS

目 录

第 **1** 章

计算与计算思维

【学习目标】

- 了解计算的本质,体会学习计算科学的意义
- 了解计算思维的概念、特征和本质,思考计算思维的应用
- 了解计算工具的发展过程,思考技术发展中的启示
- 了解计算机发展的新技术,体会科技强国的意义和重要性

计算机是一种计算的工具,计算并不陌生,但计算的本质是什么呢?随着计算机的发展,计算机技术的学习不单单是对知识和技术本身的学习,更重要的是计算思维,那么计算思维是什么?学习计算机科学的意义又是什么?

在信息时代和智能时代,科技给人们的生产方式、生活方式、交往方式、思维方式、行为方式都带来了较大冲击,呈现出全新的面貌。正如 1972 年图灵奖得主 Edsger Wybe Dijkstra(艾兹格·W.迪科斯彻)所说的:"我们所使用的工具影响着我们的思维方式和思维习惯,从而也将深刻地影响着我们的思维能力。"

为了适应时代和未来岗位的需求,人们要学习计算机相关知识和技术,但在知识爆炸的时代,仅仅是知识的学习还不够,还应该挖掘知识背后的思想渊源,理解概念的本质,掌握学习知识的方法和手段,将知识、思维、方法、能力融会贯通,学以致用。本章介绍计算的本质、计算机科学和技术的基本概念、计算机技术的发展,并通过回顾和展望技术工具和技术发展的历程和故事,感悟其中的思维火花和科学精神,体会科技强国的意义和重要性。

1.1 计算与计算科学

1.1.1 计算的本质

计算机是进行计算的工具,想要更好地了解计算机,必须先了解什么是计算。计算的定义主要有两种,一是数学计算中的核算数目和运算,二是抽象意义中的考虑和谋虑。这里主要指前者。

计算伴随着人的一生,也伴随着人类的不断发展,从牙牙学语开始,人们就把着手指

头慢慢学习数数,在小学阶段学习数学中的加减乘除等算术问题,到了大学又学习高等数学。学习这些计算是为了应用,日常购物时计算金额,打牌娱乐时计算出牌及胜率,生病吃药时计算药物用量,航天事业中计算科研数据,天气预报中计算天气演变,如此等等,计算早已融入人们生活的方方面面。不管是远古的农耕时代还是现代的信息时代以及智能时代,计算都无处不在。因此,在基础教育阶段,被国际公认的着重培养的基本能力 3R(读、写、算的简称)中就包含了计算。在高等教育阶段,计算被赋予了新的含义,无论学习哪个学科,都需要一定的计算能力,尤其当前的信息时代对计算能力又提出了更高的要求。

随着人类智慧和文明的发展,计算的含义、形式和应用也在不断拓展,但不管它怎么变,计算的本质都是不变的。人们要抓住计算的本质,灵活应用,这正是学习的意义。那么,计算的本质是什么呢?

例如,对于一个最简单的 1+1=2 的计算,首先要知道参与运算的数是两个 1,另外,知道进行的运算是加法运算。分析各类计算问题会发现,无论是多么复杂的运算,计算的核心要素都涉及两个方面:一是参与计算的数据;二是用于指导数据如何计算的运算。对于数据,要考虑数据如何表示和存储;对于运算,涉及运算符和运算规则的表示,以及运算规则的执行。

> **思考**:除了传统的数学计算,生活中涉及的从一种语言到另外一种语言的翻译和转换是否是计算呢?

1.1.2　计算机科学

1. 科学和技术

人们常常提到的科技实际上包含科学和技术两个方面,两者是紧密相连的,但又有区别。科学解决理论问题,技术解决实际问题。科学通过回答"是什么"和"为什么"的问题发现自然界中确凿的事实与现象之间的关系,并建立理论把事实与现象联系起来;技术通过回答"做什么"和"怎么做"的问题把科学的成果应用到实际问题中去。原始人懂得拿棍子撬石头,这是技术;阿基米德提出杠杆原理,这是科学。瓦特改良蒸汽机,能用就行,这是技术;蒸气做功的原理,这是科学。中国古人不善于研究科学,但善于从经验中总结出技术,例如我国古代著名的算术作品《九章算术》就是由一个个实际的计算例子组成的书籍。我国的医学、农学等依然如此,最具代表性的就是四大发明。

近现代的科技发展和科技竞争不单单要靠技术,也要靠建立科学,科学和技术同样重要。如果说科学是认识世界,那么技术则是变革世界。没有科学推动技术发展,技术就无法进步;没有技术运用科学成果,科学也会停滞不前。

2. 为什么要学习科学

并不是每一个学习科学的人最终都会成为科学家,那么学习科学究竟是为什么,它在日常生活中有哪些作用呢?总结吴军等人的观点如下。

①　学习科学让人们掌握了一种看待世界和解决问题的方法。世界上有很多知识体系,有很多看待和解释客观现象规律的方法,但科学是目前为止最能够准确描述现实世界中的各种规律,并且发现规律、不断进步的方法。通过学习和掌握科学知识和方法,不仅有助于提高人们认识和理解周围事物的能力,而且为人们将来在生活中高效地解决问题奠定了基础。

②　学习科学使人们了解人类知识的边界,具备辩证的思维能力,可以培养人们基本的科学素养。在一个信息爆炸的时代,当人们面对铺天盖地的新观点、新事物时,只有了解了知识的边界,才能知道哪些事情是可以实现和相信的,哪些事情是不能实现的,观点应该质疑。这样人们就能够保持冷静的头脑,而不至于做他人思想的跑马场,盲信和胡乱质疑。

③　科学让人们获得可叠加的进步。科学、技术和工程是几乎仅有的可叠加的人类文明成就。在工作中,如果人们做的每一件事都能成为今后攀登更高点的铺路石,那么就会取得可叠加性的进步。反之,如果人们的成就都基于不可复制的因素,那么哪怕今天做得再好,也难以保证明天的成功。这样,人们才能把精力集中在解决前人未解决的问题上,而不是做低水平的重复。

3. 科学研究的三大方法

科学研究的三大方法是理论、实验和计算。理论是客观世界在人类意识中的反映和用于改造现实的知识系统,例如数学上的集合论、物理学上的相对论、心理学上的内驱力理论。实验方法是人们根据一定的科学研究目的,运用科学仪器、设备等,在人为控制或模拟研究对象的条件下,使自然过程以纯粹、典型的形式表现出来,以便进行观察、研究,从而获取科学事实的方法。从 20 世纪中叶开始,伴随着计算机的出现,计算成为理论和实验之外的第三种科学研究方法。许多重大的科学技术问题无法求得理论解,也难以应用实验手段求解,但可以用计算的方法求解,计算方法突破了理论和实验的局限性。例如,利用计算方法进行天气预报;在计算机上完成核爆炸的模拟,等等。

4. 计算机科学与技术

计算机科学与技术是研究计算机的设计与制造,并利用计算机进行有关的信息表示、收发、存储、处理、控制等的理论方法和技术的学科,可以分为科学与技术两部分。科学侧重于研究计算机及其周围的现象和规律;技术则侧重于研制计算机和研究使用计算机进行信息处理的方法和技术手段。1989 年,ACM 和 IEEE/CS 攻关组提交了著名的报告《计算作为一门学科》(*Computing as a Discipline*),提出了使用"计算科学"一词涵盖计算机科学与技术研究范畴中计算机科学和计算机工程的多个方面,围绕什么能(有效地)自动运行、什么不能(有效地)自动运行开展。

计算机科学与技术是一个包含各种各样与计算和信息处理相关的主题的系统学科,包括计算系统的设计和建造,以及计算机在互联网、图形学、语言学等领域的应用研究。具体包含计算机硬件系统结构、计算机软件与理论、计算机网络技术、计算机图形学、人工智能、计算语言学、计算生物学等。随着信息技术的渗透和应用,各学科人员在利用计算手段进行创新研究的同时,也在不断研究新型的计算手段,计算机科学与技术越来越呈现出跨学科和交叉学科研究应用的特点。

例如,在互联网进行信息检索时,和智能音箱进行对话时,依据海量信息进行决策时,这些都需要用到语言信息处理技术。语言信息处理是语言学与计算机科学交叉形成的一门语言工程学科,属于信息处理的范畴,即运用现代信息科学技术对自然语言的各个方面进行信息化处理,应用非常广泛,主要方向有自然语言理解、人机对话、信息检索、文本分类、自动文摘、机器翻译、语音自动合成与识别等。

在 2019 年打响的新型冠状病毒防疫硬战中,医学生物工程这一理、工、医相结合的交叉学科发挥了至关重要的作用,它应用工程技术的理论和方法研究解决医学防病治病,保障人民健康。另外,生物信息学的研究材料和结果是各种各样的生物学数据(如基因组DNA 序列信息),其利用计算机作为研究工具,通过对生物学数据的搜索、处理和利用形成了相应的生物信息数据。

以《阿凡达》为代表的影视创作团队利用先进的虚拟合成抠像计算手段创造出精美的3D 视觉效果,自此,艺术与技术相结合的 3D 电影迅速发展,VR 虚拟现实技术与电影的结合可以说是新时代科学技术与光影艺术的结晶,彰显了电影娱乐发展的一种未来方向。

1.2 计算机技术发展

计算环境的变革与其说是带来了一场计算机的革命,不如说是带来了思维的革新以及看待问题的新视角。现代计算机技术的发展伴随人类文明中技术的发展经历了一个很长的过程,对历史的回顾不只是要记住历史事件、历史人物以及历史变革的过程,更重要的是观察技术的发展路线和技术产生过程中的内在逻辑,感受科学家在技术创造过程中的思维火花和科学精神,让人们站在巨人的肩膀上,思考总结,启发思想,提高人们的认知水平,培养人们的创造性思维。

1.2.1 计算工具发展演变

人类的文明史就像一部工具的进化史。自从有人类活动开始,人类对计算的需求就存在了。回顾和展望人们过去、现在和未来所处的计算时代,人的思维借助计算工具的发展不断延伸。计算技术的发展史如图 1-1 所示。

1. 手动计算技术

(1) 结绳计数法

在我国的甲骨文中,“”即数学的“数”,它的右边是一只右手,左边是一根打了许多绳结的木棍,“数”者,结绳而记之也,这就是远古时代的结绳计数法(图 1-2)。世界上东西方国家都采用过结绳计数。我国春秋时期,孔子在《易经》的《系辞 · 下传》中写道:“上

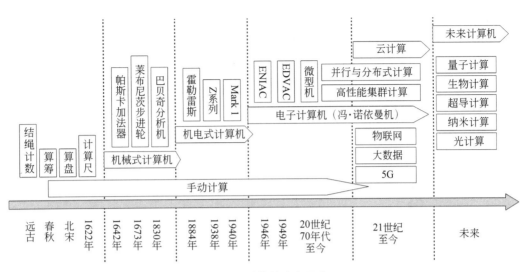

图 1-1　计算技术发展史

古结绳而治,后世人易于书契,百官以治,万民以察",意思是上古时代初期,用文字结绳记事,随着时代的发展,后世圣人发明了文字,以文书契据替代,官吏用来处理政务,人们以此作为考察的依据。在西方,传说古波斯王有一次打仗,命令手下兵马守一座桥 60 天,为了让将士们不少守一天也不多守一天,波斯王在一根长长的皮条上面系了 60 个扣,然后对将士们说:"我走之后,你们一天解一个扣,什么时候解完了,就可以回家了。"

图 1-2　结绳计数

我国最早的数字见于甲骨文,当时已经普遍采用十进制数。有了数和计数法,就可以计算了,《九章算术》《孙子算法》等计算典籍中都记录了数的运算方法和运算时使用的计算工具。老子的《道德经》中也记载道"善结无绳约而不可解""善计不用筹策",其中提到的就是人类利用身边的物品进行计算的两种方式——结绳和算筹。

（2）算筹

算筹出现在春秋时期,是世界上最古老的计算工具,据《汉书·律历志》记载:算筹是同样长短和粗细的竹棍,后来还有木筹、铁筹、玉筹和牙筹。计算时,使用者将算筹摆成纵式和横式两种数字,按照纵横相间的原则表示任何自然数,通过不断地重新布棍进行加、减、乘、除、开方及其他代数计算,如图 1-3 所示。《汉书·张良传》中,张良"运筹帷幄之中,决胜千里之外"所说的"筹"就是指算筹。而当今运筹学也是一门学科,它运用各种数学方法和计算工具研究各种系统的最优化问题,广泛应用于管理、工程、军事等领域。南北朝时期的数学家祖冲之就是用算筹计算出圆周率的,精确度达到小数点后 7 位,比西方早上千年。算筹在我国使用了 2000 多年,后来,随着社会生产的发展,算筹逐渐被另外一种计算工具代替——算盘。

纵式	│	‖	‖‖	‖‖‖	‖‖‖‖	⊤	⊤	⊤	⊤
横式	—	=	≡	≣	≣	⊥	⊥	⊥	⊥
	1	2	3	4	5	6	7	8	9

图 1-3　算筹

（3）算盘

千百年来,算盘一直是我国主要的计算工具。关于算盘起源于哪个朝代,学术界仍有争论,至今尚无确切的证据,但根据现有的可靠资料分析,珠算于北宋时期就已经在民间广泛使用。

电视剧《暗算》中有一大批人利用算盘进行计算,算盘声响连续数日不绝于耳,最终破解了"光复一号"的密码,场面非常震撼。1964 年,我国试验了第一颗原子弹,其爆炸中心的压力就是利用算盘算出来的,1970 年下水试航的第一艘核潜艇在设计计算中也使用了算盘。源于"算盘"或"珠算"的民间俗语很多,民间歇后语中的算盘和珠算口诀幽默谐趣、耐人寻味,例如加法口诀"三下五除二"形容干活干脆利索。

珠算乃中华民族之宝贵遗产,对我国古代文明和现代社会的经济、军事和科学技术的发展起着巨大作用。中国的算盘后来还漂洋过海,流传到朝鲜、日本、东南亚等国家和地区,对世界文明做出了重要贡献。位于硅谷的世界上最大的计算机博物馆,一进门最显眼的地方放着一个大展牌,上面写着"计算机 2000 年的历史",旁边就放着一把中国的算盘。

其实在中国之前,最早在美索不达米亚地区就出现过类似算盘的计算工具,后来到了公元前 5 世纪,希腊也出现了与中国算盘颇为相似的计算工具。中国最早出现算盘可能在东汉到三国时期,比古希腊晚了 5 个世纪,那么为什么古希腊的算盘没有被当成是计算机,而中国的却被认为如此呢？这主要在于算盘的工作原理,而不是它的外观。古希腊的算盘实际上只是一种辅助的计数工具,它只有存储功能,真正的计算工作还是要靠人的心算。而中国的算盘不单单有存储功能,还有一套珠算口诀来控制算盘操作,这个口诀相当于控制计算机运行的指令,人并不具备运算能力,只提供了拨动算盘珠子的机械运动（图 1-4）。

因此,中国的算盘是计算机,是最早能体现计算机工作原理和本质特征的计算工具。

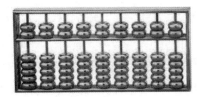

加几	不进位		进位	
加一	一上一	一下五去四	一去九进一	
加二	二上二	二下五去三	二去八进一	
加三	三上三	三下五去二	三去七进一	
加四	四上四	四下五去一	四去六进一	
加五	五上五		五去五进一	
加六	六上六		六去四进一	六上一去五进一
加七	七上七		七去三进一	七上二去五进一
加八	八上八		八去二进一	八上三去五进一
加九	九上九		九去一进一	九上四去五进一

图 1-4　算盘和加法口诀

算盘的特点有：

- 具有表示数值的一套符号系统，由算珠的数目和位置确定；
- 具备高效的运算法则，即"三下五除二"等口诀；
- 具有短时存储功能，即可以暂时保持算珠状态，记录操作数和结果，且易于复写和改变；
- 需要手工操作，即必须由人操作完成，减轻了脑力劳动，但不能自动化实现。

（4）计算尺

16 世纪中叶以前，欧洲数学的发展一直很缓慢，落后于中国、印度和阿拉伯。后来，随着航海、天文学等科学研究和工程计算的兴起，计算对象和计算内容日趋复杂，有时需要对非常大的数或者小数位非常精细的数进行乘除等复杂运算。1614 年，苏格兰数学家纳皮尔出版了《神妙的对数规则之描述》，向世人公布了他的伟大发明——对数。

对数能把乘法变成加法，把除法变成减法，所以对数在诞生之后就赢得了科学家，尤其是天文学家的赞美甚至崇拜，就像伟大的天文学家兼数学家拉普拉斯所言，对数的发明"以其节省劳力而使天文学家的寿命延长了一倍"。伽利略有句名言："给我空间、时间和对数，我就可以创造整个宇宙！"

为了方便进行对数计算，对数表和计算尺应运而生（图 1-5）。如果要对两个大数做乘法，可以先通过查对数表得到两个数的对数，相加后再用对数表反查得到结果。1622 年，奥特雷德发明了滑动的计算尺，它不仅能进行加、减、乘、除、乘方、开方运算，甚至可以计算三角函数、指数函数和对数函数。在没有计算机的年代，这大幅降低了计算的难度。1968 年，被国人称为"争气桥"的南京长江大桥顺利建成，庞大的大桥结构数据就是工程师用计算尺"拉"出来的。计算尺被一直使用到袖珍电子计算器面世，即使在 20 世纪 60

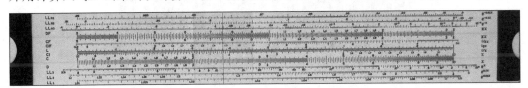

图 1-5　计算尺

年代,使用对数计算尺仍然是理工科大学生必须掌握的基本功,是工程师身份的一种象征。

自对数发明后,欧洲数学迅速发展,笛卡儿建立了坐标和解析几何,牛顿和莱布尼茨建立了微积分,形成了现代数学体系;另一方面,自计算尺之后,计算工具也有了长足发展,西方科技迅猛发展。

2. 机械式计算技术

在大航海时代,在依赖计算尺和对数表进行计算时,经常发生因计算错误而引起的航海事故,当时的科学家意识到需要尽快改进数值计算工具,缩短计算时间,提高计算准确性。当时钟表的齿轮转动计时方法体现了机械计算及进位的思想,即低位的齿轮每转动10圈,高位的齿轮就转动1圈,这为机械式计算机的研究奠定了基础。18世纪60年代,随着第一次产业革命的出现,机器逐渐代替手工工具,科学家开始思考如何用机械进行计算。

(1)帕斯卡的加法器

1642年,19岁的法国数学家帕斯卡发明了人类有史以来第一台机械式计算机——帕斯卡加法器。它由一系列齿轮组成,外形像一个长方盒子,外壳面板上有一列显示数字的小窗口,拨动转轮可以输入数字,旋紧发条后即可转动。它运用精妙的"逢十进一"方法,能做8位以内的加法和减法运算。1662年帕斯卡去世后,这台加法器被法国博物馆收藏。通过这台计算机,计算这项专属于人脑的活动第一次在机械上得以实现。人们发现,机械或可代替人类的某些思维活动,实现计算与存储功能。随后的几百年间,科学家在机械式计算机的道路上一路狂奔,欧洲兴起了"大家来造思维工具"的热潮。帕斯卡不仅是数学家,也是一位伟大的物理学家,他发明的帕斯卡定理是液体力学理论的经典定理。1971年,瑞士科学家沃斯发明了一种高级程序设计语言,命名为Pascal,以表达对帕斯卡的敬意。

(2)莱布尼兹的步进轮

1667年,德国数学家莱布尼兹在参观法国巴黎博物馆时,见到了帕斯卡的加法器并被其吸引,他认为既然机器能进行加法运算,也一定能进行乘法运算。之后,他对帕斯卡的加法器进行了研究和改进,于1673年设计了步进轮(图1-6),它能够进行加、减、乘、除、求平方根等四则运算。步进轮仍然以齿轮啮合传动实现计算,用手摇动手柄把刻度拨到

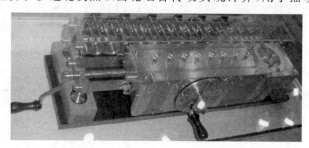

图1-6　莱布尼茨的步进轮复制品

几,齿轮就转几个轮,以完成数据输入,随后即可得到计算结果。莱布尼茨提出了"可以用机械代替人进行烦琐重复的计算工作"的思想,这一思想至今仍鼓舞着人们探求新的计算工具。

(3) 巴贝奇的差分机

帕斯卡的加法器和莱布尼茨的步进轮都是通过用手驱动齿轮运转实现机械计算的,实现起来较为困难,很难普及使用。随着第一次工业革命的不断推进,机械齿轮和蒸汽机在制造业被广泛使用。法国大革命后,新成立的国民议会想要统一全国混乱不堪的度量衡,原本的《数学用表》不再适用,需要重新编制,这是一项艰巨的任务,一些数学家和基层计算人员在人工修订时发现错误频发,难以完成。

这时,英国数学家巴贝奇和他的朋友试图寻找一种比法国人更加高效的计算方法。巴贝奇深入思考,认识到在整个制表工作中,绝大多数是基层计算人员进行的大量简单重复计算的工作,他们在长期的枯燥工作中很难避免计算错误。因此,巴贝奇认为,唯一行之有效的方法就是用自动计算的机器取代人工。

通过观察纺织制造业(如杰卡德的提花编织机)工作的过程和特点,巴贝奇受到启发,总结出了算数计算和制造过程的共同点:①两者都可以拆分成小的、自给自足的单元,以便单独处理或批处理,这种批处理简化了整个过程的复杂度,让过程变得可控;②一个单元的输出是下一个单元的输入,制造的过程与数学、逻辑的过程类似,都是一系列的步骤,即算法;③制造过程中有必要进行容错排查,即检查每一个制造的单元都有着最好的产出,因为它们是下一个生产环节的输入。

基于以上设想,巴贝奇提出了带有程序控制能力的完全自动的计算机的设想。在英国政府的支持下,1812—1822 年 10 年间,巴贝奇设计和制造了差分机 1 号模型。差分机以蒸汽机为动力,驱动大量的齿轮机构运转,把函数表的复杂多项式运算转换为差分运算,用简单的加法代替平方运算,并让机器按照设计者的安排自动完成整个运算过程。巴贝奇制造出的第一台差分机可以处理 3 个不同的 5 位数,计算精度达到 6 位小数,当即就能演算出好几种函数表。后来,巴贝奇想要制造出精度达到 20 位的差分机;然而,根据设计蓝图,需要 25000 个零件,其中仅齿轮就达上万个,以当时的工艺水平很难制造出这些精密零件;最终,高昂的造价和渺茫的应用前景使得英国政府停止了对该项目的资金支持;然而,差分机运转的精密程度仍然令当时的人们叹为观止。

10 年设计与制造差分机的经验让巴贝奇有了设计更强大的机器的能力。1830 年,他提出一项新的、更大胆的设计——这台机器不仅能够制表,还是一种通用的数学计算机,即"分析机"。分析机大体上有三大部分:一是齿轮式的"存储库",巴贝奇称之为"仓库"(Store),每个齿轮可存储 10 个数,齿轮组成的阵列共能存储 1000 个 50 位数;二是"运算室",巴贝奇称之为"作坊"(Mill),其基本原理与帕斯卡的加法器相似,用齿轮间的啮合、旋转、平移等方式进行数字运算;第三部分巴贝奇没有为它具体命名,其功能类似于杰卡德穿孔卡中的"0"和"1",用来控制运算操作的顺序,类似于计算机中的控制器。巴贝奇甚至还考虑到如何使这台机器依条件转移的动作处理,例如第一步运算结果若是"1",就接着做乘法;若是"0",就进行除法运算。此外,巴贝奇也构思了送入和取出数据的机构,以及在"仓库"和"作坊"之间不断往返传送数据的部件。这台分析机已经具有了现代计算机的基本雏形。

说到分析机,不得不提到另一位伟大人物,那就是奥古斯特·艾达·劳莉斯(英国诗人拜伦的女儿)。1833 年,艾达在巴贝奇最为低落的时候作为助理加入了分析机的研究。她强调了分析机和以往所有的机械式计算器存在着根本性的差别——它具有编程能力。在她翻译的分析机说明的注释中,艾达留下了计算机历史上重要的文献之一。她还为分析机编写了一个程序,这是世界上第一个为机器编写的程序,因此,艾达也被称为世界上第一个程序员。

遗憾的是,巴贝奇的思想远远超出了那个时代技术的发展,差分机和分析机并没有完全制造出来。然而,巴贝奇向人们传递了百折不挠的科学研究精神,差分机和分析机的设计为现代计算机的发展奠定了基础,因此,巴贝奇也被称为计算机之父。1985 年,伦敦科学博物馆依照巴贝奇的设计图纸制造和实现了差分机的模型机(图 1-7),它能够自动实现复杂的计算。

图 1-7   巴贝奇的差分机模型机

(4) 机械式计算机

经过以上机械式计算机设计思想和技术的演变,在 18 世纪,各种机械式计算机在欧洲如雨后春笋般地涌现出来。直到 1820 年,法国的四则计算机成为第一款商业化的办公计算机,在它的带动下,一大批台式计算机进入了会计师的办公室,许多品牌一直沿用到 20 世纪。但是,机械式计算机在 20 世纪开始大幅简化操作,按钮和键盘开始替代拨号并结合打字,作为输出。会计除了按按钮、摇摇杆什么都不用做。到了二战后,机械式计算机利用电池驱动小马达走向了辉煌的巅峰,输入所需的算式,一按等号键,计算机就能在纸带上给出完美的计算结果。机械式计算机在电子计算机发明之前被广泛使用了相当长的时间。

美国摄影师 KevinTwomey 在他的《低科技》系列中记录了大量 20 世纪民用机械式

计算机,如图 1-8 和图 1-9 所示。把这些机械式计算机的外壳揭开后,就可以看到隐藏在底下的机械结构,其复杂程度已经不能用言语形容,与其说它是工具,倒不如说它是精美的工业艺术品,不得不佩服前人高超的智慧。

图 1-8　Diehl Transmatic 机械式计算机

图 1-9　Cellatron R44SM 机械式计算机

机械式计算机的特点有:

* 以某种机械的方式保存运算的数和结果;
* 用齿轮作为自动运算的装置;
* 运算法则固化在机器中,以机械运动实现运算。

科学有时就像撒满种子的花园,也许会有嫩芽毁于风雨,但总会有花朵悄然绽放。当机械式计算机遭遇"瓶颈"后,第二次机器革命的种子已经孕育,机电式计算机悄然兴起。

3. 机电式计算技术

19 世纪 60 年代后期出现了第二次工业革命,人类进入了"电气时代"。其间,自然科学飞速发展,并与工业生产紧密结合,科学与技术的结合使第二次工业革命取得了巨大的成果,计算技术也快速发展。

1884 年,美国工程师赫尔曼·霍勒雷斯制造了第一台电动计算机,它采用穿孔卡和弱电流技术进行数据处理,并在美国人口普查中大显身手,将原来需要耗时七年半的调查工作缩短到两年半就完成了。

1938—1945 年,德国人科拉德·朱斯独立研制了 Z 系列计算机,主要元部件从机械式变为继电器,采用二进制表示方法,并提出存储器的概念。

1940—1947 年,美国哈佛大学应用数学教授霍华德·艾肯受巴贝奇思想的启发,在 1937 年开始设计 Mark 1,并于 1944 年交付使用。Mark 1 是全继电器式计算机,整个机器有 51 英尺长,重 5 吨,有 75 万个零部件,使用了 3304 个继电器、60 个开关作为机械只读存储器。其程序存储在纸带上,数据来自纸带或卡片阅读器,是第一台自动顺序控制计算机,被用来为美国海军计算弹道火力表。

机电式计算机是计算机发展史上短暂的一页,但它却是计算机发展道路上的一次必要的科学尝试。

4. 电子计算技术

20世纪40年代,随着社会发展和科技进步,人类进入了第三次工业革命,即以计算机和互联网为基础的信息时代。这个时代对计算工具提出了更高的要求:计算的数据量越来越大、精度越来越高、速度越来越快,计算工具要更多地具备存储功能。尤其是在军方和政府需求的驱动下,电子计算机应运而生。

(1)第一台电子计算机 ENIAC

美国宾夕法尼亚大学莫尔学院同阿伯丁弹道实验室协作,被委托为美国陆军计算火力表,目的是当知道敌人的方位后,计算出炮弹的水平及垂直角度,让炮弹准确打中敌方。他们每天向陆军提供6张炮击表,每张都要计算几百条弹道。而当时机电式计算机的计算速度非常慢,计算飞行60秒的炮弹的弹道要花上20小时,结果还不一定可靠。可想而知,这在战争的紧要关头是无法满足要求的。在美国军械部的资助下,宾夕法尼亚大学的科学家莫奇利、埃克特等人接受了研制电子计算机的任务。1946年2月14日,计算机发展史上的里程碑 ENIAC(埃尼阿克,图1-10)诞生了,其主要采用真空电子管、电阻器等部件。同样的计算任务,人工计算要花几年时间,机电式计算机要花一个多月,而 ENIAC 只需要一小时。

图 1-10　ENIAC 计算机

ENIAC 有着较大的缺陷:一是它采用十进制,逻辑元部件多,结构复杂,可靠性低;二是它虽然有通用计算能力,但很麻烦,且没有内部存储器,操作运算的指令分散在许多电路部件中,每次执行不同的任务时都必须由人工断电拆开,然后把里面的各种线路拔下来,再根据需要重新插上,完成内部物理线路的修改拼装。简单地说,就是每次不同的运算都需要关机、重新安排线路、开机计算,这样一来,计算速度的提升就被抵消。

一次偶然的机会,冯·诺依曼听说了 ENIAC 的研发,他马上产生了兴趣,他觉得自动完成计算的机器是其未来努力的方向,后来他还成为这个项目的顾问,他经常与两位主要负责人——普雷斯伯·埃克特和约翰·莫奇利一起讨论对 ENIAC 的改进,他们想到:

程序能不能像数据一样,通过穿孔介质输入之后长期存储在机器内部的存储器中?

(2) 冯·诺依曼机

1944 年,在 ENIAC 还未建成之际,研制一台可以存储程序的新机器的申请就被提交到导弹实验室,并正式立项。这台新机器名叫电子离散变量自动计算机(Electronic Discrete Variable Automatic Computer),简称 EDVAC。

尽管这个方案主要是埃克特和莫奇利的想法,但冯·诺依曼对 EDVAC 做了更抽象和全面的提炼。1945 年 6 月,冯·诺伊曼与戈德斯坦、勃克斯等人联名发布了长达 101 页、影响计算机历史走向的《EDVAC 报告书的第一份草案》,即"101 页报告"。这份报告奠定了现代计算机体系结构的坚实根基,直到今天仍然被认为是现代计算机科学发展中里程碑式的文献。

报告不仅详述了 EDVAC 的结构设计,还为现代计算机的发展指明了道路:

- 像存储数据一样存储程序;
- 机器内部使用二进制表示数据;
- 计算机由运算器、控制器、存储器、输入模块和输出模块 5 部分组成。

与 ENIAC 相比,EDVAC 的改进首先在于冯·诺依曼巧妙地提出了"存储程序"的思想,程序也被他当作数据存进了机器内部,以便计算机能自动、一条接着一条地依次执行指令,再也不必接通什么线路。其次,他明确提出这种机器必须采用二进制数,以充分发挥电子器件的工作特点,使其结构紧凑且更加通用。计算机五大部件的功能、相互关系及具体工作原理将在第 3 章详细介绍。

1949 年 8 月,EDVAC 交付给弹道研究实验室,它使用了大约 6000 个真空管和12000 个二极管,占地 45.5 平方米,重达 7850 千克,每小时消耗电力 56 千瓦。1960 年,EDVAC 每天运行超过 20 小时,平均 8 小时无差错时间。EDVAC 的硬件不断升级,1953 年添加了穿孔卡片输入/输出;1954 年添加了额外的磁鼓内存;1958 年添加了浮点运算单元(图 1-11)。

图 1-11　冯·诺依曼和 EDVAC 计算机

这份报告与其说是冯·诺依曼对 EDVAC 的设计描述,不如说是他对当时全世界计算机建造经验集大成式的高度提炼。这些现在看来理所应当的原则,在当时却是一次划时代的总结。这种基于"存储程序"思想的计算机结构,后来被称为冯·诺依曼结构。冯·诺依曼也被誉为"现代计算机之父"。

之后,计算机技术快速发展,在电子元部件上经历了四代,即电子管、晶体管、中小规模集成电路、大规模集成电路。无论它的元部件怎么变化,计算机工作的本质原理仍然没有改变,采用的依旧是"冯·诺依曼机"的体系结构。

（3）微型机

1975 年,美国《大众电子学》杂志介绍了阿尔塔微型计算机,全称为"阿尔塔（牛郎星）8800 计算机",其外形像一个长方形的金属盒子,上面有几排小的指示灯,没有软盘驱动器、显示器和键盘,现在个人计算机的那些标准配备基本上都不具备,仍然使用打孔机。那时候,只有那些对电子设备感兴趣的人才会买下这种计算机。比尔·盖茨和他的中学好友保罗·艾伦为阿尔塔编写了一套系统语言,即 BASIC 语言,使得阿尔塔能够正常运转。后来,美国 IBM 公司发布了世界上第一台商用与民用的个人计算机(图 1-12),随着微型计算机的诞生,计算机作为个人计算工具越来越普及,计算技术飞速发展。

图 1-12　IBM 第一台微型计算机

5. 网络互联时代的计算技术

每个计算机都是独立的个体,个体与个体之间没有任何交互,只要完成各自的计算工作即可。但随着数据量的增长和计算工作交集的产生,需要两个个体发生交互。TCP/IP技术的产生是实现个体与个体之间数据交互的一种方式,多个个体之间的交互则产生了局域网。而军方的技术在科研机构中普及,继而推动了互联网时代的开启。

1969 年,罗伯特·泰勒等人发明了互联网技术,他被称为"互联网之父",他将一台台孤立的计算机连接为一个互联的网络,实现了资源的共享。网络成为一个大型的计算机,随后并行式和分布式计算也快速发展。后来随着手机的出现,移动互联网技术又飞速发展起来。

1.2.2 计算机发展新技术

1. 云计算

云计算(Cloud Computing)是信息时代继计算机和互联网之后的又一革新。2006 年 8 月 9 日,Google 首席执行官埃里克·施密特(Eric Schmidt)在搜索引擎大会(SES SanJose 2006)上首次提出"云计算"的概念。2008 年,微软发布其公共云计算平台 (Windows Azure Platform),由此拉开了微软的云计算大幕。同样,云计算在国内也掀起一场风波,许多大型网络公司纷纷加入云计算的阵列。2009 年 1 月,阿里软件在江苏南京建立了首个"电子商务云计算中心"。同年 11 月,中国移动启动云计算平台"大云"计划。到现阶段,云计算技术已较为成熟。

狭义上讲,云计算就是一种提供资源的网络,使用者可以随时获取"云"上的资源,并按需求量使用。广义上讲,云计算是与信息技术、软件、互联网相关的一种服务,这种计算资源共享池叫作"云",云计算把许多计算资源集合起来,通过软件实现自动化管理,只需要很少的人参与,就能让资源被快速提供。总之,云计算不是一种全新的网络技术,而是一种全新的网络应用概念,云计算的核心概念就是以互联网为中心,在网站上提供快速且安全的云计算服务与数据存储,让每一个使用互联网的人都可以使用网络上庞大的计算资源与数据中心。如今,越来越多的应用正在迁移到"云"上,云计算技术已经融入人们生活的各个方面。

① 存储云。存储云又称为云存储,是在云计算技术上发展起来的一个新的存储技术。存储云是一个以数据存储和管理为核心的云计算系统。用户可以将本地的资源上传至云端,可以在任何地方接入互联网以获取云上的资源。大家所熟知的谷歌、微软等大型网络公司均有云存储的服务。在国内,百度云和微云则是市场占有量较大的存储云。

② 教育云。教育云将人们所需的任何教育硬件资源虚拟化,然后将其传入互联网,以向教育机构、学生和教师提供方便快捷的平台。现在流行的慕课就是教育云的一种应用,还有基于雨课堂、腾讯教育、钉钉等云平台的在线直播教学也是一种新的教学模式。

③ 体育云。体育云利用云计算、5G、多媒体、VR 等技术,以线上直播、电子竞技、网络对抗赛等方式,开展数字体育、在线健身、线上培训等体育新业态。2021 年东京奥运会因受疫情影响,现场几乎没有观众,奥运会首次迈入数字时代,采用我国的阿里云进行全球转播,实现"云上奥运"。

④ 医疗云。医疗云是指在云计算、移动技术、多媒体、大数据以及物联网等新技术的基础上,结合医疗技术,使用"云计算"创建医疗健康服务的云平台,实现了医疗资源的共享和医疗范围的扩大。医院的预约挂号、电子病历、医保等都是云计算与医疗领域的结合的产物。

⑤ 金融云。金融云是指利用云计算的模型,将信息、金融和服务等功能分散到由庞大的分支机构构成的互联网"云"中,旨在为银行、保险和基金等金融机构提供互联网处理和运营服务,同时共享互联网资源,从而解决现有问题,并且达到高效、低成本的目标。

2. 大数据

2010 年 10 月,麦肯锡在《大数据:创新竞争和提高生产率的下一个新领域》的研究报告中正式使用了"大数据"一词,并最早提出"大数据时代已经到来"。大数据(Big Data)指在一定时间范围内不能以常规软件工具处理(存储和计算)的大而复杂的数据集。也就是说,大数据就是使用单台计算机无法在规定时间内处理或者无法处理的数据集。大数据技术是指设计用于高速收集、发现和分析从多种类型的大规模数据中提取经济价值的新一代技术和体系,涉及数据存储、合并压缩、清洗过滤、格式转换、统计分析、知识发现、关联规则、分类聚类和决策支持等技术。

大数据有以下 4 个方面的典型特征。

① 数据体量巨大。大数据的特征首先体现为"大"。随着信息技术的高速发展,数据开始暴发性增长。社交网络、移动网络、各种智能工具、服务工具等都成为数据的来源。淘宝网近 4 亿的会员每天产生的商品交易数据约 20TB;脸书约 10 亿的用户每天产生的日志数据超过 300TB。人们迫切需要智能的算法、强大的数据处理平台和新的数据处理技术统计、分析、预测和实时处理如此大规模的数据。

② 数据类型繁多。广泛的数据来源决定了大数据形式的多样性。任何形式的数据都可以产生作用,目前应用最广泛的就是推荐系统,如淘宝、网易云音乐、今日头条等,这些平台都会通过对用户的日志数据进行分析,从而进一步推荐用户喜欢的东西。日志数据是结构明显的数据,还有一些数据的结构不明显,例如图片、音频、视频等,这些数据的因果关系弱,需要人工对其进行标注。

③ 价值密度低。在现实世界产生的数据中,有价值的数据所占的比例很小。相比于传统的小数据,大数据最大的价值在于通过从大量不相关的各种类型的数据中挖掘出对未来趋势与模式预测分析有价值的数据,通过机器学习、人工智能或数据挖掘等方法深度分析,发现新规律和新知识,并运用于各个领域,从而达到改善社会治理、提高生产效率、推进科学研究的目的。

④ 处理速度快。大数据的产生非常迅速,主要通过互联网传输。生活中的每个人都离不开互联网,也就是说,每个人每天都在为大数据提供大量的资料,并且这些数据是需要及时处理的,因为花费大量资本存储作用较小的历史数据是非常不划算的。对于一个平台而言,也许保存的数据只有过去几天或者一个月,再久的数据就会被及时清理,否则代价太大。基于这种情况,大数据对处理速度有非常严格的要求,服务器中的大量资源都用于处理和计算数据,很多平台都需要做到实时分析。数据无时无刻不在产生,谁的速度更快,谁就更有优势。

大数据首先是一种思维方式,同时也是一种技术、一种工具。当然,这种技术和工具的运用也离不开思维方式的改变。大数据不仅是一种资源,也是一种方法,伴随大数据产生的数据密集型科学,是继实验科学、理论科学和计算科学之后的第四种科学研究模式,这一研究模式的特点表现为:不在意数据的杂乱,但强调数据的量;不要求数据精准,但看重其代表性;不刻意追求因果关系,但重视规律的总结。这一模式不仅用于科学研究,更多地会用到各行各业,成为从复杂现象中透视本质的有用工具。有人担心从大数据中发现事物发展规律并预测未来的做法强调了有章可循,可能会妨碍创新,但事实上,检验技术创新、商业模式创新、管理创新,不是看是否使用新的模式或颠覆性技术,而是看应用领域的开拓和市场的引领,成功的重要因素正是符合客观规律。

3. 人工智能

人工智能主要研究用人工的方法和技术模仿、延伸和扩展人的智能,从而实现机器智能。人工智能是一门综合性交叉学科,由计算机科学、信息论、控制论、语言学、心理学、哲学、神经生理学等多种学科相互渗透发展而来。人工智能作为新一轮科技革命的重要力量,正在深刻地改变着世界。

说起人工智能,大家会想到艾伦·麦席森·图灵,他不但被称为"计算机科学之父",还被称为"人工智能之父",他于 1950 年发表了一篇划时代的论文《机器能思考吗》。图灵提出了著名的"图灵测试",即如果计算机能在 5 分钟内回答测试者提出的一系列问题,并且有超过 30% 的回答能让测试者误认为是人类所答的,那么就可以说计算机具备了人工智能。

1955 年 8 月,在美国达特茅斯学院,一群科学家聚集在一起进行了两个月的研讨,讨论了机器智能的可行性和实现方法,正式提出了"人工智能"这个概念。他们中有后来获得图灵奖的麦卡锡、明斯基,获得诺贝尔奖的哈伯特·西蒙,以及成为信息论开山泰斗的香农。

人工智能的发展共经历了三次浪潮。第一个阶段是 1956 年至 20 世纪 80 年代。这个阶段,基础理论集中诞生,奠定了人工智能发展的基本规则,提出了第一代神经网络算法。但由于技术缺陷、算力不足、数据缺失等因素,人工智能的发展第一次进入了冬天。之后,多层神经网络学习方法为人工智能的发展带来新的生机,但受到算力等的限制,2000 年人工智能进入了第二个冬天。2006 年,随着深度学习算法的正式提出,人工智能迎来了第三次发展浪潮。2016 年 3 月 9 日,AlphaGo(阿尔法狗)和李世石(世界围棋高手)之间的世纪大战打响;最终,AlphaGo 以 4∶1 取得了压倒性的胜利,成为第一个战胜围棋世界冠军的机器人,并在全世界引起了人们对人工智能的广泛关注。因此,2016 年被称为智能元年。

IBM 的人工智能也干了两件漂亮的事。第一件事是鲍勃·迪伦获得了诺贝尔文学奖,然后 IBM 为了"刷存在感",用他们的人工智能 Watson 花了几秒的时间阅读了鲍勃·迪伦的作品,然后说了一句话:"你的歌曲反映了两种情绪,即流逝的光阴和枯萎的爱情"。另外一件事是 2017 年一位日本女性身患重病,在医生已经束手无策的情况下,Watson 花了十几分钟的时间读了 2000 万页的医疗文献(叠起来大概有 4 千米高),然后给出了自己的医疗建议,挽救了患者一命。

在 2022 年北京冬奥会中,"科技让冬奥更精彩",作为科技之星的人工智能首当其冲。"AI 冬奥"成为 2022 年北京冬奥会的一大亮点。其中,计算机视觉、深度学习、自然语言处理、AI 数字人、自动驾驶等一系列人工智能技术大显身手,为 2022 年冬奥会的奥运健儿保驾护航。冬奥手语播报数字人、自动驾驶接驳车队、"AI 教练"等人工智能应用为冬奥会提供了全方位的支持,科技助力运动员变身"冰雪精灵"。

人工智能的应用领域包括专家系统、自然语言处理、模式识别(文字识别、语音识别、人脸识别、指纹识别、医学诊断等)、机器人、智能决策支持系统、自动驾驶等。除此之外,人工智能和传统行业的结合产生了"人工智能+"的应用模式。

自然语言处理(Natural Language Processing,NLP)是人工智能领域的一个重要方向,它研究能实现人与计算机用自然语言进行有效通信的各种理论和方法,是典型的边缘交叉学科,涉及语言科学、计算机科学、数学、认知学、逻辑学等。自然语言处理主要应用于机器翻译、语音识别、舆情监测、自动摘要、文本分类、问题回答、文本语义对比、中文 OCR 等方面。近几年,自然语音处理技术飞速发展,生活中的应用处处可见,效果显著,例如机器翻译的质量越来越高,语音助理、聊天机器人等普遍应用。语言是一门艺术、一种智慧,也是促进世界相知相融的重要工具,无障碍交流是人类千百年来的梦想。在2022 年北京冬奥会上,可支持 60 个语种的在线语音翻译,"能听、会说、可交流、有感情"的冬奥多语种虚拟志愿者,中英文边录边译且能实时转文字的录音笔……这些自然语音处理技术的应用助力实现了赛场内外来自不同国家和地区的选手、教练及志愿者等人群之间的无障碍沟通交流,诠释了"天下一家"的理念,实现了人类无障碍交流的梦想。

4. 5G 技术

5G 即第五代移动通信网络(5th Generation Mobile Communication Technology),是具有高速率、低时延和大连接特点的新一代宽带移动通信技术,是实现人、机、物互联的网络基础设施。在 5G 之前,从 1G 到 4G,全部都是为了服务于"人与人"之间通信的目的而存在的。而 5G 主要是为了,服务"物与物"和"人与物"之间的通信需求。5G 的理论峰值上传输速度可达每 8 秒 1GB,比 4G 网络的传输速度快数百倍。举例来说,一部 1GB 的电影可在 8 秒之内下载完成。所以说,5GB 作为一种新型移动通信网络,不仅要解决人与人通信,为用户提供增强现实、虚拟现实、超高清(3D)视频等更加身临其境的极致业务体验,更要解决人与物、物与物的通信问题,满足移动医疗、车联网、智能家居、工业控制、环境监测等物联网应用的需求。

国际电信联盟(ITU)定义了 5G 的三大类应用场景,即增强移动宽带(eMBB)、超高可靠低时延通信(uRLLC)和海量机器类通信(mMTC)。增强移动宽带主要面向移动互联网流量的爆炸式增长,为移动互联网用户提供更加极致的应用体验。超高可靠低时延通信主要面向工业控制、远程医疗、自动驾驶等对时延和可靠性具有极高要求的垂直行业。海量机器类通信主要面向智慧城市、智能家居、环境监测等以传感和数据采集为目标的应用需求。

2016 年 5 月 31 日,第一届全球 5G 大会在北京举行,由中国、欧盟、美国、日本和韩国的 5 个 5G 推进组织联合主办。此次大会以"构建 5G 技术生态"为主题,旨在引导全球统一 5G 技术标准的形成,促进全球 5G 产业及应用发展。2019 年,是 5G 元年,5G 手机、5G 芯片、5G 基站和 5G 网络都在快速发展。在 2019 年的世界 5G 大会上,全球 5G 标准必要专利声明中,来自中国企业的占据 34%,居全球排行榜首位,其中,华为一家就拥有 15%,居全球企业之首,中兴和电信科学技术研究院也进入 Separate 前十。2019 年,中国成为首批 5G 商用的国家之一,5G 网络在建设之初遇到了突如其来的新冠肺炎疫情,5G 正好满足了超清视频传送、远程医疗、云课堂、云会议、云办公等应用的需求。截至 2021 年,中国累计建成和开通 5G 基站 142.5 万个,5G 手机终端连接数达到 5.2 亿户。

谷歌前 CEO 施密特曾发文表示,中国的 5G 技术已经超越了美国,领先世界。这是中国第一次在通用技术领域实现超越。此外,5G 有很长的产业链,包括芯片、终端、基站、天线、网络、芯片设计软件、芯片代工线、操作系统、APP 等,我国在终端及芯片的核心技术上对外依存度还较高,还需要不断发展,逐步从移动通信大国走向移动通信强国。

5. 量子计算

量子计算是一种遵循量子力学规律调控量子信息单元进行计算的新型计算模式。传统通用计算机的理论模型是通用图灵机,量子计算机的理论模型是用量子力学规律重新诠释的通用图灵机。量子计算已被认为是下一代信息革命的关键技术。

在传统计算机中,比特只能同时存在"0"或者"1"中的一种状态,但是在量子计算机的量子比特中,"0"和"1"是可以同时存在的,可以"叠加"。叠加是一种量子特性,意味着粒子的状态可以是上述状态的任意结合或按比例叠加。叠加的真正意义在于现有的潜在组合数量会急速增长。在常规计算中,4 比特会产生 16 种可能的组合,但是只能使用其中一种。相比之下,4 个量子比特可以同时存储所有这 16 个值。这就意味着,量子计算机可以用更少的量子比特存储更多的数据,研制量子计算机也成为世界科技前沿的重大挑战。量子比特还表现出另一个奇妙的特性,即量子纠缠(quantum entanglement)。无论两个量子比特在物理世界中相距多远,它们都会神秘地连接在一起,对彼此的状态做出反应。

2019 年,谷歌 54 量子位的 Sycamore 处理器成为全球第一个实现"量子优势"的处理器。在《Nature》杂志发表的一篇论文中,研究者称谷歌团队研发的量子计算机"西卡莫(Sycamore)"仅用 200 秒就能完成一次运算任务,而这一运算任务即使由当时世界上最强大的传统超级计算机运算,也需要耗费 1 万年以上的时间。2020 年,我国科学家潘建伟团队成功构建了 76 个光子的量子计算原型机"九章",使中国成为全球第二个实现"量子优越性"的国家。2021 年,潘建伟团队又成功研制出"九章二号",实现了算力的巨大提升。根据目前已发表的最优经典算法,"九章二号"求解高斯玻色取样问题的处理速度比全球最快的超级计算机快亿亿亿倍,比"九章"快 100 亿倍。"九章二号"用 1 毫秒可算出的问题,全球"最快超算"需要用 30 万亿年。

构建量子计算机的物理系统包括光子、量子点、离子阱、超导体、冷原子、钻石色心、核磁共振等。当今主流的三大技术体系是超导量子、光量子和离子阱。"九章"属于"光量子"物理系统。值得一提的是,我国的超导量子计算研究团队经过研究攻关,构建了 66 比特可编程超导量子计算原型机"祖冲之二号",走上了超导技术路线,实现了对"量子随机线路取样"任务的快速求解。我国在超导量子和光量子两种系统的量子计算方面取得了重要进展,成为目前世界上唯一在两种物理体系达到"量子计算优越性"里程碑的国家。

6. 物联网

物联网(Internet of Things,IoT),即把物体连上网,一张桌子、一把椅子都可以是物联网的一部分。那么可能会有人问,手机和计算机这两个最早连上网的东西是不是也是物联网呢?答案是是的,手机和计算机也是物联网。物联网听起来就像人工智能或者半导体一样,都是比较前沿的科技类新名词,可能比较难以理解。如果说得简单和通俗一些,就是把看得见、摸得着,甚至看不见、摸不着的任何存在的东西统统都连上互联网。一旦这个"东西"连上了互联网,那么就可以称之为物联网的一部分。

引用权威的国际电信联盟(ITU)对物联网的定义:物联网是通过二维码识读设备、射频识别(RFID)装置、红外感应器、全球定位系统和激光扫描器等信息传感设备,按约定的协议,把任何物品与互联网相连接,进行信息交换和通信,以实现智能化识别、定位、跟踪、监控和管理的一种网络。

物联网的核心和基础仍然是互联网,所有连上网的东西还是在互联网上,整体趋势是万物互联、万物可控、万物智能,这是物联网未来的发展路径。

1.3　计算思维

1.3.1　计算思维概念的发展

计算工具的发展、计算环境的演变、计算文明的迭代、计算科学的形成中到处都蕴藏着思维的火花。这种思维活动在这个发展、演化、形成的过程中不断闪现,在人类科学思维中早已存在,并非一个全新概念,但发展却比较缓慢,电子计算机的出现带来了根本性的改变。例如,回溯到19世纪中叶,布尔发表了著作《思维规律研究》,成功地将形式逻辑归结为一种代数运算,即布尔运算。但当时被认为"既无明显的实际背景,也不可能考虑它的实际应用",可是一个世纪后这种特别的数学思维和工程思维互补融合,在计算机的理论和实践领域中放射出了耀眼的光芒。

可见,计算机把人的科学思维和物质的计算工具合二为一,反过来又大幅拓展了人类认知世界、解决问题的能力和范围。或者说,计算思维帮助人们发明、改造、优化、延伸了计算机,同时,计算思维借助于计算机使其意义和作用进一步浮现。

计算思维(Computational Thinking)的历史可追溯至20世纪50年代,1980年,"计算思维"一词在麻省理工学院(MIT)的西摩·帕尔特(Seymour Papert)教授的《头脑风暴:儿童、计算机及充满活力的创意》(*Storms*: *Children*, *Computers*, *and Powerful Ideas*)一书中首次被提及。1996年,西摩·帕尔特教授在发表的文章中再次提及计算思维,他希望运用计算思维帮助构建具有"阐述性"的几何理论,但他并未对计算思维进行界定。

后来,关于计算思维的概念有影响力的阐述是美国卡内基·梅隆大学的周以真教授

2006 年在《*Communications of the ACM*》杂志上提出的："Computational thinking involves solving problems, designing systems, and understanding human behavior, by drawing on the concepts fundamental to computer science. Computational thinking includes a range of mental tools that reflect the breadth of the field of computer science.",即计算思维是运用计算机科学的基础概念进行问题求解、系统设计以及人类行为理解等涵盖计算机科学之广度的一系列思维活动(智力工具、技能、手段),能为问题的有效解决提供一系列的观点和方法,它可以更好地加深人们对计算本质以及计算机求解问题的理解,而且还能克服"知识鸿沟",便于计算机科学家与其他领域的专家交流。自此,越来越多的学者认识到计算思维的重要性,引发了海内外诸多学者对计算思维的广泛关注。

2008 年,周以真教授又在英国皇家学会《哲学汇刊》上发表了一篇名为《计算思维和关于计算的思维》的论文,深入探讨了计算思维的本质,即抽象和自动化。2014 年,周以真教授进一步完善了这一定义,她认为计算思维是以一种计算机、人或机器能够有效执行的方式表征问题、表达解决方案的思维过程。

2011 年,美国国际教育技术协会和计算机科学教师协会(ISTE & CSTA,2011)推出针对 K-12 教育的计算思维能力的操作性定义,不但将计算思维描述为问题解决过程,而且给出了六个阶段要素,即提出问题、分析问题、抽象表征数据、算法及自动化实现、实施解决方案、总结并迁移应用,以及 9 项核心概念和能力,即数据收集、数据分析、数据表征、问题分解、抽象、算法和程序、自动化、模拟、并行化。计算思维的提出对美国教育界和科学界产生了重要影响,促成了美国国家科学基金(NSF)两个重大计划(CPATH 和 CDI)的产生。美国计划将计算思维拓展到各个研究领域,并在中小学甚至大学推行计算思维能力的培养。2015 年 12 月 10 日,美国总统签署了名为"让每个学生取得成功"的法案,将以计算思维培养为核心的计算机科学提高到与数学、英语同等重要的地位。英国2013 年的"新课程计划"、澳大利亚 2015 年的"新课程方案"也都将计算思维作为信息技术课程的重要内容。

在国内,教育部高等学校计算机基础课程教学指导委员会、中国计算机学会等组织较早地对计算思维的概念、定位、目标与培养等方面展开了较为深入的探讨,先后举办了一系列与计算思维密切相关的会议。2008 年 11 月,全国高等学校计算机教育研究会在桂林召开"计算思维与计算机导论"学术研讨会,揭开了国内高校开展计算思维研究的序幕。2010 年 7 月,中国 C9 高校联盟在西安交通大学举办了首届"九校联盟计算机基础课程研讨会",陈国良院士在会议上做了"计算思维能力培养研究"的报告,旗帜鲜明地把"计算思维能力的培养"作为计算机基础教学的核心任务,明确"大学计算机基础教学的核心任务是培养学生的计算思维能力",标志着计算思维教学将面向所有大学生全面展开。

国防科技大学人文社科学院的朱亚宗教授指出:计算思维是人类三大科学思维方式(计算思维、实验思维、理论思维)之一,虽然计算思维较晚才受到关注,但它却在当今社会的发展中起着举足轻重的作用。

1.3.2　计算思维的本质和主要特征

1. 计算思维的本质

运用计算思维进行问题求解一般要经过以下 4 个步骤：①把实际问题抽象为数学问题并建模，也就是将人对问题的理解用数学语言进行描述；②模型映射，将数学模型中的变量和规则用特定的符号表示；③用特定的计算机语言把解决问题的逻辑分析过程用算法描述，即把解题思路变成计算机指令的形式；④计算机根据指令按顺序自动执行，进行问题实现。这个过程中，最重要的就是抽象和自动化。

2011 年，图灵奖获得者 R·Karp 教授提出的"计算透镜"（Computational Lens）理念认为：任何自然系统和社会系统都可被视为一个动态演化系统，演化伴随着物质、能量和信息的交换，这种交换可以映射为符号变换，进一步就可以利用计算机对这些符号进行离散的符号处理，当自然或社会中的这些动态行为抽象为离散符号后，就可以采用形式化的规范描述，建立模型、设计算法和开发软件以表达这种演化的规律，并且通过自动执行实现实时控制系统的演化，其核心也包括抽象和自动化，是将计算作为一种通用的思维方式，通过这种广义的计算（涉及信息、执行算法、关注复杂度）描述各类自然过程或社会过程，从而解决各个学科的问题。

（1）抽象

抽象是计算机问题求解中的基本方法之一，表现为对问题的形式化表示。在抽象过程中，人们剔除细节，只关注与理解问题和解决问题相关的概念，忽略一些对于问题求解不重要的细节，把注意力集中到事物的本质和核心特性上，从而发现事物本质的、重要的规律。抽象是一种从个体把握一般、从现象把握本质的认知过程和思维方法。下面举例说明抽象的过程。

例 1　以最简单的 1＋1＝2 为例，小朋友在最初学习时会拿身边的实物举例，如吃了 1 个苹果再吃 1 个苹果，就是 2 个苹果；买 1 支笔再买 1 支笔，就是 2 支笔。以此类推，就知道 1＋1＝2，这个过程就是抽象的过程，与实物本身是苹果还是笔无关，与吃和买的行为也无关，只考虑数量这个属性和相加这个操作。

例 2　毕加索画牛的过程就是把一个写实的具象化图像通过逐渐提取其中的有效信息并进行简化，最终获得一个最简练的抽象化图形的抽象过程，如图 1-13 所示。

例 3　在图 1-14 中，需要一次性、不重复、不遗漏地送完所有快递，如何求解呢？

首先对这个现实问题进行抽象，这其实是一个一笔画问题，最早来源于欧拉的七桥问题。在哥尼斯堡有七座桥把岛和路连在一起，能不能一次性、不重复、不遗漏地走完所有桥呢？欧拉把该问题抽象成点和线的连接问题，这就是哥尼斯堡七桥问题（图 1-15）。针对该问题，欧拉提出了欧拉定理，总结出哪些图能够一笔实现，哪些不能。由此，欧拉开创了数学的一个分支——图论。在能够一笔实现的情况下，如何找到一条最短的路线就是图论中的最短路径问题，科学家提出了许多经典的解决思路和算法，进而都能够用计算机编程语言验证实现。

图 1-13　毕加索画牛的抽象过程

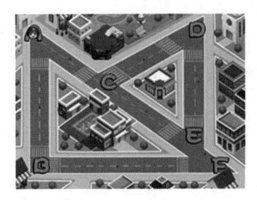

图 1-14　快递路线

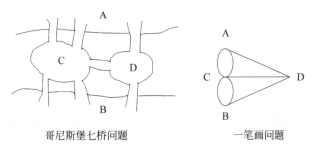

哥尼斯堡七桥问题　　　　　　　　　　一笔画问题

图 1-15　哥尼斯堡七桥问题

　　生活中类似送快递的问题有很多,例如计算机网络把不同位置的计算机看作点,计算机之间的通信线路看作线,怎样才能使同一网络中的计算机线路长度之和最短?这类问题都可以用图论的方法解决。利用计算手段求解问题的过程中,首先要把实际的应用问题转换为数学问题,然后设计算法和编程实现,最后在实际的计算机中运行并求解。前面的步骤是计算思维中的抽象,后面的步骤是计算思维中的自动化。

（2）自动化

当前关于自动化的定义为：自动化是指机器设备、系统或过程（生产、管理过程）在没有人或较少人的直接参与下，按照人的要求，经过自动检测、信息处理、分析判断、操纵控制实现预期目标的过程。

自动化技术形成于18世纪末至20世纪30年代。1788年，英国机械师瓦特发明了蒸汽机自动控制系统，开创了自动调节装置应用的新纪元。1833年，巴贝奇的分析机首次提出了程序控制的原理。1936年，美国人 D·S·Harder 提出了"自动化（Automation）"的概念，他认为在一个生产过程中，机器之间的零件转移不用人去搬运就是自动化。20世纪40年代，第二次世界大战中形成了经典控制理论，人们采用各种精密的自动调节装置实现了对局部的自动化控制。而之后，电子计算机的发明则开创了数字程序控制的新纪元，但在一开始主要是自动计算。20世纪60—70年代，微机的出现对自动化控制技术产生了重大影响，综合应用程序控制、逻辑控制以及电子数字计算机可以直接控制生产过程，形成了综合自动化理论和技术。

自动化技术广泛用于各个方面，采用自动化技术不仅可以把人从繁重的体力劳动、部分脑力劳动以及恶劣、危险的工作环境中解放出来，而且能扩展人的器官功能，极大地提高劳动生产率，增强人类认识世界和改造世界的能力。因此，自动化是工业、农业、国防和科学技术现代化的重要条件和显著标志。

计算思维中的抽象最终要能够机械地一步一步地自动执行。计算思维的自动化就是让计算机自动执行抽象而得到算法，并对抽象的数据结构进行计算或处理，从而得到问题的结果（图 1-16）。

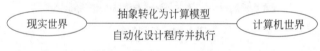

图 1-16　现实和计算机世界的抽象和自动化过程

2. 计算思维的主要特征

周以真教授从6个方面界定了计算思维，描述了其主要特征（表 1-1）。

表 1-1　计算思维的主要特征

计算思维是什么	计算思维不是什么
是概念化	不是程序化
是根本的	不是刻板的技能
是人的思维	不是计算机的思维
是思想	不是人造物
是数学与工程思维的互补与融合	不是空穴来风
面向所有的人、所有的领域	不局限于计算学科

① 计算是概念化思维，不是程序化思维。计算机科学不等于计算机编程，远远不只是为计算机编写程序，而是应该像计算机科学家那样进行思考，能够从现实问题中抽象出核心概念。计算机科学不只是关于计算机的，就像通信科学不只是关于手机，音乐产业不只是关于麦克风一样。

② 计算思维是基础的技能，不是机械的技能。当前信息时代，计算无处不在，计算思维已成为每个人必备的基础技能，不只是一种简单、机械的重复。

③ 计算思维是人的思维，不是计算机的思维。计算思维是人类求解问题的方法和途径，但并不是试图使人类像计算机那样进行思考。例如，程序设计中的查找算法培养的是人的算法思维，是让人们具备高效快速地进行查找的思路，而不是像计算机那样必须严格按照编程语言的语法执行程序，错一个符号就会出错。

④ 计算思维是思想，不是人造品。计算思维不只是人们设计的软硬件等人造物，更重要的是计算的概念、思想和方法，并能灵活应用于日常生活的问题求解、事务管理与人员交流等。

⑤ 计算思维是数学和工程互补融合的思维，不是数学性的思维。人类试图制造的能代替人完成计算任务的自动计算工具都是在工程和数学的结合下完成的。例如，布尔代数理论与工程技术中的电子管和晶体管相结合产生了电子计算机的元部件；将图灵机理论模型用工程技术实现，产生了现代电子计算机。

⑥ 计算思维面向所有的人，所有的领域。计算思维不是计算机科学家的思维，也不是只有计算机专业的学生才需要具备的思维，而是面向所有人的思维。

3. 计算思维方法

在思维过程中运用的方法可以称为思维方法，是指人们通过思维活动为实现特定思维目的凭借的途径、手段或者方法，也就是思维过程中运用的工具和手段。计算思维教育中最重要的是计算思维方法。计算思维方法具体可以阐述为 7 大类方法。

① 通过约简、嵌入、转化和仿真等方法把一个看起来困难的问题重新阐释成一个知道问题怎样解决的方法。

② 是一种递归思维、并行处理，能把代码译成数据，又能把数据译成代码，多维分析推广的类型检查方法。

③ 是一种采用抽象和分解控制庞杂的任务或进行巨大复杂系统设计的方法，是基于关注分离的方法（SoC 方法）。

④ 是一种选择合适的方式陈述一个问题，或对一个问题的相关方面进行建模，以使其易于处理的思维方法。

⑤ 是一种按照预防、保护及通过冗余、容错、纠错的方式，并从最坏情况进行系统恢复的思维方法。

⑥ 是一种利用启发式推理寻求解答，在不确定情况下使用的规划、学习和调度的思维方法。

⑦ 是一种利用海量数据加速计算，在时间和空间、处理能力和存储容量之间进行折

中的思维方法。

总的来说,计算思维方法有两大类:一类是来自数学和工程的方法,另一类是计算机科学独有的方法。例如,对于计算积分,数学可以通过函数变换求解积分,而计算机则通过对积分区间进行 N 等分,然后累加各小区间的面积实现。学习数学的人不会采用后一种方法,后一种方法只有掌握了计算机技术的人才会采用,但是其仍然来自数学。

在计算机相关课程中,许多概念都会有相对应的计算思维方法。例如,集成电路设计和面向对象程序设计体现了模块化思想方法;存储器的分层体系和计算机网络的分层体系结构体现了分层思想方法;Cache 体现了预置和缓存思想方法;多核处理器体现了并行处理思想方法;通信与网络中常用的循环冗余码(CRC)体现了冗余校验的思想方法;哈夫曼编码体现了降低高频字符编码长度的最短编码思想方法;还有如二分法、迭代法、递归法等常用算法都是计算思维方法。在后面章节的学习中,会融入部分思维方法的理论知识和应用实践。

1.3.3　计算思维在各领域的应用

计算思维正在或已经渗透到各学科、各领域,并正在潜移默化地影响和推动各领域的发展,成为一种发展趋势。

在语言学方面,语言信息处理方向是语言学和计算机科学的跨学科研究,是人工智能领域的一个重要分支。2017 年之后,人工智能飞速发展,机器翻译、语音合成等理论和产品不断涌现。在语言文化研究方面,人们利用计算机对作品或作者使用的字、词、句的频率进行统计研究,从而了解作者的风格,称为计算风格学,例如研究《红楼梦》前 80 回和后 40 回是否均为曹雪芹所著。

在工程学方面,电子工程、土木工程、机械工程、航天工程等领域利用计算机负责计算,可以提高设计精度、节省成本、提升质量。例如,波音 777 完全采用计算机模拟设计和测试,没有经过现实的风洞测试。

在经济学方面,计量经济学日益受到重视,很多麻省理工学院的计算机博士在华尔街担任金融分析师。数据挖掘和计算智能方法在电子商务上被广泛应用,例如广告投放和在线拍卖等。

在化学方面,1998 年,诺贝尔化学奖获得者 John Pople 建立了一个量子化学工具,该工具通过计算机模拟系统研究分子的能量结构、轨道、热力学性质、核磁性质等,可用于化学的各个分支,使化学迈向用实验和理论共同研究探索的新时代。

在医学方面,医疗信息系统的建设大幅提高了诊断的效率和准确性,可视化技术的发展使得虚拟结肠镜检查成为可能。尤其是在疫情期间,大数据很好地跟踪、分析、统计了新冠病毒的传播情况。

在环境学方面,气象学家通过利用计算机模拟暴风雨的形成预报飓风及其强度,以及预测和模拟地震。

在生物学方面,霰弹枪算法大幅提高了人类基因组测序工作的效率,通过计算方法可以模拟蛋白质相互作用的动力学行为。

在社会学方面,人们利用计算手段研究人类的行为,即人们的交互方式、社会群体的形态及其演化规律,研究生命的起源与繁衍,理解人类的认识能力,了解人类与环境的交互以及国家的福利与安全等。

习　　题

思考题

1. 为什么要学习计算机科学,它有什么作用?

2. 对于一个现实问题,如果要用计算工具解决,则主要过程是什么? 请举例说明。

3. 谈谈你对计算思维的理解,它在人们的生活及专业学习中的应用有哪些?

4. 查阅资料,了解在计算机科学与技术的发展过程中做出贡献的科学家的故事,谈谈你的体会。

5. 查阅资料,了解存储设备和存储技术的发展历程,并谈一谈你有哪些收获。

第2章

Chapter 2

数据表示与编码思想

【学习目标】
- 了解数据和信息的联系和区别,理解信息论基础知识
- 掌握二进制思维及其运算,掌握逻辑思维及其运算
- 理解数制的基本概念和不同数制之间的转换方法
- 理解不同类型的数据在计算机中的表示方法及其编码思想
- 了解常见的多媒体文件格式

现代计算机已经广泛应用于生活的各个方面,从简单的文字排版、数据统计、PPT 演示等办公应用,到听音乐、看电视、打游戏等日常娱乐,再到网上看新闻、购物、就医等生活应用,以及天气预报、疾病防控、航空航天等科学研究,计算机无所不能。计算机作为一种计算工具,这些现实问题最终都归结为一种计算问题,计算的本质是参加计算的数据以及计算规则。那么现实中的数据有哪些类型? 计算机是如何描述各类数据并表示出来的? 在日常应用中应具备哪些基本的数据思维? 本章讲述计算机中数据的编码与表示,这是现代计算机中十分基础和重要的部分。

2.1　信息论基础

2.1.1　人类语言、文字和数字

在理解计算机中数据的表示和编码之前,先了解一下人类文明中语言、文字和数字的发展,体会现实中数据表示和编码的思想来源。

人类的祖先在很久之前就开始使用和传播信息,并形成了口头语言,对于能听见他们的声音并理解他们所说的语言的人来说,他们发出的声音所形成的词语是一种可识别的编码。为了交流,他们还能够借助石头、木棒等工具表示最基本的数量,实现最基本的物资分配,这也是一种编码。

然而,口头语言很难一代代地传承下来,于是,随着人类文明的发展,便产生了文字,例如我国古代的象形文字甲骨文,以及更早的古埃及象形文字(见《罗塞塔石碑》故事),这

种刻在石头、木头上的文字,我们称之为书面语言,这也是一种编码。

> **【罗塞塔石碑】**　1798 年,拿破仑的远征军来到埃及,在一个叫罗塞塔(Rosetta)的地方发现了一块破碎的埃及石碑(图 2-1),上面有三种语言:埃及象形文字、埃及拼音文字和古希腊文。科学家马塞尔拓下石碑上的文字并带回法国,后来多次辗转,直到 1822 年,法国语言学家商博良才破解了罗塞塔石碑上的文字,其记录的是托勒密五世登基的诏书。

图 2-1　罗塞塔石碑

当人们需要更大范围地交换和分配物资时,便产生了数的概念,那么怎样表示数呢?地球上相互隔绝的不同种族的人类不约而同地掰着自己的 10 根手指计数,后来还使用石刻或木刻的方式。当物资越来越多时,简单的掰手指和刻木头已无法算清,需要更为准确的计数,便出现了数字,这便是古印度人发明并由阿拉伯人传播的阿拉伯数字 0~10。

再到后来,人们在两河流域的美索不达米亚发现了一种楔形文字,这是发现最早的拼音文字,后来其不断发展,形成了罗马式的西方拼音文字,这就是我们常用的英文字母 A~Z。另外,还有以中文为代表的意型文字,其采用笔画作为字母进行组合,其实这也可以看作一种特殊的拼音文字。从象形文字到拼音文字和意型文字的演变是人类描述事物方式的一个飞跃,从外表进化到抽象,并不自觉地采用编码思想,例如常用字短、生僻字长、常用字笔画少、生僻字笔画多,这就是信息论中的最短编码原理。

语言从古语到现代语,对于说出和听到的声音,口头话语的信息传递速度快、易传播、易理解,一般语句较短。而对于写在纸上或刻在石头、木头上的书面文字,其传递速度慢、难书写、较烦琐。因此,书面文字要更为精简、言简意赅。从字到词,从词到句再到段都有一定的规则,所以语言本身就是一种编码。

另外,生活中也有一些特殊的应用情况,产生了特定的编码语言,例如丧失听说能力的聋哑人采用手语进行交流,通过手和臂膀形成的动作和姿势,也就是手语编码传达词语中的单个字符或整个词语等。失明的人采用布莱叶盲文,用一系列凸起的点代表字和词。密码和通信领域采用莫尔斯码传递信息,使用点和划的组合表示不同字母和信息。

回溯人类历史,数字和文字的诞生其实就是信息编码的过程,各种信息从此就可以通过文字这种编码系统记录下来。古代掌握读写的人掌握了其他人没有的信息,也就掌握了世界。编码的目的是交流,具有广泛意义。

2.1.2　数据和信息

"信息"一词在古拉丁语中有"描述、陈述、概要"等意思,在英语中有"消息、报道、情报、知识、资料"等多种含义。在汉语中,"信"和"息"合成一个词最早见于唐代《暮春怀故人》一诗中的"梦断美人沉信息",在日常用语中指"音信、消息"。

随着计算机的产生,人类进入了信息时代。借助互联网技术的发展,人们每天都要和大量的信息打交道,在享受信息便利的同时,也深受"信息爆炸"之苦。同时,随着大数据和人工智能技术的发展,人们又从信息时代步入了智能时代。那么,到底什么是信息,什么是数据,数据和信息是否相同?

实际上,数据和信息既有联系,又有区别。

数据是对客观事物的记录,存储在某一媒体上,用来描述事物特性的符号集合,是未加工的事实。这些符号不仅指数字,还包括字符、文字、图形等。信息是经加工后的具有使用价值的数据。

数据是信息的载体,信息是数据的内涵;同一信息可以有不同的数据表示形式;而同一数据也可能有不同的解释。例如,符号 1 可能表示数量是 1 个,也可能表示排序第一,还可能表示事物真与假两个方面中的真。在没有明确 1 的具体描述场景时,这个数据没有任何意义,只有说明它要描述的是什么,例如你在某次比赛中的成绩排名时,才具有意义,才可称之为有用的信息。

人们经常提到的信息量的多少,信息的作用又是如何度量和体现的呢?例如,明天会下雪是否可信,一篇 1000 字的新闻稿中的信息量是多少。

2.1.3　信息熵

有些事情本来不是确定的,例如天气预报,古人看云识天气,夜观天象,结合节气和经验总结预测未来的天气,但经常有不准确的情况。《三国演义》中的诸葛亮草船借箭,"万事俱备,只欠东风"之时东风便来了,众人佩服诸葛亮的神机妙算。天气难以预测,曹操性格多疑,这个事件的不确定性较大,信息量也就很大。而如果现在有人告诉你未来三天有大风天气,你可能并不会很惊讶,因为现代天气预报使用了科学技术和经验总结,准确性越来越高,信息的不确定性越来越小,其中的信息量也就越来越小了。有些事情本来就很确定,例如太阳从东边升起,你再告诉我一百遍太阳从东边升起,你的话还是丝毫没有信息量的,因为这件事情不能更确定了。所以,信息量的大小与事件不确定性的变化有关。

1948 年,香农(Claude Shannon)在著名的论文《通信的数学原理》(*A Mathematical Theory of Communication*)中提出了"信息熵"的概念。香农认为任何信息都存在冗余,冗余大小与信息中每个符号(数字、字母或单词)的出现概率,或者不确定性有关。香农借鉴热力学的概念,把信息中排除冗余后的平均信息量称为"信息熵",度量信息量的基本单位是"比特"。

"比特"可以这样定义:如果一个黑盒子中有 A 和 B 两种可能性,它们出现的概率相同,那么要搞清楚到底是 A 还是 B,所需的信息量就是 1 比特。1 比特是 1 位二进制数,在计算机中,1 字节就是 8 比特。充满不确定的黑盒子就叫"信息源",它里面的不确定性叫作"信息熵",而"信息"就是用来消除这些不确定性的,所以要搞清楚黑盒子里的具体状况,需要的"信息量"就等于黑盒子里的"信息熵"。英语中,"信息"和"情报"是同一个词(information),情报的作用就是排除不确定性,所以信息熵是信息不确定性的度量。

再举个例子,两人玩猜数字的游戏,在 1~10 猜出中奖号码,但对方知道中奖号码,一开始我猜小于 5,对方说猜错了;我接着猜小于 8,对方说猜对了;我最多只需要 4 次就可以猜对,中奖号码这条信息的价值就可以度量为 4 比特。

香农将信息熵的计算进行抽象,对于任意一个随机变量 X,它的信息熵定义如下:

$$H(X) = -\sum_{x \in X} P(x) \log P(x)$$

其中,P(x)为事件 x 发生的概率。通常,一个信息源发送什么符号是不确定的,可以根据其出现的概率度量。概率越大,出现机会越多,不确定性越小;反之就越大。

不确定性函数 f 是概率 P 的单调递减函数;两个独立符号产生的不确定性应等于各自不确定性之和,即 $f(P_1, P_2) = f(P_1) + f(P_2)$,称为可加性。

为更好地理解"熵"这个概念,引用吴军编写的《数学之美》中的两个例子进行说明。

例 1　假设世界杯决赛前 32 强已经产生,那么"世界杯足球赛 32 强中,谁是世界杯冠军?"的信息量是多少呢?

计算:根据香农的信息熵公式:

$$H = -(p_1 \log p_1 + p_2 \log p_2 + \cdots + p_{32} \log p_{32})$$

书中给出了几个结论:当 32 强球队的夺冠概率相同时,H=5;当夺冠概率不同时,H<5;H 不可能大于 5。

结论其实就是关于 32 个变量都大于或等于 0,以及等于 1 的约束情况下表达式的取值范围的讨论。

下面再看一个自然语言处理中的应用举例:信息熵只反映内容的随机性(不确定性)和编码情况,与内容本身无关。

例 2　一本 50 万字的中文书平均有多少信息量?常用的汉字约有 7000 个。假如每个汉字等概率出现,那么大约需要 13 比特(13 位二进制数,$2^{13}=8192$)表示一个汉字。

计算：应用信息熵，一个汉字有 7000 种可能性，每个可能性等概率，所以一个汉字的信息熵是

$$H = -\left(\frac{1}{7000}\log\frac{1}{7000} + \frac{1}{7000}\log\frac{1}{7000} + \cdots + \frac{1}{7000}\log\frac{1}{7000} \right) \approx 13$$

实际上，由于前 10% 的汉字占常用文本的 95% 以上，再考虑词语等上下文，得出每个汉字的信息熵大约是 5 比特。所以，一本 50 万字的中文书的信息量大约是 250 万比特。需要注意，这里的 250 万比特是平均数。

同样长度的书所含的信息量可能相差很多。如果一本书重复的内容很多，则它的信息量就小，冗余度就大。不同语言的冗余度差别很大，汉语在所有语言中是冗余度相对较小的，很多人认为汉语是最简洁的语言。一本英文书如果翻译成中文，则在字体大小相同的情况下，中文译本一般都会薄很多。

吴军将信息论的原理抽象化和普遍化，总结为：在没有获得任何信息前，一个系统就是一个黑盒子，引入信息就可以了解黑盒子系统的内部结构，如图 2-2 所示。所以，引入信息是消除系统不确定性的唯一办法。

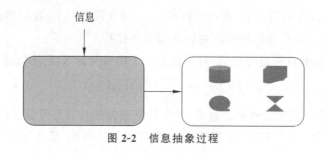

图 2-2　信息抽象过程

2.2　二进制与逻辑思维

在了解了人类语言、文字和数字的发展及其背后的基本编码思想，认识了现实生活中其他的编码语言，还了解了编码背后的信息论理论基础，知道了信息的度量是比特，1 比特就是一个 0 和 1 的二进制数后，你是不是很好奇这个比特和计算机采用二进制是巧合吗？现代计算机为什么要采用二进制？计算机如何表示现实世界中的事物？如何编码和存储？计算机中的编码体系是怎样的？

2.2.1　二进制思维

现实世界中，人类拥有 10 个手指决定了人们主要采用十进制数进行计算，用 0～9 这 10 个数符表示各种数，并制定了一套十进制的运算规则，以完成各种计算，如逢十进一、借一当十等。当然，生活中还有其他进制。所谓的半斤八两就是中国古代采用的十六进制，常见的钟表采用十二进制，每周的轮回采用七进制等。

按照人们的传统思维，早期的科学家在设计计算机时也采用十进制，如机械式计算机

帕斯卡加法器、巴贝奇的差分机,还有第一台电子计算机 ENIAC,受元部件以及十进制运算规则的限制,整个计算机如同庞然大物,完成一个简单的计算也非常烦琐。一代代科学家在不断探索计算机采用什么元部件的同时,也在思考如何简化计算规则。而在所有的数字系统中,最简单的数字系统就是由 0 和 1 表示的二进制。现实中的一个事物至少要由正反两个方面描述和表达,不可能只用一个方面就描述各类事物。下面介绍计算机的二进制思维。

1. 莱布尼茨与二进制

德国图灵根著名的郭塔王宫图书馆中保存着一份弥足珍贵的手稿,其标题是"1 与 0,一切数字的神奇渊源,这是造物的秘密美妙的典范",这是德国数学家莱布尼茨的手迹。1697 年,莱布尼茨给鲁道夫·奥古斯都公爵写了一封信,并赠送了一颗自己设计的"创世图"纪念章(图 2-3),反面的图案中就有从 0~17 的二进制数表以及加法和乘法运算的例子。

图 2-3　莱布尼茨计的"创世图"纪念章

在此之前,莱布尼茨一直在思考和研究二进制,他写过一篇关于二进制的论文《数字新科学论》,想要投稿到法国皇家科学院的刊物上,但由于论文中没有反映出二进制的实用价值,故未被刊出。之后,莱布尼茨一直在寻求二进制的实用价值,他曾经有过用二进制的原理制作计算机的设想,但没有实现。

据记载,莱布尼茨的二进制思想也受到了中国《易经》的启发。莱布尼茨有一位好友白晋,是一位汉学大师,做过康熙皇帝的数学老师,莱布尼茨通过信件向白晋介绍了二进制的思想,信中说道:"如同十进制使用 0 到 9 这十个数字一样,只使用 0 和 1 这两个数字就够了。"他还列出了 0~31 的二进制表。白晋惊奇地发现莱布尼茨提出的二进制与中国《易经》"先天图"之间的关系,并给莱布尼茨寄去了一幅先天图,明确指出只需要把实线替换为 1,虚线替换为 0,每一卦就对应一个二进制数,而且先天图是按照二进制的序数排列的。白晋在信中还写道:"您不应该把二进制视为一门新科学,因为中国的伏羲早就发明了。"[①]

莱布尼茨这才发现,先天图的排列与二进制序列是如此一致,他给白晋的回信中写道:"这张图乃是世界上最古老的科学文物,数千年来不为人们所理解,却与二进制算术如此吻合。当您向我解释这些符号时,我恰好向您介绍二进制算术,它们巧合得令人吃惊。如果我未曾发明二进制算术,哪怕对伏羲卦图再深入研究也未必能够理解。我在 20 年前就开始思考二进制的问题,意识到用 0 和 1 表示的数更臻于完美,计算也非常简便。"作为二进制的一个实用例证,莱布尼茨将先天图收录其中,撰写了题为《论单纯使用 0 与

---

① 伏羲绘制的是伏羲卦图,伏羲先天图全称为《伏羲先天六十四卦方位图》,并不是伏羲发明的,而是北宋的哲学家邵雍在伏羲卦图的基础上绘制的,先天图与之前的伏羲卦图的最大区别就是其按照二进制的序数排列。

1的二进制算术——兼论二进制用途以及古代中国伏羲符号的意义》的论文,发表在 1703 年的皇家科学院年鉴上。

莱布尼茨的著作《论中国人的自然哲学》中有一节是"论中华创始者伏羲的文字与二进制算术中所用的符号",文中写道:"我和白晋神父发现了这个帝国的奠基者伏羲所创造的卦图的原本意义,它们由一些虚线和实线组成,共有 64 个符号,算是中国最古老的文字,也是最简单的文字。"从此,莱布尼茨不再说自己发明了二进制,只是说他重新发现了先天图的学问。

2.《易经》中的二进制思维

《易经》经常被当作一种玄学,其实它揭示的是自然现象及其变化规律,它将现实中的现象抽象为符号,即阴(0)和阳(1),然后通过符号的组合表达自然现象。例如 3 个阴阳构成一个组合,称为卦,按照数学中"数图"的方法,就生成了一棵图 2-4 的所示二进制"数学树",图中的八卦符号体系乾、坤、艮、坎、巽、离、兑刚好对应二进制数的 000～111,即十进制的 0～7。

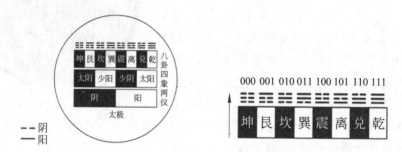

图 2-4　八卦与二进制数的对应图

八卦的概念来自从自然空间中重复出现的八种自然现象:天、地、山、泽、日(火)、月(水)、风、雷,但又采用抽象的本体卦名表示,即乾、兑、离、震、巽、坎、艮、坤,由此可以用来表示更多范围内的其他现象和实体,如表 2-1 所示,乾坤还可以表示家庭空间中的父母、身体空间中的首腹,这充分体现了计算思维中的抽象思想,即从现实世界中抽象出本体,再应用到现实中的其他客体。对这些卦位符号进行更多的组合和计算就可以表示更多的现象和语义,如六十四卦节气,所以《易经》是一个完整的二进制符号体系。

表 2-1　八卦挂名本体与实体扩展

卦象	☰	☱	☲	☳	☴	☵	☶	☷
挂名	乾	兑	离	震	巽	坎	艮	坤
自然	天	泽	火	雷	风	水	山	地
方位	西北	西方	南方	东方	东南	北方	东北	西南
家庭	父	幼女	中女	长子	长女	中男	幼男	母
身体	头	口	目	足	股	耳	手	腹

3. 计算机采用二进制的原因

在计算机的发展过程中,一代代科学家不断研究,衍生出了现代计算机的二进制数字符号体系,并发明了采用二进制运算的电子计算机。

计算机采用二进制的原因如下。

① 易于物理实现。如果让计算机能够直接表达十进制,就要找到具有 10 种稳定状态的物理元件对应十进制的 10 个数,这是非常困难的。而具有两种稳定状态的元件却比较容易找到,如电压的高和低、开关的通和断、继电器的导通和断开、晶体管的导通和截止等,恰好可以用"0"和"1"表示。

② 运算规则简单。与十进制相比,二进制的运算规则要简单得多,这不仅简化了运算器等物理器件的设计,而且有利于提高运算速度。

③ 工作可靠性高。两个状态代表的两个数码在数字传输和处理中不容易出错,电路更加可靠,使得存储状态更加稳定。

④ 适合逻辑运算。二进制只有两个数码,正好与逻辑代数中的真和假,即 1 和 0 相吻合,便于逻辑运算,所有的运算在计算机底层都会转换为逻辑运算。

4. 生活中的二进制思维和应用

(1) 烽火通信

烽火通信是现代光通信的源头,它传递信息快,不受地形制约,是古代比较先进的通信方式,世界文明古国大多有使用烽火通信的历史。中国早在 3000 多年前就已经运用烽火报警。当时在边陲重镇和交通要道,每隔一定距离就会建筑烽火台,一旦发现敌情,便立刻发出警报,守卫长城的将士以燃烟的次数表示来犯之敌的约数,一天可传几千里。

(2) 莫尔斯码

莫尔斯码(Morse code)是由美国人塞缪尔·莫尔斯发明的,莫尔斯码也被称作二进制码(Binary Code),因为这种编码的组成元素只有两个,即"点"和"划"。例如,在发送英文的莫尔斯码时,只需要按照图 2-5 所示的表格,将对应字母用相应的点和划组合表示即可。

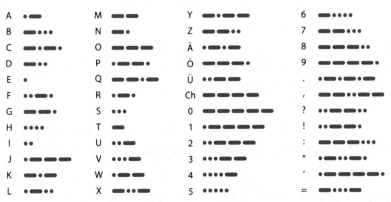

图 2-5　莫尔斯码表

（3）灯语

在通信还不是很发达的航海时代，相距遥远的船之间进行通信有几种方式，主要就是灯语、旗语和声号。在恶劣天气中，灯光以其强大的穿雾性使得灯语优于旗语和声号。利用灯光的闪烁频率可以二进制的莫尔斯码传递信息，通过灯光一明一暗的间歇做出长短不同的信号以传递信息，帮助船员在较远的目视距离下相互沟通。

（4）条形码

条形码（图 2-6）是由美国的 N.T.Woodland 在 1949 年首先提出的，随着计算机应用的不断普及，条形码的应用得到了很大的发展。条形码可以标出商品的生产国、制造厂家、商品名称、生产日期、图书分类号、邮件起止地点、类别、日期等信息。条形码是由宽度不同、反射率不同的条和空，按照一定的编码规则编制而成，用来表达一组数字或字母符号信息的图形标识符，即条形码是一组粗细不同，按照一定的规则安排间距的平行线条图形。常见的条形码是由反射率相差很大的黑条（条）和白条（空）组成。

图 2-6 条形码

一维条形码可以看作是以二进制方式表现的，黑线为1，空白为 0，之后通过组合形成不同的二进制串，用来表述数字或字符。根据条码类型的不同，组合方式也不同。

2.2.2 二进制运算

了解了计算机的二进制思维，知道了计算机内部采用二进制表示数据，并对数据进行运算和处理，那么主要的运算有哪些呢？同生活中常见的十进制一样，二进制也有算术运算（加、减、乘、除）。另外，由于元部件的原因，计算机最终采用逻辑运算（与、或、非）。下面讲述二进制的运算规则。

1. 算术运算

二进制算术运算规则与十进制基本相同，只是"逢十进一"和"借一当十"变成了"逢二进一"和"借一当二"，二进制数只有 0 或 1 两种可能的乘数位，其乘除更为简单。二进制算术运算的运算规则如下。

- 加法规则：$0+0=0$；$0+1=1$；$1+0=1$；$1+1=0$（进位）。
- 减法规则：$0-0=0$；$1-0=1$；$1-1=0$；$0-1=1$（借位）。
- 乘法规则：$0\times0=0$；$1\times0=0$；$0\times1=0$；$1\times1=1$。
- 除法规则：$0\div1=0$；$1\div1=1$。

当两个二进制数相加时，每一位最多有 3 个数：本位被加数、加数和来自低位的进位数。按照加法运算法则可得到本位相加的数和向高位进位的数，且相加时"逢二进一"。

当两个二进制数相减时，每一位最多有 3 个数：本位被减数、减数和向高位的借位数。按照减法运算法则可得到本位相减的差数和向高位借位的数，且相减时"借一当二"。

举例如下：

$$10110010+101010=11011100$$
$$10110010-101010=10001000$$
$$11\times101=1111$$
$$1010\div100=10.1$$

2. 逻辑运算

逻辑运算包括三种基本运算："与"运算、"或"运算和"非"运算。这三种基本逻辑运算又可以组合成复合逻辑运算。

（1）逻辑"与"运算

"与"运算又称为逻辑乘,用符号"×"或"∧"或"AND"表示。

运算规则为：$0\times1=0,1\times0=0,0\times0=0,1\times1=1$。

在图 2-7（a）所示的真值表中,两个简单事件 A 和 B 构成逻辑与的事件,当 A 和 B 同时满足,即都为 1 时,结果为 1,即为真;只要其中有一个为假,结果即为假。

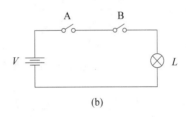

图 2-7　与运算真值表和类比开关电路图

现实中的逻辑"与"：只有当决定一件事情的条件全部具备后,这件事情才会发生。如图 2-7（b）所示,灯泡的串联就是一种逻辑与的关系。还有经常说到的木桶效应,即一个成功的人各方面的能力都必须达标,有一个短板都不行。

（2）逻辑"或"运算

"或"运算又称为逻辑加,用符号"＋"或"∨"或"OR"表示。

运算规则为：$0+0=0,0+1=1,1+0=1,1+1=1$。

在图 2-8（a）所示的真值表中,两个简单事件 A 和 B 构成逻辑或的事件：A 和 B 两个事件只要有一个满足时结果就为真;只有两个都为假时,结果才为假。当两个二进制数的相应位进行逻辑或运算时,只要有一个为"1",逻辑或的结果就为 1。

现实中的逻辑"或"：在发生一件事的几个条件中,只要有一个或一个以上的条件具备,这件事情就会发生。如图 2-8（b）所示,灯泡的并联就是逻辑或的关系。还有反木桶效应,即最长的一根木板决定了其特色和优势,在保障短板尽量补足的情况下,应充分发挥自己的优势。

（3）逻辑"非"运算

"非"运算又称为逻辑否定,用变量上加横线"—"或变量前加符号"¬"或"NOT"表示。

输入		输出
A	B	L
0	0	0
0	1	1
1	0	1
1	1	1

(a)

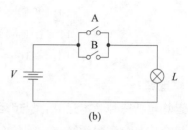

(b)

图 2-8　或运算真值表和类比开关电路图

运算规则为：¬0＝1，¬1＝0。

如图 2-9(a)所示，逻辑"非"表示与原事件含义相反，即非假为真，非真为假。图 2-9(b)所示的开关电路即为非运算。

输入	输出
A	L
0	1
1	0

(a)

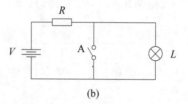

(b)

图 2-9　非运算真值表和类比开关电路图

以上仅就逻辑变量只有一位的情况介绍了逻辑"与""或""非"的运算规则。当逻辑变量为多位时，可在两个逻辑变量的对应位上按上述规则进行运算。特别注意：所有逻辑运算都是按位进行的，位与位之间没有任何联系，不存在算术运算过程中的进位或借位关系。

举例如下：

$$0011101111 \wedge 1011101011＝0011101011$$
$$0011101111 \vee 1011101011＝1011101111$$
$$\neg 0011101111＝1100010000$$

（4）逻辑"异或"运算

在实际应用中，利用"与""或""非"三种基本的逻辑运算可以构造复合逻辑运算，以及更为复杂的逻辑运算。常见的复合逻辑运算有"与非""或非""与或非""同或"和"异或"等。

其中，"异或"运算用符号"⊕"或"XOR"表示。

运算规则为：0＋0＝0，0＋1＝1，1＋0＝1，1＋1＝0。

在图 2-10(a)所示的真值表中，当 A 和 B 两个事件同时为真或同时为假时，结果为假，否则结果为真。

"异或"逻辑表达式为：$a \oplus b = (\neg a \wedge b) \vee (a \wedge \neg b)$。

现实中的逻辑"异或"：两个开关同时控制一盏灯，当同时开启或同时关闭时灯灭；当一个开启、一个关闭时灯亮，如图 2-10(b)所示。

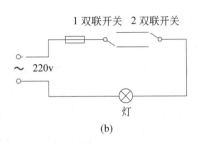

输入		输出
A	B	L
0	0	0
0	1	1
1	0	1
1	1	0

(a)   (b)

图 2-10 异或运算真值表和类比开关电路图

2.2.3 逻辑思维

以上从二进制运算的角度介绍了逻辑运算,似乎逻辑看不见、摸不着,但它却如同思维的血液一样融入了人们的生活,伴随人们一生,在日常学习和生活中,逻辑问题处处可见。计算机要解决生活中的逻辑问题,首先需要人具有一定的逻辑思维,能将现实的逻辑问题进行分析、分解,设计出对应的解决方案,并能将求解的方案输入计算机,用计算机实现。如何对问题进行概念抽象,运用逻辑表达式和逻辑运算规则进行逻辑推理是逻辑思维的主要范畴。

那么怎样才能具备逻辑思维,怎样进行逻辑分析呢?

"逻辑"的原意是指言辞、思想、理性、规律等。逻辑主要包含以下几个层次:

- 指客观事物发展变化的规律,如自然规律等;
- 指思维的规律或规则,如设计问题求解方案时的逻辑;
- 特指一门研究思维的逻辑形式及其规律和方法的科学,即逻辑学。

逻辑思维又称为抽象思想,是人们在认识过程中借助概念、命题、判断和推理等形式,运用分析、综合、归纳和演绎等方法,对丰富多彩的感性事物去粗取精、去伪存真、由此及彼、由表及里的加工制作,从而反映现实的过程。

1. 逻辑思维的发展

逻辑学渗透在计算机科学、数学、语言学、哲学等各个学科,逻辑学的各个学派和成果是伴随着人类思想文明的演变,经过漫长的时光逐渐发展起来的。生活中常见和常用的逻辑主要是辩证逻辑和形式逻辑两种。辩证逻辑是以辩证法认识论的世界观为基础的逻辑学。我国春秋战国时期就产生了被称为"辩学"的逻辑学说。

形式逻辑主要是对思维的形式结构和规律进行研究的、类似语法的一门工具性学科,具体又可分为传统形式逻辑和现代形式逻辑。传统形式逻辑又称为古典形式逻辑。古希腊伟大的思想家亚里士多德以《工具论》创立了形式逻辑,为逻辑发展史树立了第一座丰碑。

现代形式逻辑通常称为数理逻辑,即引入一套符号体系,用数学方法研究推理的规律。17 世纪后期到 18 世纪早期,德国数学家莱布尼茨试图建立一种分析的真理体系,他曾设想通过创造一种"通用的科学语言",把推理过程像数学一样利用公式进行计算,从而得出保真的结论。虽然限于当时的社会条件,他的想法并没有实现,但他的思想成为了数理逻辑的萌芽。

1847 年,英国数学家布尔发表了《逻辑的数学分析》,建立了"布尔代数",并创造了一套符号系统,利用符号表示逻辑中的各种概念。布尔建立了一系列的运算法则,利用代数的方法研究逻辑问题。布尔代数也叫逻辑代数,在逻辑代数里,表示"真"与"假"、"是"与"否"、"有"与"无"这种具有逻辑属性的变量称为逻辑变量,对二进制数的 1 和 0 赋予逻辑含义,例如用 1 表示真,用 0 表示假,这样可以将二进制数与逻辑取值对应起来,用一系列的逻辑符号阐述二进制的逻辑演算。布尔代数奠定了数理逻辑的基础,也为解决实际工程问题提供了坚实的理论基础。

19 世纪末至 20 世纪初,数理逻辑有了较大发展。1884 年,德国数学家弗雷格出版了《算术基础》一书,书中引入了量词符号,使得数理逻辑的符号系统更加完备。

1936 年,图灵提出了一种描述计算步骤的数学模型,并在其中引入了二进制运算,形成了理论上的"图灵机"。1938 年,香农发表论文《继电器与开关电路的逻辑分析》,他将纯数学布尔代数用于电路设计,证明了布尔运算可通过继电器电路实现,并在贝尔实验室进一步证明了采用能实现布尔运算的继电器或电子元件可以制造出计算机。

随后,逻辑和电子技术完美结合,计算机技术快速发展。

《逻辑的引擎》一书的序言中提到:"计算机从 20 世纪 50 年代塞满屋子的庞然大物,逐渐演变成今天轻巧而强大的机器,在这个过程中,其背后的逻辑始终如一。这些逻辑概念是几个世纪以来数位天才思想家一步步发展出来的。读完这些故事之后能够更加了解计算机内部的秘密,同时对抽象思想的价值也多了一份敬意。"

2. 逻辑谜题

下面通过几个逻辑谜题感受一下逻辑的魅力。

【逻辑谜题 1】 爱丽丝奇遇记——吃蛋糕。

《爱丽丝漫游奇境》一书以梦幻的形式将读者带入了一个离奇的故事,情节扑朔迷离、变幻莫测。表面看起来荒诞不经,实际上却富有严密的逻辑性和深刻的内涵,是智慧与幻想的完美结合,充满了有趣的文字游戏、双关语、谜语和巧智。这本书的作者查尔斯·勒特威奇·道奇森还是一位数学家、逻辑学家,他长期在享有盛名的牛津大学教授数学,发表了多本数学著作。通过下面摘选的一段文字,感受一下其中的逻辑思维。

> 如果我吃了蛋糕,蛋糕将使我变大或者变小;如果把我变大,我将能够拿到钥匙;如果把我变小,我可以从门底下爬进去;如果我拿到钥匙,我会进入花园;如果我从门下面爬过去,我也能进入花园。所以,如果我吃了蛋糕,我就能进入花园。

【逻辑谜题 2】 选花问题。

某天,一个客户走进了一家花店,他对店员说:我想要一束百合,白色或粉色都可以;

或者玫瑰,除了白色任何颜色都可以;或者只要是红色的花就可以。店员拿来了一束粉色的郁金香,如何快速判定这束花是否是这个客户想要的?

【逻辑谜题 3】 谁是罪犯。

某珠宝店被盗,警方已发现如下线索:A、B、C 三人至少有一个人是罪犯;如果 A 是罪犯,则 B 一定是同案犯;盗窃发生时 B 正在咖啡店喝咖啡。请问谁是罪犯?

对于以上这些现实的逻辑问题,如何分析解决呢?下面对谜题 2 和谜题 3 进行解析。

【谜题 2 解析】

方法一:代入验证法

题目描述中有三段,三个条件之间是"或"的关系,分别带入验证。

- 代入条件 1:一束百合,白色或粉色都可以。不符合条件。
- 代入条件 2:玫瑰,除了白色,任何颜色都可以。不符合条件。
- 代入条件 3:只要是红色的花就可以。不符合条件。

结论:粉色的郁金香不是这个客户想要的。

方法二:逻辑表达式法

利用逻辑思维进行符号化抽象,写出对应的逻辑表达式进行验证计算。

第一步:符号化。当研究多个事件的逻辑关系时,用逻辑变量符号表示多个事件,将涉及的关键点用变量进行符号化,如下。

$$L:百合;W:白色;P:粉色;R:玫瑰;G:红色$$

以上各个变量的取值为逻辑值,即 0 和 1。

第二步:抽象化。对应谜题中的描述,用逻辑运算符将它们连接起来,写出相应的逻辑表达式:

$$L \text{ and}(W \text{ or } P) \text{ or } R \text{ and }(not \text{ } W) \text{ or } G$$

第三步:代入值计算。假设店员拿来了一束粉色的郁金香,那么 L 和 R 的值就为 1,其他变量的值为 0,代入表达式为

$$0 \wedge (0 \vee 1) \vee 0 \wedge (\neg 0) \vee 0$$

再按照逻辑运算规则,计算表达式的结果为 0。

第四步:得出结论。"粉色的郁金香"不是客户想要的。

计算思维的本质是抽象和自动化,以上只是人们采用逻辑分析的方法得出了结论,如何让计算机软件自动实现呢?其实,在分析得到逻辑表达式之后,就可以编写程序,利用选择结构输入变量的值,让计算机自动计算表达式的值。另外,除了判断"粉色的郁金香",还有哪些花满足客户的需求呢?人们在逐个列举判定时会需要一定的时间,计算机却可以通过循环判断和运算非常容易地列举出所有满足的情况。利用 Python 代码可以解决该谜题,完成自动计算。

【谜题 3 解析】

方法一:完全归纳法

完全归纳法一般指完全归纳推理,是以某类中每一对象(或子类)都具有或都不具有

某一属性为前提,推导出以该类对象全部具有或全部不具有该属性为结论的归纳推理。

完全归纳推理的要求有以下三个:

- 前提中必须穷尽一类事物的全部对象;
- 前提中的所有判断都是真实的;
- 前提中每一判断的主项与结论的主项之间必须都是从属关系。

谜题 3 采用完全归纳法,列举 A、B、C 的各种可能性,分析题干,推理过程如下。

(1)假设 B 是罪犯

盗窃发生时 B 正在咖啡店喝咖啡,推断 B 不是罪犯,假设不成立。

(2)假设 A 是罪犯

如果 A 是罪犯,则 B 一定是同案犯,也是罪犯,但是已推断 B 不是罪犯,那么 A 也不是罪犯。假设不成立。

(3)假设 C 是罪犯

已推断 A 和 B 都不是罪犯,而 A、B、C 三人至少有一个人是罪犯,故推断 C 是罪犯,假设成立。

方法二:真值表法

假设罪犯的值为 1,不是罪犯的值为 0,列出 A、B、C 的所有组合情况,共有 8 种(2^3)。再根据题干进行排除,得到最终结论,构造和分析的真值表如表 2-2 所示,逻辑推理的过程为:

① 根据题干"A、B、C 三人至少有一个人是罪犯"排除序号为 1 的情况;

② 根据"盗窃发生时 B 正在咖啡店喝咖啡"排除序号 3、4、7、8;

③ 根据"如果 A 是罪犯,则 B 一定是同案犯"排除 5、6。

因此,最后序号 2 成立,即 C 是罪犯。

表 2-2   逻辑谜题 3 真值表

序号	A	B	C	推断
1	0	0	0	✕
2	0	0	1	✓
3	0	1	0	✕
4	0	1	1	✕
5	1	0	0	✕
6	1	0	1	✕
7	1	1	0	✕
8	1	1	1	✕

2.2.4   逻辑门电路

计算机使用了实现各种逻辑功能的电路,这些电路能利用逻辑代数的规则进行各种逻辑判断,从而使计算机具有逻辑思维能力。在计算机硬件层次,所有的算术运算最终又都是由逻辑运算实现的。那么如何采用电子元部件实现这些基本的逻辑运算,以及更加复杂的逻辑运算呢?

第一代计算机的主要逻辑元器件采用的是电子管(图 2-11)。电子管其实是一种信号放大器,类似于灯泡,如图 2-11 所示,靠被灯丝加热的阴极发射电子导电,是英国物理学家弗莱明受"爱迪生效应"(热电子发射)的启发而发明的,在早期的无线电设备中经常使用,现在在一些高保真的音响器材中仍然有使用。

图 2-11　电子管

第二代计算机的主要逻辑元器件采用的是晶体管(图 2-12)。晶体管是一种固体半导体器件,具有检波、整流、放大、开关、稳压、信号调制等多种功能。

图 2-12　晶体管

电子管和晶体管都采用电信号,具体的元器件又分二极管和三极管。二极管具有阴极和阳极,单向导电,电路的导通和断开可表示 1 和 0。三极管在二极管的基础上增加了栅极,通过控制栅极电压的高低控制电路的输出,三极管在具备导电性的同时,还具有信号放大的功能。数字电路中用电平表示电压的相对高低,把相对的高压称为高电平,相对的低压称为低电平,通常对应到二进制中,高电平代表 1,低电平代表 0,如图 2-13 所示。

图 2-13　高低电平示意

1. 门电路

实现基本和常用逻辑运算的电子电路叫作逻辑门电路。采用二极管、三极管等元器件可以设计出不同的逻辑门电路,实现与运算的叫作与门电路,实现或运算的叫作或门电路,实现非运算的叫作非门电路。

(1) 与门

用两个二极管可以构成一个与门电路。当两个输入 A 和 B 均为高电平(1)时,输出端 F 为高电平(1),否则 F 为低电平(0),如图 2-14 所示,其中(a)为电路内部结构,(b)为国际符号,(c)为电平波形示意。

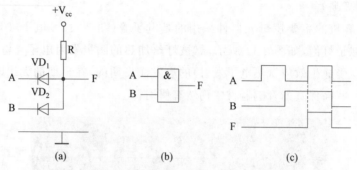

图 2-14　与门电路内部结构、国际符号和电平示意

（2）或门

用两个二极管可以实现或门电路。当两个输入 A 或 B 有一个为高电平(1) 时,输出端 F 即为高电平(1),当 A 和 B 均为低电平(0)时,F 才为低电平(0),如图 2-15 所示。

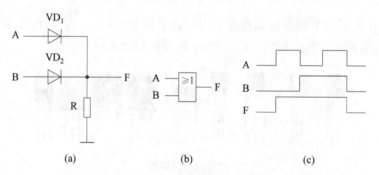

图 2-15　或门电路内部结构、国际符号和电平示意

（3）非门

用一个三极管可以构成一个非门电路。当输入端 A 为低电平时(0),输出端 F 为高电平(1),否则相反,如图 2-16 所示。

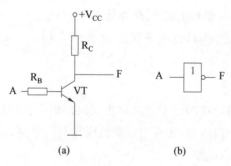

图 2-16　非门电路内部结构和国际符号

（4）异或门

前面介绍了使用基本逻辑运算可以构造复合逻辑运算，有了基本的逻辑门电路，即可利用这些门电路构造更为复杂的门电路。例如，将与运算和非运算组合构成与非门，将与运算和或运算以及非运算组合构成与或非门。将二极管和三极管组成的四个与非门再进行组合，可以得到异或门电路。当两个输入 A 和 B 相同，均为高电平(1)或低电平(0)时，输出端 F 为低电平(0)，否则相反，如图 2-17 所示。

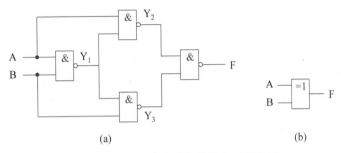

(a)　　　　　　　　　(b)

图 2-17　异或门电路内部结构和国际符号

以上电路可以进一步被封装成集成电路，即芯片，如图 2-18 所示。

图 2-18　集成电路芯片

2. 全加器

（1）一位全加器

全加器的英文名称为 Full-adder，是指用门电路实现两个二进制数相加并求和的组合电路。完成两个一位二进制数相加的全加器称为一位全加器。

在进行一位的加运算时，要考虑三个数，两个是当前位置上的加数 A 和被加数 B，另外一个是相邻低位的进位数 CI，这三个数是输入。输出有两个，一个是本位和结果 S，另一个是向相邻高位产生的进位 CO，如图 2-19 所示。构造一位全加器的真值表如表 2-3 所示。

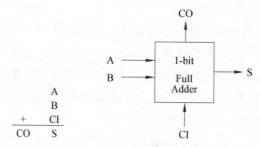

图 2-19　全加器运算和示意

表 2-3　一位全加器真值表

输　　入			输　　出	
A	**B**	**CI**	**S**	**CO**
0	0	0	0	0
0	0	1	1	0
0	1	0	1	0
0	1	1	0	1
1	0	0	1	0
1	0	1	0	1
1	1	0	0	1
1	1	1	1	1

一位全加器对应的逻辑表达式为

$$S = A \oplus B \oplus CI \quad CO = (A \oplus B) \wedge CI \vee (A \wedge B)$$

按照逻辑表达式,可以设计出一位全加器的逻辑门电路,如图 2-20(a)所示,对其进行封装的逻辑符号如图 2-20(b)所示。

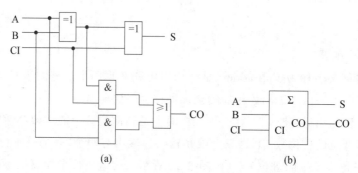

图 2-20　一位全加器逻辑图和逻辑符号

（2）多位全加器

多位全加器即串行进位加法器,若由多位数相加,则可采用并行相加串行进位的方式完成,将低位的进位输出信号接到高位的进位输出端。因此,任意一位加法运算必须在低一位的运算完成后才能进行,这种进位方式称为串行进位。例如,3 个二进制数据相加可以采用 3 个全加器,构成 3 位数加法器,如图 2-21 所示。

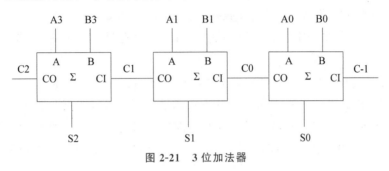

图 2-21　3 位加法器

加法器的逻辑电路设计过程中体现了分层构造的思想:

- 基本的逻辑门电路可进行封装,并构造复合逻辑门电路;
- 低层复合逻辑门电路已验证正确,可被封装起来;
- 用已封装、已验证的低层电路可进一步构造更为复杂的高层电路。

2.3　进位计数制及转换

2.3.1　进位计数制

了解了计算机的二进制思维和运算规则后,对于现实中的数据,在输入计算机之前,其原始数据通常是十进制格式的,在计算机内部要转换成二进制进行存储和计算,运算结果通常又要转换为十进制在屏幕上显示输出。

二进制虽然运算简单,但不利于查看,人和机器很难直接沟通,必须经过"翻译"。另外,在早期阶段,程序员在使用二进制数据时,二进制数占位太长,又不便于识别。怎样设计一种数据表示方法,可以简单快速地实现和二进制的转换呢? 这便有了八进制和十六进制,它们和二进制之间有一种简单的对应关系,可以快速进行转换。这么多的进制,它们共同的规律又是什么呢? 相互之间又如何转换? 下面对进位计数制进行抽象梳理,并介绍常用进制之间的转换方法。

进位计数制: 进位计数制是一种数值大小的表示方法,进位计数制有三个基本要素,即基数、数位和位权值,运算时按基数进位或借位(逢 R 进一、借一当 R),用位权值进行计算。

1. 基数

基数(Radix)是指表示一个进位计数制所需的不同数符的个数,用 R 个基本符号表示数值($0,1,2,\cdots,R-1$),R 就称为该数制的基数。

- R＝10 为十进制,可使用 0～9 共 10 个数符;
- R＝2 为二进制,可使用 0 和 1 共 2 个数符;
- R＝8 为八进制,可使用 0～7 共 8 个数符;
- R＝16 为十六进制,可使用 0～9、A～F 共 16 个数符。

所谓按基数进位、借位,就是指在执行加法或减法时,要遵守"逢 R 进一,借一当 R"的规则,如十进制数的规则为"逢十进一,借一当十";二进制数的规则为"逢二进一,借一当二"。

为了区别各种进制,可以在数的右下角注明进制,或者在数的后面加一个大写字母表示该数的进制,B 表示二进制(Binary),O 表示八进制(Octal),D 或不带字母表示十进制(Decimal),H 表示十六进制(Hexadecimal)。例如,$(1101.011)_2$ 或者 1101.011B 表示二进制数 1101.011,100、$(100)_{10}$ 或者 100D 表示十进制数 100,17O 表示八进制数 17,12H 表示十六进制数 12。

2. 数位和位权值

在任何一种进位计数制中,一个数所在的固定位置称为数位,其对应的单位值称为位权值,简称权。各位数字所表示的值的大小不仅与该数字本身有关,而且还与它所处的位置有关。例如,十进制数 88,十位上的 8 表示 8 个 10,个位上的 8 表示 8 个 1。十进制数中,个、十、百、千各位的权,依次为 $10^0,10^1,10^2,10^3$,小数点后从左往右的权分别为 10^{-1},10^{-2} 等。计算机中常用的几种进制数的表示见表 2-4。

表 2-4   计算机中常用进制数的表示

进位制	二进制	八进制	十进制	十六进制
规则	逢二进一	逢八进一	逢十进一	逢十六进一
基数	R＝2	R＝8	R＝10	R＝16
表示	B、( )$_2$	O、( )$_8$	D、( )$_{10}$	H、( )$_{16}$
基本符号	0,1	0,1,2,$\cdots$,7	0,1,2,$\cdots$,9	0,1,$\cdots$,9、A,B,$\cdots$,F
权	2^i	8^i	10^i	16^i

3. 数值的按位展开

对于任意一个进制数,可表示成按权展开的多项式。例如,$(286)_{10}=2\times10^2+8\times10^1+6\times10^0$。一般地,对于一个任意 R 进制数 $a_n a_{n-1} a_{n-2}\cdots a_0.a_{-1}\cdots a_{-m}$,可表示为

$$N=\sum_{i=-m}^{n-1}a_i\times R^i$$

即

$a_n\times R^n+a_{n-1}\times R^{n-1}+a_{n-2}\times R^{n-2}+\cdots+a_0\times R^0+a_{-1}\times R^{-1}+\cdots+a_{-m}\times R^{-m}$

其中,R 为基数,整数部分为 n+1 位,小数部分为 m 位。

2.3.2　进制的转换

1. R 进制转换为十进制

把任意一个二进制、八进制或十六进制数转换成十进制数,只需要将 R 进制数按权展开求和即可,称为**乘权求和法**。

例 1　把 $(1101.011)_2$ 转换成十进制数为

$$(1101.011)_2 = 1 \times 2^3 + 1 \times 2^2 + 0 \times 2^1 + 1 \times 2^0 + 0 \times 2^{-1} + 1 \times 2^{-2} + 1 \times 2^{-3}$$
$$= 13.375$$

例 2　把 $(237.4)_8$ 转换成十进制数为

$$(237.4)_8 = 2 \times 8^2 + 3 \times 8^1 + 7 \times 8^0 + 4 \times 8^{-1} = 128 + 24 + 7 + 0.5 = 159.5$$

例 3　把 $(A05.C)_{16}$ 转换成十进制数为

$$(A05.C)_{16} = 10 \times 16^2 + 0 \times 16^1 + 5 \times 16^0 + 12 \times 16^{-1}$$
$$= 2560 + 5 + 0.75 = 2565.75$$

2. 十进制转换为 R 进制

将一个十进制数转换为 R 进制数,分为整数转换和小数转换两种情形。

(1) 十进制整数转换为 R 进制整数

如果一个十进制整数 N 已被表示成一个 R 进制整数 $a_n a_{n-1} a_{n-2} \cdots a_0$,那么 N 可按 R 进制数的权展开为

$$N = a_n \times R^n + a_{n-1} \times R^{n-1} + a_{n-2} \times R^{n-2} + \cdots + a_0 \times R^0$$

由于展开式的前 n 项均为 R 的整数倍,因此 a_0 即为 N 除以 R 所得的余数。也就是说,N/R 的商为 $a_n \times R^{n-1} + a_{n-1} \times R^{n-2} + a_{n-2} \times R^{n-3} + \cdots + a_1 \times R^0$,余数为 a_0。

同样,上述商 $a_n \times R^{n-1} + a_{n-1} \times R^{n-2} + a_{n-2} \times R^{n-3} + \cdots + a_1 \times R^0$ 再除以 R,所得的余数是 a_1。以此类推,一直除下去,直到商为 0 为止,这时的余数就是 a_n。

用这样的办法可以依次得到所求 R 进制数各位上的数字 $a_0, a_1, \cdots, a_n$。

总结:将一个十进制整数转换为 R 进制数的规则为"除 R 取余,先余为低位",即除以 R 取余数,直到商为 0 时结束,所得余数序列,先余为低位,后余为高位。

例 1　把十进制数 185 转换成二进制数。

解:把转换过程写成图 2-22 所示的格式,可得 $(185)_{10} = (10111001)_2$。

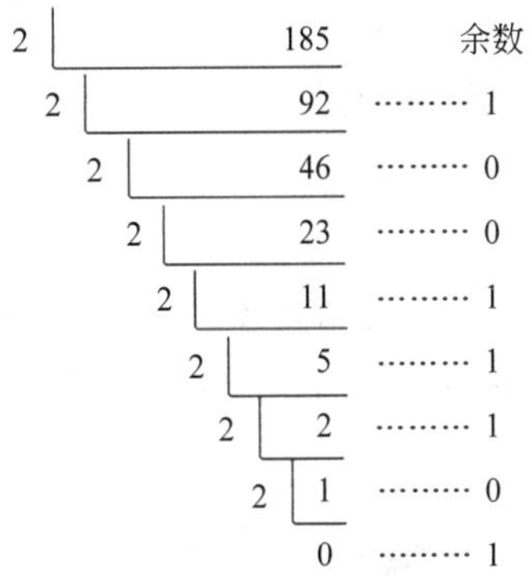

图 2-22　十进制整数转换为二进制数的运算过程

(2) 十进制小数转换为 R 进制小数

十进制小数转换为 R 进制小数,由 R 进制小数按位展开公式的以下变形式:

$$0.a_{-1}\cdots a_{-m}(R)=a_{-1}R^{-1}+a_{-2}R^{-2}+\cdots+a_{-m}R^{-m}$$
$$=(a_{-1}+(a_{-2}+(\cdots+a_{-m}\times 1/R)\cdots)\times 1/R)\times 1/R$$

- 乘 R,得整数部分为 a_{-1},小数部分为$(a_{-2}+(\cdots+a_{-m}\times 1/R)\cdots)\times 1/R$;
- 小数部分再乘 R,得整数部分为 a_{-2},小数部分为$(\cdots+a_{-m}\times 1/R)$。

以此类推,直至小数部分为 0 或转换到指定的 m 位小数(转换过程中,小数部分可能不出现 0,即小数转换可能有无限位,转换到指定的 m 位即可),此时整数部分为 a_{-m}。

总结:将一个十进制整数转换为 R 进制数的规则为"**乘 R 取整,先整为高位**",即乘以 R 取整数,直到小数为 0 时结束,所得整数序列,先整为高位,后整为低位。

例 2　把十进制数 0.8125 转换成二进制数。

解:把转换过程写成图 2-23 所示的格式,可得$(0.8125)_{10}=$ $(0.1101)_2$。

注意:对于有限十进制小数在转换后变为无限二进制小数的情况,应按要求取精确值。

例 1　把十进制数 0.6876 转换成二进制数,精确到小数点后 15 位的结果为$(0.101100000000011)_2$。

当一个数既有整数又有小数时,对整数和小数分别进行计算,最后再合在一起。

例 2　$(185.8125)_{10}=(10111001.1101)_2$。

```
        0.8125
     ×      2    整数
        1.6250 … 1

        0.6250
     ×      2
        1.2500 … 1

        0.2500
     ×      2
        0.5000 … 0

        0.5000
     ×      2
        1.0000 … 1
```

图 2-23　十进制小数转换为二进制数的运算过程

3. 二进制与八、十六进制的转换

由于八进制数的基数 8 是二进制数的基数 2 的 3 次幂,即 $2^3=8$,所以 1 位八进制数相当于 3 位二进制数,这样使八进制数与二进制数的相互转换十分方便。

八进制数转换成二进制数时,只需要将八进制数的每一位改成等值的 3 位二进制数(表 2-5),即"1 位变 3 位",不足 3 位的在前面补 0。

表 2-5　二进制与八进制转换对照表

1 位八进制数	0	1	2	3	4	5	6	7
3 位二进制数	000	001	010	011	100	101	110	111

十六进制数转换成二进制数时,只需要将十六进制数的每一位改成等值的 4 位二进制数(表 2-6),即"1 位变 4 位",不足 4 位的在前面补 0。

表 2-6　二进制与十六进制转换对照表

1 位十六进制数	0	1	2	3	4	5	6	7
4 位二进制数	0000	0001	0010	0011	0100	0101	0110	0111
1 位十六进制数	8	9	A	B	C	D	E	F
4 位二进制数	1000	1001	1010	1011	1100	1101	1110	1111

2.4　编　码　思　想

人类的口语语言和书面语言都是一种广泛的编码,随着数学、计算机、通信等技术的发展,"编码"一词的意义也在不断演变,除了现实中人类语言的编码,生活中也产生了各种类型的编码,如身份证号、邮政编码、车牌号等,还有莫尔斯码、灯语旗语、条形码、二维码等。尤其在电子计算机、电视、遥控和通信等方面,编码的应用非常广泛。常规的编码定义认为:编码是信息从一种形式或格式转换为另一种形式或格式的过程,通常需要用预先规定的方法将文字、数字或其他对象编成数码,或将信息、数据转换成规定的电脉冲信号。解码是编码的逆过程。密码加密和解密的过程就是编码和解码的过程。通俗地说,按照何种规则将字符存储在计算机中,如"a"用什么表示,就称为"编码";反之,将存储在计算机中的二进制数解析并显示出来,就称为"解码"。

使用不同的编码可以为日常交流服务,有些编码是为了便于在纸质载体上进行记录;有些是为了方便在黑夜和无法听到声音的情况下进行交流;有些是为了减少存储信息所需的空间;有些是为了提高信息传输的效率和安全性。所以,如果一种编码可以用在其他编码无法取代的地方,那么它就是一种有用的编码。

在设计一个编码时,一般要考虑两个方面:一是用什么符号表示这个编码;二是这些符号如何组合。例如,身份证号采用的符号为数字和字母 X,组合方式为省+市+区+出生日期+编号+校验码。

编码具有以下 3 个特征:

- 每一种组合有唯一的含义;
- 所有相关者都认同、遵守;
- 易于记忆,便于认识,有一定的规律。

对于现实中的各类数据,计算机如何表示、存储和运算呢? 这也需要一个编码的过程,需要将人类可以理解的语言和数据编译成计算机可以执行的语言,也就是将自然语言和符号按照一种规则转换成按照某种形式组成的 0/1 二进制串。

现实中的数据主要包括数值数据和非数值数据。用于运算的数据为数值数据,主要由数字和相关符号组成,如成绩、数量等;不需要运算的数据为非数值数据,包括文本、图片、声音、视频等,如各个国家的语言是文本数据。值得注意的是,有时候一些由数字组成的数据并不参与运算,它只是作为一种编码,如邮政编码、身份证号、学号等,这种数据也是文本数据。无论是数值数据、文本数据还是多媒体数据,在计算机中都只能用 0 和 1 组成的二进制数串表示。

2.5 数值数据编码

对于现实世界中的数值数据,在表示和计算时涉及两个基本问题:一是是否有小数点,即整数还是实数的问题;二是是否有符号,即正数还是负数的问题。计算机要表示数值数据也要考虑这两个基本问题,且计算机只能用 0 和 1 组成的二进制数串表示数值数据。

2.5.1 基本概念

在学习数值数据的编码前,先了解几个基本概念,以方便后面数据的描述。

- 机器数:将存储的二进制数串称为其对应的数值数据的机器数。
- 真值:将现实中的数值数据的大小称为其对应的二进制数的真值。

计算机是来处理数据的,当数据积累到一定的量级之后,就需要有相应的单位对它们进行衡量,最基本的计量单位有两种:

① 比特(bit/位):计算机中数据表示和存储的最小单位,一个 0 或 1 的二进制位就是 1bit,一般简写为 b。

② 字节(Byte):计算机中数据表示和存储的基本单位,简写为 B,1 字节(Byte)为 8 个二进制位(bit)。

值得指出的是,数学中数的长度有长有短,如 235 的长度为 3,8632 的长度为 4。但在计算机中,同类型数据(如两个整型数据)的长度常常是统一的,不足的部分用"0"填充,这样便于统一处理。换句话说,计算机中同一类型的数据具有相同的数据长度,与数据的实际长度无关。

例如,真值为 +35 的整数对应的机器数为 00100011(8 位字长)或 0000000000100011(16 位字长)。

2.5.2 整数表示方法

生活中,有时整数只需要考虑正数,不存在为负数的情况,如计数、排序、年龄等,称为无符号整数。另外,也有区分正负的情况,如历年高考分数线的涨幅数据,称为有符号整数。假设你是一位计算机科学家,你会如何设计整数的编码方式呢?

1. 无符号整数

计算机中的无符号整数常用于表示地址、索引、计数等信息。不考虑符号,二进制的所有位数都用来表示数,可以将正整数直接转换为二进制。例如,用 4 位二进制表示的正整数的取值范围为 $0 \sim 15(2^4 - 1)$,最小为 0000,最大为 1111,正整数的个数为 2^4。如果用一个圆环表示,则如图 2-24 所示。

思考:8 位、16 位和 n 位二进制表示的正整数的取值范围和个数是什么?

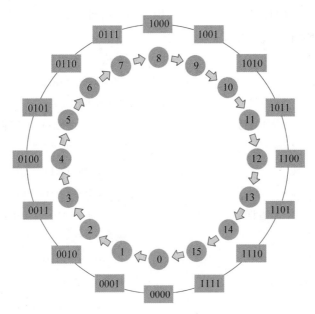

图 2-24　4 位二进制无符号数编码

2. 有符号整数

如果一个数既包括数的符号部分(简称数符),又包括数的绝对值部分(简称数值),则称为带符号数。如果数的绝对值部分为整数,则称为带符号整数。例如,十进制的 2 和 −7,计算机应该如何表示呢?

(1) 原码

首先想到的是将数值部分直接转换为二进制数,那么数符呢? 符号只有正和负两种,也可以认为是一个逻辑值,刚好可以用 0 和 1 表示。进一步地,对于 8 位二进制数,符号位和数值位怎样分配呢?

正数的符号位为 0,负数的符号位为 1,并置于最高有效位上,其他位按一般方法表示数的绝对值,绝对值部分置于右端,中间若有空位则填上 0,用这种表示方法得到的就是数的原码。

原码的求法:

- 将数值部分转换为二进制;
- 用"0"代替符号"+",用"1"代替符号"−",并将符号位放在最高位;
- 假如符号位和二进制数达不到字长位数,则在中间补 0,补足位数。

例如:

$$[+1]_原 = 00000001 \qquad [-1]_原 = 10000001$$
$$[+127]_原 = 01111111 \qquad [-127]_原 = 11111111$$

在原码表示中,0 有两种表示形式,即 $[+0]_原 = 00000000$ 和 $[-0]_原 = 10000000$。

两个符号相异、绝对值相同的数的原码,除了符号位以外,其他位都是一样的。原码简单易懂，而且与真值的转换方便。那么采用原码进行计算是否正确呢？下面进行验证。

例如，利用原码进行如下运算：

加法：1+1=2

$$\begin{array}{r} 0000\ 0001 \\ +\ \ 0000\ 0001 \\ \hline 0000\ 0010 \quad (正确) \end{array}$$

减法：1-1=0

$$\begin{array}{r} 0000\ 0001 \\ -\ \ 0000\ 0001 \\ \hline 0000\ 0000 \quad (正确) \end{array}$$

加法：1+(-1)=-2

$$\begin{array}{r} 0000\ 0001 \\ +\ \ 1000\ 0001 \\ \hline 1000\ 0010 \quad (错误) \end{array}$$

减法：7-2=5

$$\begin{array}{r} 0000\ 0111 \\ -\ \ 0000\ 0010 \\ \hline 0000\ 0101 \quad (正确) \end{array}$$

加法：2+(-7)=-9

$$\begin{array}{r} 0000\ 0010 \\ +\ \ 1000\ 0111 \\ \hline 1000\ 1001 \quad (错误) \end{array}$$

减法：2-7=-7

$$\begin{array}{r} 0000\ 0010 \\ -\ \ 0000\ 0111 \\ \hline 1000\ 0111 \quad (错误) \end{array}$$

通过以上分析得出结论：一是一个数值小的数减去一个数值大的数会产生借位，出现错误，且减法增加了硬件电路设计的难度和运算速度；二是两个异号数相加会出错。

以上错误都出现在有负数和相减的情况，且在这种情况下符号位和数值位直接参与运算也会出错。另外，从编码特征唯一性的角度考虑，0有两个编码，不唯一，既不便于计算机判断计算，又浪费了一个编码。那么如何改进原码编码呢？

（2）补码

原码中出错的是有负号的情况，如果采用一个正数表示一个负数，是不是就可以解决上面的问题呢？

图 2-25　时钟正负调整

生活中恰恰有这样的案例，如图 2-25 所示，当将时针由 2 调到 7 时，逆时针拨到 7 需要 7 下，记为-7，顺时针拨到 7 需要 5 下，记为+5，其效果是等价的，也就是 2-7=2+(-7)=2+5。

为什么会出现这种现象呢？这是因为表盘是圆的，可以循环计时，若将 12 点看作是 0 点，则最大计时值为 11，过了 11 点就从 0 点开始，总共计时的个数为 12，采用十二进制。n 位二进制数也是循环计数的，计数的个数为 2^n，计数的个数称为模（图 2-26）。

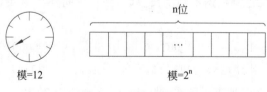

图 2-26　"模"的示意

模是一个数,它规定了计数范围的上界。时钟的计量范围是 0～11,模为 12。当时针越过 12 时,计数又从 0 开始。也就是说,当计数达到或超过模时,会产生溢出,计数将从 0 开始。

模实质上是计量器产生"溢出"的量,它的值在计量器上无法表示,模的值为最大计量值加 1。计量器上只能表示模的余数,所以求模后相等的数在计量器上的表示是一样的,可以看作是等价的,如 $(7-2)\bmod 12=5$,$(7+10)\bmod 12=5$,由此可得 7-2 等价于 7+10。相对模 12,1 与 11,2 与 10,3 与 9,…,6 与 6 互为补数。任何有模的计量器均可化减法为加法运算。

对于计算机,其概念和方法完全一样。对于 n 位计算机,设 n=8,所能表示的最大数是 11111111,若再加 1 成为 100000000(9 位),但因只有 8 位,最高位的 1 自然丢失,又变回了 00000000,所以 8 位二进制系统的模为 2^8。同理,表示 n 位的计算机的计量范围是 $0～2^n-1$,模为 2^n。在这样的系统中,减法问题也可以转换成加法问题,只需要把减数用相应的补数表示即可,在计算机中,补数就是补码。

补码的计算方法如下。

- 正数:补码和原码相同。
- 负数:模减去数的绝对值,再转换为二进制。

例如,当 n=8 时,模为 $2^8=256$,即

$$[1]_{补}=0000\ 0001 \qquad\qquad [-1]_{补}=(256-1)_{10}=(255)_{10}=(1111\ 1111)_2$$
$$[127]_{补}=0111\ 1111 \qquad [-128]_{补}=(256-128)_{10}=(128)_{10}=(1000\ 0000)_2$$

若 n=8,相比原码,多了 -128 的补码,0 只有一个编码,补码的表示范围为 -128～0～127,共 256 个。假设用 n 位补码表示真实值 X,则能表示的 X 的范围是 $-2^{n-1}～2^{n-1}-1$,总共 2^n 个整数。另外,可以验证一个数的补码的补码就是其原码。

引入补码后,加减法运算都可以统一用加法运算实现,符号位也可以当作数值参与处理,且两数和的补码等于两数补码的和。因此,许多计算机系统都采用补码表示带符号的数。例如:

$$[2+(-7)]_{补}=[2]_{补}+[-7]_{补}$$

补码运算:

2+(-7)=-5

```
   0000 0010
+  1111 1001
```
1111 1011 (-5 的补码,正确)

1+(-1)=0

```
   0000 0001
+  1111 1111
```
0000 0000 (0 的补码,正确)

当 1+(-1) 时,由于机器字长为 8 位,所以第 9 位自然丢失,可见用原码相减和用补码相加所得的结果是相同的。

补码的意义:

- 符号位能与数值位一起参加运算,从而简化运算规则,且两个用补码表示的数相加时,如果最高位(符号位)有进位,则进位被舍弃;

- 使减法运算转换为加法运算,进一步简化了计算机中运算器的线路设计;
- 解决了 0 的唯一性表示。

（3）反码

正数的反码与其原码相同,负数的反码为其原码除符号位外的其他位按位取反(是 0 的改为 1,是 1 的改为 0)。例如:

$$[+31]_原 = (00011111)_2 \qquad [+31]_反 = (00011111)_2$$
$$[-31]_原 = (10011111)_2 \qquad [-31]_反 = (11100000)_2$$

可以看出,负数的反码与负数的原码有很大区别。反码通常用来求补码过程中的中间形式。可以验证,一个数的反码的反码就是其原码。

通过反码求补码,正数的补码与其原码相同,负数的补码为其反码在最低位加 1。

（4）移码

整数的移码可以由其补码变换得到,无论正数还是负数,移码都是通过将其补码中的符号位取反得到。移码中的 0 也有唯一表示格式,当机器数长度为 n 时,移码表示的真值范围为 $-2^{n-1} \leqslant N \leqslant 2^{n-1}-1$,负数比正数多表示一个。

常用数据的原码、反码、补码和移码的对照如表 2-7 所示。

表 2-7　常用数据的原码、反码、补码和移码对照表（假设机器数为 8 位）

真值	原码表示	反码表示	补码表示	移码表示
127	01111111	01111111	01111111	11111111
126	01111110	01111110	01111110	11111110
1	00000001	00000001	00000001	10000001
+0	00000000	00000000	00000000	10000000
-0	10000000	11111111	00000000	10000000
-1	10000001	11111110	11111111	01111111
-127	11111111	10000000	10000001	00000001
-128	无法表示	无法表示	10000000	00000000

2.5.3　浮点数表示方法

计算机要存储和处理的数既有整数又有小数,小数应如何表示呢? 其中,最重要的是小数点的表示和存储,计算机采用浮点数表示法,原理类似科学计数法,即任一数均可通过改变其指数部分使小数点发生移动,如数 23.45 可以表示为 2.345×10^1、0.2345×10^2、0.02345×10^3 等各种不同形式,包括小数和指数部分。

一个二进制数 N 的浮点数表示形式为 $N = M \cdot 2^E$,主要包括两个部分,其中,M 称为尾数,表示有效数据的信息及位数,是一个二进制纯小数,一般采用补码或原码表示;E 称为阶码,表示指数部分,明确了小数点的位置,是一个二进制纯整数,一般采用补码或移码表示,M 和 E 可以是正数,也可以是负数,最高位均为符号位(图 2-27)。

图 2-27 浮点数表示法示意

例如,$(-6.25)_{10} = (-110.01)_2 = (-1.1001 \times 2^{+10})_2 = (-0.11001 \times 2^{+11})_2$。

一般地,尾数 M 的最高数字位为 1,即 $(0.5)_{10} \leqslant |M| < 1$。

在设计一台计算机时,计算机 CPU 的字长一旦确定,其阶码和尾数的位数就确定了。阶码 E 占用的位数越多,表示的浮点数范围越大;尾数 M 占用的位数越多,数据精度越高。假设机器字长为 16 位,尾数为 9 位,阶码为 7 位,则其中尾符和阶符各占 1 位。若尾数采用原码,阶码采用补码,则 $(-6.25)_{10}$ 对应的存储格式如下。

0	000011	1	11001000
阶符	阶码	尾符	尾码

2.6 文本数据编码

人类使用的语言和文字,如英文和中文等都是文本数据,包括字母、数字、符号等信息。人类语言需要转换为二进制格式才能被计算机识别、传输、存储和处理,也就是需要为每个字符进行编码,前面提到了编码的两个要素是字符及其组合方式。那么对于常用的文字和符号要如何组合进行编码呢?

2.6.1 ASCII 码

英语和其他欧洲语言等西文字符主要由大小写字母、数字 0~9、标点符号以及一些控制字符组成,共有 100 多个。如果采用二进制表示需要多少位呢? $2^7 = 128$,所以 7 位就可以实现。

目前使用最广泛的西文字符集及其编码是 ASCII 字符集和 ASCII 码,ASCII 是 American Standard Code for Information Interchange 的缩写,它同时也被国际标准化组织(International Organization for Standardization,ISO)批准为国际标准,它是基于拉丁字母的一套计算机编码系统,是最通用的信息交换标准。标准的 ASCII 码共定义了 128 个字符,使用 7 位二进制数,然而计算机中的基本存储单位为字节,1 字节占 8 个二进制位,所以标准 ASCII 码的低 7 位为编码信息,最高位为 0,见表 2-8。

标准 ASCII 码表中包括 96 个可打印字符和 32 个非打印字符。

可打印字符:32~126(共 96 个),32 为空格,33~126 是可显示字符。其中,48~57 为 0~9 这 10 个阿拉伯数字;65~90 为 26 个大写英文字母,97~122 号为 26 个小写英文字母,其余为一些标点符号、运算符号等。

表 2-8　标准 ASCII 码表

十进制	二进制	符号	十进制	二进制	符号	十进制	二进制	符号	十进制	二进制	符号
0	0000 0000	NUL	32	0010 0000	空格	64	0100 0000	@	96	01100 000	`
1	0000 0001	SOH	33	0010 0001	!	65	0100 0001	A	97	0110 0001	a
2	0000 0010	STX	34	0010 0010	"	66	0100 0010	B	98	0110 0010	b
3	0000 0011	ETX	35	0010 0011	#	67	0100 0011	C	99	0110 0011	c
4	0000 0100	EOT	36	0010 0100	$	68	0100 0100	D	100	0110 0100	d
5	0000 0101	ENQ	37	0010 0101	%	69	0100 0101	E	101	0110 0101	e
6	0000 0110	ACK	38	0010 0110	&	70	0100 0110	F	102	0110 0110	f
7	0000 0111	BEL	39	0010 0111	'	71	0100 0111	G	103	0110 0111	g
8	0000 1000	BS	40	0010 1000	(	72	0100 1000	H	104	0110 1000	h
9	0000 1001	HT	41	0010 1001	)	73	0100 1001	I	105	0110 1001	i
10	0000 1010	LF	42	0010 1010	*	74	0100 1010	J	106	01101010	j
11	0000 1011	VT	43	0010 1011	+	75	0100 1011	K	107	0110 1011	k
12	0000 1100	EF	44	0010 1100	,	76	0100 1100	L	108	0110 1100	l
13	0000 1101	CR	45	0010 1101	—	77	0100 1101	M	109	0110 1101	m
14	0000 1110	SO	46	0010 1110	-	78	0100 1110	N	110	0110 1110	n
15	0000 1111	SI	47	0010 1111	/	79	0100 1111	O	111	0110 1111	o
16	0001 0000	DLE	48	0011 0000	0	80	0101 0000	P	112	0111 0000	p
17	0001 0001	DC1	49	0011 0001	1	81	0101 0001	Q	113	0111 0001	q
18	0001 0010	DC2	50	0011 0010	2	82	0101 0010	R	114	0111 0010	r
19	0001 0011	DC3	51	0011 0011	3	83	0101 0011	S	115	0111 0011	s
20	0001 0100	DC4	52	0011 0100	4	84	0101 0100	T	116	0111 0100	t
21	0001 0101	NAK	53	0011 0101	5	85	0101 0101	U	117	0111 0101	u
22	0001 0110	SYN	54	0011 0110	6	86	0101 0110	V	118	0111 0110	v
23	0001 0111	ETB	55	0011 0111	7	87	0101 0111	W	119	0111 0111	w
24	0001 1000	CAN	56	0011 1000	8	88	0101 1000	X	120	0111 1000	x
25	0001 1001	EM	57	0011 1001	9	89	0101 1001	Y	121	0111 1001	y
26	0001 1010	SUB	58	0011 1010	:	90	0101 1010	Z	122	0111 1010	z
26	0001 1011	ESC	59	0011 1011	;	91	0101 1011	[	123	0111 1011	{
26	0001 1100	FS	60	0011 1100	<	92	0101 1100	\	124	0111 1100		
26	0001 1101	GS	61	0011 1101	=	93	0101 1101	]	125	01111101	}
26	0001 1110	RS	62	0011 1110	>	94	0101 1110	^	126	0111 1110	~
26	0001 1111	US	63	0011 1111	?	95	0101 1111	_	127	0111 1111	DEL

非打印字符：0~31 及 127(共 33 个)是控制字符和通信专用字符,如控制符有 LF
(换行)、CR(回车)、FF(换页)、DEL(删除)、BS(退格)、BEL(响铃)等;通信专用字符有
SOH(文头)、EOT(文尾)、ACK(确认)等;ASCII 值 8、9、10 和 13 分别可以转换为退格、
制表、换行和回车字符。

ASCII 码在计算机的学习中会经常用到,尤其是一些常用字母和数字,但是不需要记
住每一个字母和数字。数字 0~9、大写字母 A~Z、小写字母 a~z 的 ASCII 码都是连续
递增的,只要知道了第一个 ASCII 码,就可以根据规律推算出其他的。例如,0 为十进制
$(48)_{10}$,就可以推算 9 为 $(57)_{10}$,A 为十进制 $(65)_{10}$,a 为十进制 $(97)_{10}$,大小写相差 32。

对于一个实际的英文单词或文章,对照 ASCII 码即可进行编码和解码,如表 2-9
所示。

表 2-9　ASCII 码

英文信息	标准的 ASCII 码	解析规则
China	01000011 01101000 01101001 01101110 01100001	按照从前到后的顺序,每 8 位分隔为一个字符,查找 ASCII 码表映射成相应字符

在使用一段西文字符时,主要的场景有从键盘输入本地计算机;在本地计算机进行存
储;在网络上不同软硬件系统的计算机之间进
行传输;从网络上下载到本地计算机,对收到
的字符进行解码并在显示器上显示出来。其
中涉及输入码、交换码和存储码,对于标准的
ASCII 码,以上三者是一体的,按照统一的标
准,全世界的计算机在进行西文字符的传输时
都是畅通无阻的(图 2-28)。

图 2-28　西文字符处理过程

标准 ASCII 字符集的字符数目有限,在实
际应用中往往无法满足要求。为此,国际标准化组织又制定了 ISO2022 标准,它规定在
保持与 ISO646 兼容的前提下将 ASCII 字符集扩充为 8 位代码的统一方法。ISO 陆续制
定了一批适用于不同地区的扩充 ASCII 字符集,每种扩充 ASCII 字符集分别可以扩充
128 个字符,这些扩充字符的编码均为高位为 1 的 8 位代码(十进制数 128~255),称为
扩展 ASCII 码。

2.6.2　汉字编码

西文是拼音文字,基本符号比较少,编码比较容易,用 ASCII 码的 128 个二进制编码
可以把常用的字母、数字、符号等一一编码,而且在一个计算机系统中,输入、内部处理、存
储和输出都可以使用同一代码。汉字作为世界上最复杂的语言,常用汉字就有六七千个,
种类繁多,编码比一般的拼音文字困难,而且在一个汉字处理系统中,输入、内部处理、存
储和输出对汉字的表示要求不同,所以使用的编码也不同。汉字信息处理系统在处理汉

字和词语时,关键问题是要进行一系列的汉字编码转换。

1. 输入码

输入环节并没有专门针对汉字的键盘,使用的是英文键盘,这就需要将汉字和键盘上的按键对应起来,按标准键盘上的不同排列组合对汉字进行编码,称之为汉字的输入码。常用的输入码有拼音输入码、字形输入码(如五笔输入法)、混合输入码(音形结合)、区位输入法。

区位输入法通过输入区位码实现汉字的输入。GB 2312—80 是 1980 年我国国家标准局颁布的《信息交换用汉字编码字符集》,共收录 7445 个字符,其中汉字 6763 个,符号和字母等 682 个。由于字符数量比较大,GB 2312 采用了二维矩阵编码法对所有字符进行编码。首先构造一个 94 行 94 列的方阵,将每一行称为一个"区",每一列称为一个"位",区号和位号的范围均为 01～94,将所有字符依照表 2-10 的规律填写到方阵中,这样所有的字符在方阵中都有一个唯一的位置,这个位置可以用十进制的区号、位号合成表示,称为字符的区位码。例如,第一个汉字"啊"出现在第 16 区的第 1 位上,其区位码为 1601。汉字"你"在第 36 区第 67 位,其区位码为 3667。因为区位码同字符的位置是完全对应的,因此区位码同字符也是一一对应的。这样所有的字符都可以通过其区位码转换为数字编码信息。汉字的区码和位码分别占一个存储单元,每个汉字占两个存储单元。

表 2-10 GB 2312—80 字符编码分布表

分区范围	符号类型	分区范围	符号类型
第 01 区	中文标点、数学符号以及一些特殊字符	第 08 区	中文拼音字母表
第 02 区	各种各样的数学序号	第 09 区	制表符号
第 03 区	全角西文字符	第 10～15 区	无字符
第 04 区	日文平假名	第 16～55 区	一级汉字(以拼音字母排序)
第 05 区	日文片假名	第 56～87 区	二级汉字(以部首笔画排序)
第 06 区	希腊字母表	第 88～94 区	无字符
第 07 区	俄文字母表		

区位码的汉字编码无重码,但要记住全部区位码很难,所以很少使用,一般用于输入发音、字形不规则的汉字、生僻字。

2. 国标码

汉字编码要和 ASCII 码兼容,在设计 GB 2312—80 区位码时,覆盖了 ASCII 码的英文字母和符号,0～31 这前 32 个控制字符继续保留沿用,对之后的字母、数字、其他字符等重新进行编码。要实现和 ASCII 码的转换,首先需要将汉字区位码向后偏移 32 位,因此在计算时,为便于表示,首先将区位码转换为十六进制,然后区号和位号都加上十六进制数 2020H,得到的编码就是国标码。国标码一般采用十六进制形式,编码范围为

0x2121～0x7E7E。例如计算"你"字的国标码,首先将区位码 3667 的区码和位码转换为二进制数 0010010001000011B,十六进制形式为 2443H,加上 2020H 后,得到 4463H,即为其国标码。

国标码是不同汉字信息系统之间进行汉字转换时使用的编码。

3. 机内码

实际存储和传输时,由 GB 2312—80 标准的区位码转换得到的国标码和 ASCII 码的前 32 个字符可以兼容,但是 32～128 的字符还是无法区分。例如,汉字"你"的国标码的二进制数为 0100010001100011B,与 ASCII 码的"Dc"相同,这种冲突将导致在解释编码时无法判断其到底表示的是一个汉字还是两个西文字符。某些早期用 ASCII 码编码的英文文章无法打开,一打开就变为乱码就是这个原因,所以应该兼容早期 ASCII 码,而不是覆盖它。

为此,GB 2312 字符在存储时将字节的最高位设为 1,与标准 ASCII 码中使用 7 位的最高位 0 相区别。在使用时,如果最高位为 0,则表示西文字符,否则表示 GB 2312 中的字符。实际计算时,把国标码的每个字节(区和位)再加上 128(十六进制的 80H),就得到一种新的编码规范,称为机内码,其十六进制编码范围是 0xA1A1～0xFEFE。

机内码是计算机内部进行存储、加工、处理、传输时统一使用的代码。

例如,通过计算可以得到汉字"你"的机内码为 C4E3H,在 OfficeWord 办公软件中输入并选中"你",执行命令插入字符,打开"符号"对话框,即可验证"你"字的机内码对应的十六进制字符编码,如图 2-29 所示。

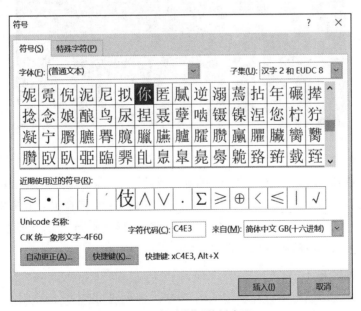

图 2-29　汉字"你"的机内码

GB 2312—80 标准收录了 6763 个汉字,已经覆盖中国大陆地区 99.75% 的汉字。对于人名、古汉语等方面出现的罕用字还不能处理。为此,根据使用地区和字符集范围的不同又提出了其他几种汉字编码标准。BIG5 编码标准是通行于中国台湾、中国香港地区的繁体字编码方案,共收录了 13053 个汉字和符号。GBK 编码标准兼容 GB 2312—80 标准,也占 2 字节,共收录 21886 个汉字和图形符号,包括简体中文、繁体中文、日语、韩语等,都使用同一种格式编码。

4. 字形码

要将汉字在显示器或打印机上输出,就需要把汉字图形化显示。汉字字形码是表示汉字字形的字模数据,通常用点阵、矢量函数等方式表示。

用点阵表示字形时,汉字字形码指这个汉字字形点阵的代码。根据输出汉字的要求不同,点阵的多少也不同。有 16×16 点阵、24×24 点阵、48×48 点阵、96×96 点阵、128×128 点阵、256×256 点阵。不同的字体有不同的字形码,对应不同的字库文件,如宋体、黑体、楷体等,全部汉字字形码的集合称为汉字字库。点阵的点数越多,字的显示质量就越高,但占用的存储空间就越大。已知汉字点阵的大小,可以计算出存储一个汉字所需占用的字节空间,即

$$字节数＝点阵行数\times点阵列数/8$$

图 2-30 所示的“你”字的 16×16 点阵共 16 行,每行 16 个点,一个点需要 1 位二进制,16 个点需用 16 位二进制(2 字节),共 16 行,所以需要 16 行×2 字节/行＝32 字节。

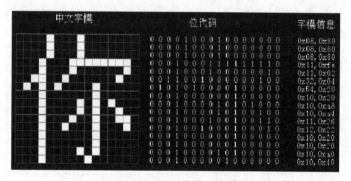

图 2-30   汉字“你”的点阵字形

汉字的矢量表示法是将汉字看作由笔画组成的图形,提取每个笔画的坐标值,这些坐标值可以决定每一笔画的位置,将每一个汉字的所有坐标值信息组合起来就是该汉字字形的矢量信息。显然,由于汉字的笔画不同,汉字的字形也不同,其矢量信息也不同,因此每个汉字矢量信息所占的内存大小也就不同。

5. 汉字处理流程

计算机处理汉字的整个过程如图 2-31 所示。首先通过输入设备将汉字输入码输入计算机;再由汉字系统将输入码转换为机内码进行存储,当需要编辑处理和传输给其他计算机时,也采用机内码;当需要在显示器和打印机上输出时,由汉字系统调用字库中的汉字字形码得到结果,完成输出。

图 2-31　汉字处理过程

2.6.3　Unicode 字符集和编码

前面介绍了西文字符和中文的编码问题，为了实现全世界不同国家跨语言、跨平台的文本转换和处理需求，需要对所有语言进行编码，为此国际标准化组织提出了 Unicode 文本编码标准，这套标准中包含 Unicode 字符集和一套编码规范。Unicode 字符集涵盖了世界上所有的文字和符号，Unicode 编码方案为字符集中的每个字符指定了统一且唯一的二进制编码，这样就能彻底解决之前不同编码系统的冲突和乱码问题。

在 Unicode 标准中，目前使用的是 UCS-4，即字符集中每个字符的字符代码都是用 4 字节表示，其中，字符代码 0～127 兼容 ASCII 字符集，一般通用汉字的字符代码也都集中在 65535 之前，使用大于 65535 的字符代码，即需要超过 2 字节表示的字符代码是比较少的。因此，如果仍然采用字符代码和字符编码相一致的编码方式，那么英语字母、数字原本仅需 1 字节进行编码，目前就需要 4 字节进行编码，汉字原本仅需 2 字节进行编码，目前也需要 4 字节进行编码，这对于存储或传输资源是很不划算的。

因此，需要在字符代码和字符编码之间进行再编码，这就引出了 UTF-8、UTF-16 等编码方式。基于上述需求，UTF-8 就是将位于不同范围的字符代码转换成不同长度的字符编码，同时这种编码方式以字节为单位，并且完全兼容 ASCII 码，UTF-16 同理。Unicode 字符集和编码方式解决了跨语言、跨平台的交流问题，同时 UTF-8 和 UTF-16 等编码方式又有效节约了存储空间和传输带宽，因此受到了广泛的推广和应用。

值得注意的是，Unicode 只是一套字符集，UTF-8 和 UTF-16 是将 Unicode 字符集存储在计算机的不同编码方法。

2.7　多媒体数据编码

计算机中的各类信息都是以二进制数的形式进行存储的，把各种信息转换为二进制数形式的过程叫作信息的数字化或者信息的编码。现实生活中，除了数值和文本数据，还有声音、图形、视频等数据，这些数据是怎样存储在计算机中并进行处理的呢？

2.7.1　声音数字化

1. 基本概念

声音信息包括话语、音乐以及自然界中的各种声音，无论是哪种声音，其本质上都是一种波，即由物体振动引发的一种物理现象。声音波的模拟信号有 3 个特征，分别是波形、振幅和频率。波形是由物体的结构、材料决定的,与音色有关;振幅是波形距平衡位置的位移,与声音的强弱有关;频率是物体每秒振动的次数,决定了音调的高低。

现实世界中的声波经过特定传感器的采集可以转换成模拟电信号。波是无限光滑的,弦线可以看成由无数点组成,由于计算机的存储空间是相对有限的,因此要想数字化,就必须对弦线的点进行离散,将模拟信号转换为 0 和 1 组成的数字信号,当用户需要播放计算机中的音频信息时,再将数字信号转换为模拟信号。声音信号的数字化过程分为采样、量化和编码 3 个阶段。

2. 声音数字化过程

(1)采样

每隔一定的时间间隔从模拟信号中取一次声音信号的幅度样本,这是在时间轴上对声音信号的数字化(图 2-32)。

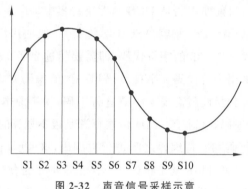

图 2-32   声音信号采样示意

相邻两个采样点的时间间隔称为采样周期,每秒提取的采样点个数称为采样频率,单位为赫兹(Hz)。对于一个周期信号,至少需要采样两次(波峰和波谷),也就是为了保证不失真,采样频率需要大于声音最高频率的两倍。正常人的说话频率为 300Hz～3.4kHz,听觉频率为 20～20kHz。所以,声音信号的采样频率应在 40kHz 以上,实际中一般为 44.1kHz,即要花费 44100 个数据描述 1s 的声音波形。从理论上来说,采样频率越高,声音的还原度就越高,声音就越真实。

(2)量化

将每个样本的振幅进行等级划分,实现振幅离散化,这是在幅度轴上对声音信号的数字化(图 2-33)。

量化中有一个概念叫作精度,是指将模拟信号分成多少个等级。量化精度越高,声音信号越接近原波形,声音的质量就越好,需要的存储空间也越大。通常用每个样本点所占的二进制位数衡量,单位为 bit,常见的量化精度有 8、16、32bit 等。

(3)编码

把量化后的数据按一定的编码格式用二进制表示,编码后的数字音频可以文件的形式保存在计算机中。

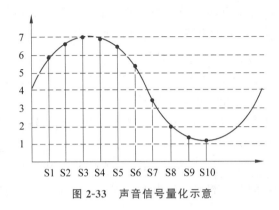

图 2-33　声音信号量化示意

如表 2-11 所示,采用 7 位二进制进行编码,对应采样点量化后的值即可得到编码序列。

表 2-11　声音量化编码表

采样点	S1	S2	S3	S4	S5	S6	S7	S8	S9	S10
量化值	6	7	7	7	6	5	4	2	1	1
编码	110	111	111	111	110	101	100	010	001	001

要计算声音信号编码后所占的数据存储空间,需要先计算声音信号的数据传输率,即

$$数据传输率(b/s)=采样频率×精度×声道数$$

有了数据传输率,就可以计算声音信号的数据量,即

$$数据量(byte)=数据传输率×持续时间/8$$

例如,一段立体声高保真音乐的采样频率为 44.1kHz,量化精度为 16 位,双声道,采集 10s 的数据量为

$$44.1kHz×16bit×2×10s/8=764000B≈746kB$$

这个只是采集 10s 的数据量,时间越长,数据量就越大,因此在编码的时候常常使用压缩的方式减少存储空间,提高传输效率。

(4) 声音信号数字化过程

对于人类的语音信号而言,声音信号的数字化过程在实际处理时一般会经过以下步骤:

人嘴说话→声电转换→采样(模数转换)→量化(将数字信号用适当的数值表示)→编码(数据压缩)→后期处理应用。

对于网络或其他方式传输过程中的声音信号,处理过程一般会经过以下步骤:

接收数据→解码(数据还原)→反采样(数模转换)→电声转换→人耳听声。

3. 常见音频文件格式

① WAVE,扩展名为 WAV,是经典的 Windows 多媒体音频格式,应用非常广泛,它

使用采样位数、采样频率和声道数 3 个参数表示声音,质量较高,但文件较大。

② MIDI,扩展名为 MID,采用数字方式对乐器奏出的声音进行记录,每个音符记录为一个数字,是目前非常成熟的数字音乐格式。

③ MPE-3,扩展名为 MP3,因开放的编码格式和高压缩率,其在网络可视电话通信方面应用广泛,但与 CD 唱片相比音质不够理想。

④ RealAudio,扩展名为 RA,和 MP3 相同,为解决网络传输带宽资源而设计,具有强大的压缩率和极小的失真度。

⑤ WMA 的全称是 Windows Media Audio,扩展名为 WMA,是微软公司推出的与 MP3 格式齐名的一种新的音频格式。在相同音质下,WMA 文件的体积更小,还可以增加版权保护功能。

2.7.2　图像数字化

人们在日常生活中拍摄的照片多数为位图图像,位图是由水平和垂直方向上等间距分割的矩形网状结构的点构成,如同十字绣的图像。还有一种是计算机绘制的图形,也称矢量图,由点、线、面等图形构成。矢量图的制作是绘制边线和填充属性的过程,形状是由数学公式和算法计算的,填充是指记录内外点的特征,所以矢量图即使任意放大也不会失真,而位图文件在放大到一定程度后,像素点会出现"马赛克"现象。下面重点介绍位图图片的编码过程。

1. 图像数字化过程

图像是连续信号,是按一定的空间间隔自左到右、自上而下提取画面信息,并按一定的精度进行量化的过程。图像的数字化也要经过采样、量化和编码三个阶段。

(1) 采样

图像在空间上的离散化称为采样。位图图像分割后形成的微小方格称为像素点。采样的实质就是要用多少像素点描述一幅图像,在一定面积上采样的像素点数称为图像的分辨率,用点的"行数×列数"表示。例如,一幅 640×480 分辨率的图像表示其由 640×480＝307200 个像素点组成。分辨率越高,采样的图像质量越好,容量也越大。

(2) 量化

量化是把像素的颜色取值变换成离散的整数值的过程。最简单的是黑白单色图,每个像素只能是黑或者白,没有中间过渡,又称为二值图像,像素值为 0 或 1。如果黑和白之间还需要细分,区别不同的灰度,就称为灰度图。例如,假设用 0～255 范围内的 256 个整数值表示不同的灰度颜色值,则每个像素点对应其中一个具体的数值。

对于彩色图,需要用更多的颜色取值表示颜色更加丰富的像素块。例如,采用红 (Red)、绿(Green)、蓝(Blue)3 种颜色,按照不同比例表示各色块的颜色,每个像素点对应红、绿、蓝 3 个维度的取值,每个颜色维度有 256 种取值,这就是常见的 RGB 图像编码方法。如图 2-34 所示,可见当前颜色的 RGB 数值。另一种常见的颜色编码方式是 CMYK,也用青、品红、黄、黑四种颜料的含量表示颜色信息,常用于彩色印刷。

（3）编码

将量化后的每个像素的颜色用不同的二进制编码表示，就得到 M×N 的数值。例如，图 2-35 中的单色图用"1"表示黑色，"0"表示白色，则每个像素点占 1 位二进制位。如果是 8 位灰度图，则每个像素点占 8 位二进制位，有 256 种灰度级别。如果是 24 位 RGB 真彩色位图，则每个像素点在三个颜色维度上各占 8 位，共 24 位。

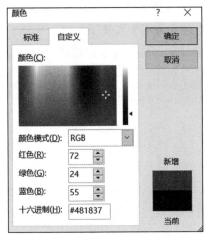

图 2-34　RGB 颜色面板

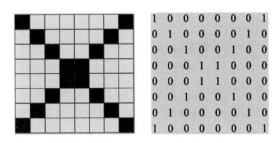

图 2-35　黑白图色块和二进制编码示例

每个像素的颜色信息被量化编码后所用的二进制位数称为图像的颜色深度，也称为图像深度。单色图的图像深度为 1 位，真彩色位图的图像深度为 24 位。

位图文件所占存储空间的计算公式为

$$图像分辨率×颜色深度/8。$$

例如，一幅 1280×1024 的真彩色位图，其原始数据量为

$$(1280×1024×24)/8=3932160B=3.75MB$$

数字化后得到的图像数据量巨大，必须采用编码技术压缩其信息量。图像中的相邻像素之间具有相关性，可以从空间上进行压缩；图像序列中的不同帧之间存在相关性，可以从时间上进行压缩；不同彩色平面或频谱具有相关性，可以从频谱上进行压缩。常见的图像编码压缩方式有预测编码、变换编码、统计编码等。

2. 常见图片文件格式

① BMP 格式是微软公司制定的图形标准，优点是在 PC 上兼容度高，几乎能被所有的图形软件支持。结构简单，未经过压缩，存储为 bmp 格式的图形不会失真，但文件比较大，而且不支持 Alpha（透明背景）通道。

② JPG 格式是目前网络上流行的图形格式，它可以把文件容量压缩到很小的格式。JPG 支持不同程度的压缩比，可以视情况调整压缩比，压缩比越大，品质就越低。不过要注意的是，这种压缩法属于失真型压缩，会使图形品质下降。

③ GIF 也是目前网络上常见的图形格式,它的缺点是只支持 256 色,而且文件容量比 JPG 大得多。优点是可以使用透明色,而且可以把多张图片联合起来制作成动画文件,该格式在网页中使用较多。

④ PNG(Portable Network Graphics,可移植的网络图形格式)结合了 GIF 和 JPEG 的优点,具有存储形式丰富的特点,采用无损压缩方案存储,是一种位图文件。

⑤ TIF 格式是平面设计中最常用的图形格式,因为它是跨平台的格式,而且支持 CMYK 色,所以经常被用于印刷输出的场合。此外,它还支持不失真压缩。

⑥ PSD 格式是著名的 Adobe 公司的图像处理软件 Photoshop 的专用格式 Photoshop Document(PSD)。

2.7.3　视频数字化

1. 视频数字化过程

当连续的图像变化超过每秒 24 帧画面时,根据视觉暂留原理,人眼将无法辨别单幅的静态画面,看上去会是平滑连续的视觉效果,这种连续的画面叫作视频。由此可见,视频是图像的动态形式,视频的数字化过程本质上就是一幅幅连续的静态图片数字化的过程。

首先通过摄像机、录像机等设备获取数字视频的模拟信号,然后由专门的视频采集卡对模拟视频信号进行采集,之后再进行量化和编码。类似于图像数字化存储容量的计算,如果连续显示分辨率为 1280×1024 的真彩色视频图像,帧速率为 30 帧/s,显示 1min,则需要的存储量为 1280×1024×3×30×60≈6.6GB。

2. 常见视频文件格式

① AVI 是由微软公司发布的视频领域历史悠久的格式之一,其调用方便,图像质量好,压缩标准可任意选择,应用非常广泛。

② WMV 是英文 Windows Media 的缩写,该格式也是由微软公司开发的,需要安装相关组件才能正常播放,在非 Windows 系统上不能正常播放该格式视频。

③ MOV 即 QuickTime 影片格式,是由苹果公司开发的,只要在计算机上安装相应的播放组件,基本上都能正常播放。

④ MPEG-4 格式,拓展名为 mp4,是一套用于音频、视频信息的压缩编码标准,MPEG-4 格式的主要用途是网上、光盘、语音发送(视频电话)以及电视广播。

⑤ M4V 视频格式,拓展名为 MP4 或 M4V,是 MP4 格式的一种特殊类型,应用于网络视频点播网站和移动手持设备。

⑥ RealVideo 格式,拓展名为 rm 或 ram,是网络上的常用格式,对网络带宽的要求比较低,能实现快速播放,但其视频画质没有其他视频格式高。

⑦ Flash 格式,拓展名为 swf 或 flv,是由 Macromedia 公司开发的,只要安装相应的 Flash 组件即可正常播放,常见操作系统几乎都预装了播放 Flash 的视频组件。

习　题

一、单选题

1. 计算机采用二进制最主要的原因是(　　)。

    A. 存储信息量大   B. 符合人类习惯

    C. 物理实现简单、运算方便   D. 数据输入、输出方便

2. 若 A＝1101,B＝1010,运算结果是 1000,则其运算一定是(　　)。

    A. 算术加   B. 算术减   C. 逻辑或   D. 逻辑乘

3. 下列数据中有可能是八进制的是(　　)。

    A. 488   B. 317   C. A2   D. 189

4. 二进制数 100110.101 转换为十进制数是(　　)。

    A. 38.625   B. 46.5   C. 92.375   D. 216.125

5. 与二进制数 101.01011 等值的十六进制数为(　　)。

    A. A.B   B. 5.51   C. A.51   D. 5.58

6. 二进制数 10101 与 11101 的和为(　　)。

    A. 110100   B. 110110   C. 110010   D. 100110

7. 根据六进制的运算规则,2×3＝10,则 3×4＝(　　)。

    A. 15   B. 17   C. 20   D. 21

8. 二进制数 11101011－10000100＝(　　)。

    A. 1010101   B. 10000010   C. 1100111   D. 10101010

二、思考题

1. 在计算机中使用八进制和十六进制有什么用?

2. 生活中具有二进制思维的应用有哪些?

3. 为什么计算机存储数据的基本单位字节是 8 位?

4. 无论是计算机还是生活中的编码,都要考虑哪些因素?

5. 从解决现实中数据的表示和运算的角度思考计算机为什么采用补码?

6. 反码和移码有什么意义? 请自行查阅资料并思考总结。

7. 字符集和编码有什么不同?

8. 什么是 BCD 码,它用在哪些领域,有哪些优势?

9. 多媒体数据数字化的过程是什么? 声音、图片和视频有什么不同?

第 3 章

Chapter 3

计算机系统

【学习目标】

- 理解计算机系统的组成
- 掌握图灵机的结构
- 理解图灵机的工作过程
- 掌握冯·诺依曼体系结构的组成和各部分的功能
- 掌握中央处理器的工作过程
- 理解存储系统的层次结构
- 了解总线的作用和分类
- 了解微型计算机各部分硬件的功能和性能参数
- 理解操作系统的功能
- 熟练使用 Windows 10 操作系统

本章将追本溯源,从图灵机模型出发,解析现代计算机的基本结构和工作原理,探索计算机进行信息处理的核心装置——计算机系统,即计算机软硬件平台。

计算机系统由硬件系统和软件系统组成,如图 3-1 所示。硬件系统是构成计算机系

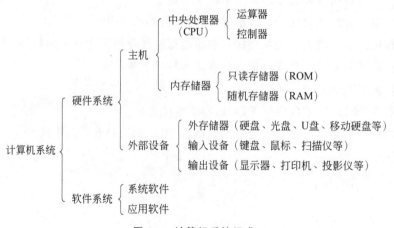

图 3-1　计算机系统组成

统的电子机械装置的总称,是整个系统运行的物理平台。软件系统是实现运行、管理和维护计算机系统或为完成一定任务而编写的各种程序、要处理的数据及其相关资料(文档)的总称。

3.1 图灵机模型和冯·诺依曼计算机

3.1.1 图灵机模型

1. 图灵简介

艾伦·图灵(Alan Turing,1912—1954),英国科学家,1912 年出生于英国帕丁顿,19 岁进入剑桥皇家学院,22 岁当选为皇家学会会员,1938 年在美国普林斯顿大学获得数学博士学位。"二战"爆发后,曾协助军方破解德国著名的密码系统——恩尼格玛(Enigma)密码机,是著名的数学家和密码学家。

图灵于 1936 年提出图灵机的概念。作为一名数学家,他当时正在研究可计算性问题,即研究如何区分问题的可计算性和不可计算性。可计算就是指能够按照一定的步骤机械化地完成任务。图灵研究的可计算性是在机器中实现的。1936 年,图灵在其论文《论可计算数以及在确定性问题上的应用》中描述了一类计算装置——图灵机,这是一个抽象的计算模型。

2. 图灵机思想

图灵机的基本思想是用机器模拟人用纸笔进行数学运算的过程,并把这个过程看作由下列两个简单动作构成:

- 在纸上写下或擦除某个符号;
- 注意力从纸的一个位置移动到另一个位置;

每个阶段,决定下一步动作依赖于:

- 当前关注的纸上某个位置的符号;
- 当前思维的状态。

以 4231×77 为例,人用纸和笔进行数学运算的过程如下:

① 去掉不相干因素;

② 写下数字和符号;

③ 关注当前的符号,在脑中思考相应的计算方法;

④ 用笔在纸上写下或擦去一些符号;

⑤ 改变自己的视线,转到③继续;

⑥ 直到结束。

在此过程中,人用到了纸、笔、眼睛和大脑。纸用来存储写下的数字和符号,笔用来实现数字和符号的写入,眼睛关注当前的数字和符号,大脑用来对当前的数字和符号进行计算。

3. 图灵机结构

为了模拟人的运算过程,图灵将该思想表达为一种理论模型,构造出了一台假想的机器——图灵机。图灵机由以下 4 个部分组成,如图 3-2 所示。

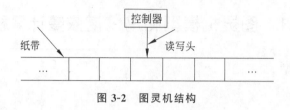

图 3-2　图灵机结构

- 一条可无限延伸的纸带,用于保存要处理的数据。
- 一个读写头,可以在纸带上左右移动,用于读取或者改写纸带当前位置上的符号,包括读、改写、左移和右移操作。
- 一个状态寄存器,用于保存图灵机当前所处的状态(包括停机状态)。图灵机所有可能状态的数目是有限的,并且有一个特殊状态,称为停机状态。
- 一套控制规则,它根据当前机器所处的状态以及当前读写头获取的符号确定读写头下一步的操作,并改变状态寄存器的值,令机器进入一个新的状态。

其中,状态寄存器和控制规则构成了控制器,因为状态寄存器的可能状态数目是有限的,所以控制器也称为有限状态转换器。

在图灵机中,控制器实现了人运算时大脑的功能,纸带实现了纸的功能,读写头实现了眼和笔的功能。

控制规则(状态转换规则)是五元组<q,X,Y,R(或 L 或 N),p>形式的指令集。其含义是当图灵机处于 q 状态时,读写头读取到纸带格子里的符号为 X,在该方格写入的符号为 Y,R 表示读写头向右移动一格(L 表示向左移动一格;N 表示不移动),然后状态寄存器中的状态转换为 p 状态。

在五元组中,可以把当前状态 q 和读取到的纸带格子符号 X 看作条件,Y、R(或 L 或 N)和 p 看作图灵机要执行的动作。

4. 图灵机工作过程

图灵机的工作过程为:控制器根据当前的状态和读取到的字符查找控制规则并决定图灵机的动作。动作包括 3 个方面:

- 读写头在当前格写新的字符;
- 读写头向左或向右移动一格或不移动;
- 状态寄存器转换状态;

重复以上过程直到状态寄存器为停机状态,停机状态意味着计算完毕,表示当前纸带上保留的是最终计算结果。

例 1　设无限延伸的纸带上的初始值为 82,读写头的初始位置为数字 8 的位置,请问图 3-3 所示的图灵机在停机时,纸带上的值为多少?

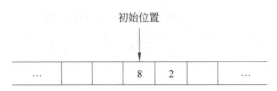

图 3-3 纸带初始值和读写头初始位置

解:该图灵机的控制规则为

- 读写头读到当前符号为 0~9,则右移一位;
- 读写头读到当前符号为空格,则写入符号 0,停机。

根据控制规则,第一步,读写头读取到的符号为 8,读写头右移;第二步,读写头读取到的符号为 2,读写头右移;第三步,读写头读取到的符号为空格,写入符号 0,然后处于停机状态,此时纸带上的值 820。

例 2 图灵机控制规则如表 3-1 所示,q4 为停机状态。纸带初始值和读写头初始位置如图 3-4 所示,初始状态为 q1,请写出图灵机停机时纸带上的值和整个工作过程所执行的规则序列。

表 3-1 图灵机控制规则表

输 入		响 应		
当前状态	当前符号	新符号	读写头	新状态
q1	0	1	L	q2
q1	1	0	L	q3
q1	*	*	N	q4
q2	0	0	L	q2
q2	1	1	L	q2
q2	*	*	N	q4
q3	0	1	L	q2
q3	1	0	L	q3
q3	*	*	N	q4

图 3-4 纸带初始值和读写头初始位置

解:该图灵机工作过程为:根据初始状态为 q1、初始位置符号为 1,对照图灵机控制规则表,图灵机的响应是将符号变为 0,读写头左移一位,图灵机的新状态为 q3,此过程执行的规则为< q1,1,0,L,q3>,依次继续运行下去,直到状态为 q4,图灵机停止工作。

该图灵机的整个工作过程执行的规则序列及纸带值的变化如表 3-2 所示。

表 3-2　执行的规则序列和纸带值的变化

序号	控制规则	纸带上的值
第一步	q1,1,0,L,q3	1010
第二步	q3,1,0,L,q3	1000
第三步	q3,0,1,L,q2	1100
第四步	q2,1,1,L,q2	1100
第五步	q2,＊,＊,N,q4	1100

图灵机停机时,纸带上的值为 1100,由此可见其实现了二进制数加 1 的功能。

将图灵机中的控制规则的集合看作程序,每条控制规则看作指令,则图灵机的自动计算过程是通过程序控制机器执行指令实现的。若让图灵机实现不同的功能,则需要构造不同的控制规则表。

5. 图灵机意义

① 图灵给出了计算的定义。所谓计算,就是计算者(人或机器)对一条两端可无限延长的纸带上的一串 0 或 1 执行指令,一步一步地改变纸带上的 0 或 1,经过有限步骤,最后得到一个满足预先规定的符号串的变换过程。

② 图灵认为,凡是能用算法解决的问题,也一定能用图灵机解决;凡是图灵机解决不了的问题,任何算法也解决不了,即所谓的图灵可计算性问题。

③ 利用图灵机进行问题求解,可以通过构造其控制规则解决。

④ 图灵机给出了指令、程序及通过程序控制机器执行指令以完成不同功能的基本思想。

图灵机理论模型奠定了计算理论的基础,这是图灵一生中最大的贡献。也正是因为图灵机理论模型为计算机的设计指明了方向,才得以发明出人类有史以来最伟大的科学工具——计算机,因此图灵被称为"计算机科学之父"。

美国计算机协会(ACM)为了纪念图灵在计算机领域的卓越贡献,专门设立了"图灵奖"作为计算机科学领域的最高奖项。图灵奖有"计算机界诺贝尔奖"之称,以奖励那些为推动计算机技术发展做出重要贡献的人。

1950 年,图灵发表了划时代的文章《机器能思考吗?》,他将图灵机这个数学模型建立在人们计算过程的行为上,并将这些行为抽象到实际的机器模型中,成为人工智能的开山之作,他也由此摘得"人工智能之父"的桂冠。

3.1.2　冯·诺依曼计算机

1. 冯·诺依曼体系结构

历史上的第一台电子计算机是在宾夕法尼亚大学的莫尔学院诞生的 ENIAC。一个偶然的机会,美籍匈牙利数学家冯·诺依曼和 ENIAC 工程师一起针对 ENIAC 出现的问题进行了深入的探讨研究,改进了 ENIAC 计算机没有存储器和采用十进制的问题,正式提出了"存储程序"的思想,发表了题为《电子计算机装置逻辑结构初探》的论文,论述了具有存储功能的计算机的结构和工作原理,称为冯·诺依曼体系结构。

遵循冯·诺依曼体系结构的计算机称为冯·诺依曼计算机,成为主流的单机计算机体系结构。由于冯·诺依曼的设计思想对现代计算机的发展产生了重要的影响,因此冯·诺依曼被称为"现代计算机之父"。冯·诺依曼设计出的第一台"存储程序"的离散变量自动电子计算机(Electronic Discrete Variable Automatic Computer,EDVAC)于 1952 年投入运行,运行速度是 ENIAC 的数百倍。

冯·诺依曼提出的"存储程序"思想,即"将程序和数据以同等地位事先存储于存储器中;机器可以按照地址从存储器中读取指令和数据,连续和自动地执行程序"。该思想包含程序的存储和自动执行两个过程。

如何实现冯·诺依曼的"存储程序"思想呢?冯·诺依曼体系结构是对"存储程序"思想及概念的具体化。具有冯·诺依曼体系结构的计算机由 5 部分组成:存储器、运算器、控制器、输入设备和输出设备,如图 3-5 所示,五个部分各司其职,并有效连接以实现整体功能。各部分的功能如下。

- 存储器:存储需要执行的程序及其要处理的数据。
- 控制器:计算机的指挥控制中心,从存储器中读取一条指令,经过分析、译码产生一串操作命令,发送给各个部件,例如控制运算器进行运算、输入设备读入数据、输出设备输出数据等,以使计算机各个部件有条不紊地工作,完成预设的功能。
- 运算器:负责执行逻辑运算和算术运算。
- 输入设备:负责将程序和数据输入计算机。
- 输出设备:负责将计算机的处理结果显示或者打印等。

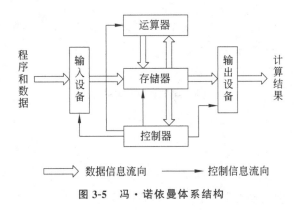

图 3-5 冯·诺依曼体系结构

冯·诺依曼体系结构的要点如下。

- 由存储器、运算器、控制器、输入设备和输出设备 5 部分构成。
- 程序和数据都以二进制形式表示。

- 程序和数据共同存储在存储器中。

- 自动化和序列化地执行程序。

将不同功能对应的程序和数据同时存放在存储器中,只需要在存储器中找到对应功能的程序,机器就会自动执行程序以实现不同的功能,使计算机成为一种可编程的通用性机器。冯·诺依曼的"存储程序"思想对于计算机的自动化和通用性起到了至关重要的作用。

2. 冯·诺依曼计算机工作过程

冯·诺依曼计算机的工作过程如下。

① 根据要完成的功能编写程序,通过输入设备将程序和数据送到存储器,实现程序存储;

② 自动执行程序,自动执行程序的过程即逐条执行指令。

3.2 计算机硬件系统

典型的计算机硬件系统结构如图 3-6 所示,中央处理器(Central Processing Unit, CPU)对应冯·诺依曼体系结构中的控制器和运算器,输入/输出(Input/Output,I/O)设备对应冯·诺依曼体系结构中的输入/输出设备,各种总线(图 3-6 中的空心箭头)对应于冯·诺依曼体系结构中的互联线,用于传输指令、数据和控制信号。

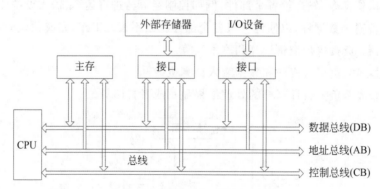

图 3-6 典型计算机硬件结构

3.2.1 CPU

CPU 是计算机系统的核心,计算机的运行是通过控制器执行一条条的指令完成的,那么指令是什么? 如何实现控制器执行指令的过程呢?

1. 指令与指令系统

(1) 指令

指令是指计算机硬件能够直接实现的基本操作,例如"取数""存数""加""减"等。指令由操作码和操作数两部分组成,如图 3-7 所示。操作码表示指令的功能,即执行什么动作,操作数表示操作的对象。其中,操作数可以是操作数的值本身,也可以是操作数在存储器中的地址。指令长度通常为字节的整数倍,长度不固定,多数指令为短指令,少数复杂指令为长指令。程序是指计算机完成某个任务的指令序列。

操作码	操作数

图 3-7　指令组成

计算机能够直接识别的指令是由 0 和 1 构成的字符串,称为机器指令。

因为计算机只能执行机器指令,所以使用汇编语言和高级程序语言编写的程序需要编译或解释成机器指令才能执行。

(2) 指令系统

一个 CPU 所能处理的所有指令的集合称为指令系统。不同的指令系统拥有的指令种类和数目是不同的。指令中,操作码的位数取决于计算机指令系统的规模,较大的指令系统需要更多的操作码的位数表示每条特定的指令。

例如,一个指令系统若有 16 条指令,则需要 4 位操作码($2^4=16$),如果有 64 条指令,则需要 6 位操作码,一个包含 n 位操作码的指令系统最多能够表示 2^n 条指令。

指令系统是表征一台计算机性能的重要指标,它的格式与功能不仅影响到机器的硬件结构,而且还影响到系统软件和机器的适用范围。所以,指令系统在很大程度上决定着计算机的处理能力。指令系统功能越强,用户使用越方便,但实现指令功能的机器结构越复杂。

2. CPU 构成和工作过程

(1) CPU 的构成

CPU 简称处理器,一般由算术逻辑单元(Arithmetic and Logic Unit,ALU)、寄存器组和控制单元(Control Unit,CU)构成,并通过 CPU 内部总线将多个部件连接成一个有机整体,如图 3-8 所示。

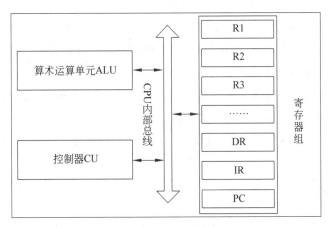

图 3-8　CPU 内部结构

① 算术逻辑单元

ALU 也称为运算器,对应冯·诺依曼体系结构中的运算器,主要功能是实现数据的算术运算和逻辑运算。

② 寄存器组

寄存器组主要由一组寄存器构成,用于临时保存各种信息,如操作数、结果、指令、指令地址和机器状态等。根据功能的不同,寄存器组可分为数据寄存器、指令寄存器和指令计数器(又称为程序计数器或指令地址寄存器)。

数据寄存器(Data Registers,DR)主要用来暂存数据,例如存放复杂计算过程的中间数据,接收来自存储器或将写入存储器的数据。正因为有数据寄存器的存在,CPU 才可以在数据寄存器中存取数据,减少与存储器反复交换数据,从而提高 CPU 的工作效率。

指令寄存器(Instruction Register,IR)用于存放当前 CPU 从存储器中取出来的指令。那么如何获取要执行的指令的存储地址呢? 指令计数器(Program Counter,PC)是一个具有计数功能的寄存器,用来存放当前 CPU 下一步要执行的指令在存储器中的地址。指令计数器中的地址自动加 1 即可得出下一条指令的地址。

③ 控制单元

CU 也称为控制器,对应冯·诺依曼体系结构中的控制器。控制单元的主要功能包括指令和操作数的传送、分析指令(译码)、产生并发送各种控制信号到相应的部件,协调整个 CPU 在时序电路的控制下有序工作等。控制单元中的指令译码器可以完成译码功能。

(2) CPU 的工作过程

指令是 CPU 执行的最小单位,CPU 的工作过程是循环执行指令的过程。当程序开始执行时,程序中第一条指令的存储地址将被放置在指令计数器中,指令的执行过程是在控制器的控制下完成的,一条指令的执行过程如下。

- 取指令:CPU 根据指令计数器的地址从主存中读取指令,并将其保存在指令寄存器中,同时指令计数器自动加 1,使之指向下一条要执行的指令的存储地址。
- 分析指令:也称为译码,由指令译码器对指令进行译码,分析出指令的操作码类别和所需操作数的获取方法。
- 执行指令:向各个部件发出响应的控制信号,完成指令规定的操作,例如从存储器中读取数据并传送到数据寄存器、ALU 进行算术或逻辑运算等。

重复进行"取指令-分析指令-执行指令",直到遇到停机指令为止,即可实现程序自动执行的过程。

3.2.2 存储系统

在冯·诺依曼计算机中,存储器的作用无疑是实现计算机自动化的基本保障,因为它实现了"存储程序"的思想。在一个实际计算机系统中,存储器主要分成主存储器和辅助存储器两大类。

1. 存储基本概念

① 位(bit)：计算机中的最小存储单位，一个"位"能存储 1 位二进制数 0 或 1，称为 1bit。在串行通信中，就是以"位"为单位进行数据交换的。

② 字节(Byte，简称 B)：将 8 个相邻的"位"组成一组，称为 1 字节(B)或者存储单元。字节为计算机度量存储容量的基本单位。

③ 存储容量：描述计算机存储能力的指标，通常以字节作为计量单位，即用 B 表示，例如一个存储器的存储容量为 256B。

为了方便度量，还引入了千字节(KB)、兆字节(MB)、吉字节(GB)和太字节(TB)等度量单位。

$$1B=8b$$
$$1KB=1024B=2^{10}B$$
$$1MB=1024KB=2^{20}B$$
$$1GB=1024MB=2^{30}B$$
$$1TB=1024GB=2^{40}B$$

2. 主存储器

(1) 主存储器的分类

主存储器又称为主存、内存储器或内存，它直接通过总线和 CPU 相连，CPU 可以直接访问主存以完成程序的运行，所以主存储器的存取速度直接影响着计算机的整体运行速度。

按信息的存取方式，主存可以分为以下两种类型。

① ROM(Read Only Memory，只读存储器)是一种对其内容只可读取、不可写入的存储器，通常用于存放固定不变的程序和数据。计算机主板上的 BIOS(Basic Input Output System，基本输入/输出系统)芯片就是一种 ROM，主要作用是完成计算机的启动、自检、各功能模块的初始化、系统引导等重要功能。

② RAM(Random Access Memory，随机访问存储器)是指 CPU 可以直接读写的存储器，用来存放正在执行的程序和数据，是主存储器的主体部分。当计算机工作时，RAM能保存数据，但一旦切断电源，数据将完全消失。计算机中的内存条就是一种 RAM，通常所说的计算机主存即指计算机的内存条。

(2) 主存储器的存储原理

要运行的程序和数据都需要存储在主存中，那么 CPU 如何实现对主存的"存"和"取"呢？ 对主存进行"编址"是一个有效的解决方案。

在计算机中，主存通常是按存储单元组织的，给予每个存储单元(字节)一个固定位数的编号，这个编号就是主存地址。首先要知道一个存储单元的地址，然后才能访问对应的存储单元以进行数据的存或取，按照地址找到某个存储单元的过程叫作寻址。

主存地址用二进制表示，如果表示地址的二进制数有 m 位，则主存地址最大可编码

到 2^m-1(从 0 开始编码),也就是说,最多可以有 2^m 个主存单元,即存储容量为 2^mB。

主存储器的一般结构如图 3-9 所示,包括用于存储数据的存储体和外围电路。外围电路用于数据交换和存储访问控制,与 CPU 或 Cache 相连接。外围电路有两个非常重要的寄存器,分别为数据寄存器和地址寄存器。前者用于临时保存读出或写入的数据,后者用于临时保存要访问的存储地址。

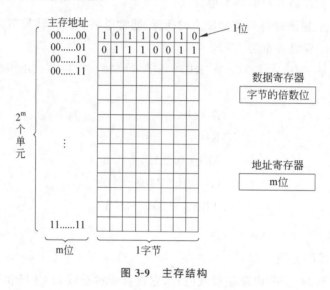

图 3-9　主存结构

3. 辅助存储器

从计算机系统的实用角度看,为弥补主存的容量空间不大且断电后数据消失的不足,永久性存储且大容量的存储器称为辅助存储器,也称为外部存储器,简称辅存或外存,采用的是非易失性材料。

辅助存储器包含常见的硬盘、U 盘、光盘等存储设备,用来存放暂时不用但又需要长期保存的程序或数据。辅助存储器的读写速度与主存相比慢得多,所以它不能和 CPU 直接进行数据交流,辅存中的程序和数据需要调入主存才能被 CPU 执行。

4. 多级存储体系

虽然主存的读写速度比辅存速度快,但与 CPU 的处理速度相比还是慢很多,而 CPU 处理的指令和数据均来自主存,只有高速地向 CPU 提供指令和数据,才能充分发挥 CPU 的性能。那么如何解决 CPU 和主存速度不匹配的问题呢?

CPU 中具有通用寄存器,很多运算可直接在 CPU 的通用寄存器中进行,减少了 CPU 与主存的数据交换,很好地解决了速度匹配的问题。但通用寄存器的数量是有限的,一般在几到几百字节之间。

高速缓冲存储器(Cache,也称为高速缓存,简称缓存)可以解决主存与 CPU 的速度匹配问题。Cache 是设置在 CPU 和主存之间的高速、小容量存储器,一般由高速静态存储器(Static RAM,SRAM)组成,可以集成在 CPU 内部,也可以放于 CPU 外部。Cache

分为一级缓存(L1 Cache)、二级缓存(L2 Cache)和三级缓存(L3 Cache)，根据访问速度：L1 Cache＞L2 Cache＞L3 Cache，根据容量：L3 Cache＞L2 Cache＞L1 Cache。

L1 Cache 的容量通常为几十 KB，其访问速度几乎与 CPU 中的寄存器组一样快。L2 Cache 的容量通常为几 MB 或十几 MB，其访问速度要比 L1 Cache 慢几倍，比访问主存的时间快 10 倍。L3 Cache 的容量已经达到十几 MB 或几十 MB，目前大部分 Cache 都在 CPU 内部。

当 CPU 要访问主存时，CPU 会把访问请求同时发送给主存和 Cache。由于 Cache 速度快，如果在 Cache 中查询到待访问的数据，则由 Cache 把数据传送给 CPU，并结束本次访问；如果 Cache 中没有待访问的数据，则主存会把数据传送给 CPU。

Cache 的理论基础是局部性原理，即 CPU 对主存的访问总是局限在整个主存的某个部分。基于该原理，在访问主存的某个单元后，将该单元及其相邻的多个单元的内容读入 Cache，当 CPU 下次访问主存时，有很大的概率会在 Cache 中查询到待访问的数据。Cache 还会根据一定的替换算法淘汰其中的部分原有数据，以便存储新数据。

用户对存储器的追求目标是高速度、大容量、低成本，但是这几个目标是相互矛盾、相互制约的。Cache 速度快，但是价格贵、容量小；硬盘等辅存容量大，但是速度慢，所以计算机系统的存储器构成了一个多级层次结构，即寄存器—Cache—主存—辅存，称为存储体系，如图 3-10 所示。

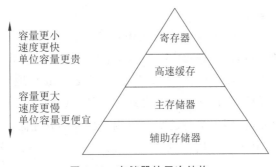

图 3-10　存储器的层次结构

在此存储体系中，从上往下存储容量越来越大，存取速度越来越慢，每位存储单位的成本越来越低。多级存储体系实际上是对存储器的容量、速度和价格这 3 个基本性能指标寻求的平衡。

3.2.3　总线系统

1. 总线的定义

如果要将计算机系统中的各部件分别用一组线路直接相连，那么连线将会错综复杂，甚至难以实现。为了简化硬件电路设计和系统结构，总线提供了一组公共通道，再配置适当的接口电路，提供了各部件之间的信息传输和功能拓展的通道。总线是连接计算机各部件的一组电子管道，负责在各个部件之间传递信息。采用总线结构便于部件和设备的扩充和更换,统一的总线标准易于实现不同设备的互联。

2. 总线的分类

(1) 按位置和连接设备分类

内部总线主要指 CPU 内部器件之间的总线,例如连接 CPU 内部的控制单元、运算器和寄存器之间的总线。

系统总线主要指 CPU 与主存、各接口部件等之间的总线。可以认为,计算机是以 CPU 为核心,其他部件"挂接"在与 CPU 相连接的系统总线上。常见的系统总线标准有 PCI(Peripheral Component Interconnect,外部设备互联)、PCI-E(PCI-Express)等。

外部总线主要指计算机系统之间或者计算机与外部设备之间的总线,也称为扩展总线,实际上它是一种外部设备的接口标准,用来规范计算机与外部设备的连接和通信,例如用于计算机与硬盘、U 盘、打印机、显示器等外部设备之间的连接。常见的接口标准有连接 U 盘的 USB(Universal Serial Bus,通用串行总线)、连接硬盘的 SATA(Serial Advanced Technology Attachment,串行高级技术附件接口协议)和 IDE(Integrated Drive Electronics,集成电子设备部件)等。

(2) 按传输内容分类

数据总线(Data Bus,DB)用于传送数据信息。数据总线是双向传输,例如 CPU 使用数据总线实现与存储器之间的数据双向传输。数据总线的根数决定了一次可以传送的二进制位数,与字长是一致的。

地址总线(Address Bus,AB)用于传送地址信息。地址总线是单向传输,通常由 CPU 传向内存和各种接口,以实现对内存的读写操作等。地址总线的根数决定了可以寻址的范围,或者计算机可以配置的最大内存容量。假设有 m 根地址总线,则存储器的地址寄存器的位数也为 m 位,可以访问的内存地址为从"00…00"(m 个 0)到"11…11"(m 个 1),共 2^m 个主存单元,存储容量超过 2^m B 的内存会有部分存储单元不能被访问。

控制总线(Control Bus,CB)用于传送 CPU 发出的各种控制信号以及各部件的响应信号。

(3) 按传输方式分类

串行总线是指二进制数据逐位通过一根数据线发送到目的器件。

并行总线是指多位二进制数据同时传送,通常系统总线采用并行传输方式。

3. 总线的性能

评价总线性能的 3 个参数如下:

- 总线宽度是指同时传输数据的二进制位数;
- 总线频率是指每秒传输数据的次数;
- 总线带宽是指总线能达到的最高传输速率。

总线带宽(MB/s)=总线频率(MHz)×总线宽度(b)/8

3.2.4 接口

为了解决 CPU 与外部设备(外存和输入/输出设备)处理速度相差太大的问题,外部设备通过接口实现与计算机的物理连接,接口用来实现数据缓冲、速度匹配和信息转换表示等功能。

3.3 微型计算机

计算机按照规模和处理能力可分为高性能计算机、大型计算机、小型计算机、工作站和微型计算机。其中,工作站的性能比微型计算机的性能要好,主要用于专门的图形设计等对信息处理要求比较高的应用场合,在外形上和微型计算机相似,也被称为"高档微机"。微型计算机简称微机,又称个人计算机(PC,Person Computer),俗称电脑,主要面向个人用户,普及程度与应用领域非常广泛。

3.3.1 微型计算机硬件

一台完整的裸机由主机和外围设备构成。主机包括中央处理器(CPU)、内存等,外围设备包括硬盘、U 盘等外存及显卡、声卡、网卡、电源、光驱、键盘、鼠标和显示器等设备,其中,主机箱的内部结构如图 3-11 所示。

图 3-11 主机箱内部结构

1. 主板

主板是包含计算机系统主要组件的主电路板,提供了 CPU、主存、支持电路和总线控制器等接口和插槽,如图 3-12 所示。

在计算机中,总线的物理结构就是主板。如果将 CPU 看作计算机的大脑,那么总线可以看作计算机的神经,主板可以看作计算机的骨架。

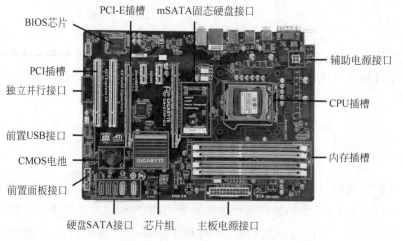

图 3-12　主板上各部件的分布

　　主板上的主要部件包括 CPU 插槽、内存插槽、扩展槽、接口和芯片组。其中,CPU 插槽和内存插槽将在后续内容中介绍。

　　(1) 扩展槽

　　扩展槽用来安装声卡、网卡、多功能卡等,以扩展计算机的功能,在主板中的位置为图 3-12中的 PCI 插槽和 PCI-E 插槽。如图 3-13 所示,PCI 的颜色通常为乳白色,可以安装声卡、网卡、内置 Modem、视频采集卡等种类繁多的扩展卡,外形不同的 PCI 的位宽不同。PCI-E 是最新的总线标准,按照数据通道可分为 PCI-E X1 到 PCI-E X16 多种规格。PCI-EX1 插槽通常用来安装相匹配的声卡、网卡等,PCI-EX16 通常用来安装独立显卡,按照传输协议可分为 PCI-E 1.0、PCI-E 2.0 和 PCI-E 3.0。其中,PCI-E 插槽将逐步取代 PCI 成为统一标准。

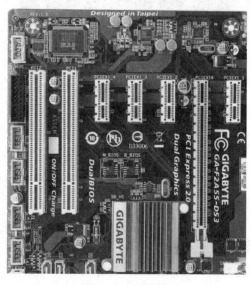

图 3-13　扩展槽

PCI-E 分别支持 X1、X2、X4、X8、X16 等，目前大部分主板都具有 PCI-E X16 插槽，但是还需要进一步确认支持的是 PCI-E 1.0、PCI-E 2.0 还是 PCI-E 3.0。如果支持 PCI-E 2.0，就可以购买 PCI-E 2.0 X16 插槽类型的独立显卡。

（2）接口

主板上的硬盘接口将在后续展开介绍，在此主要介绍主机箱背板上提供的外设接口，如图 3-14 所示。

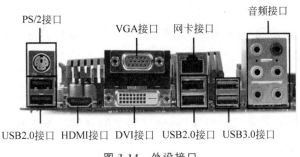

图 3-14　外设接口

其中，PS/2 接口通常为键盘和鼠标接口，不支持热插拔，即不能在开机状态拔插，否则容易烧坏主板，目前大部分已经被 USB 接口代替。

USB(Universal Serial Bus，通用串行总线)接口分为 USB 2.0、USB 3.0 和 USB 4.0 版本，速度越来越快。USB 接口已成为计算机的标准扩展接口，可以连接键盘、鼠标、大容量存储设备等多种外设。

VGA(Video Graphics Array，视频图形阵列)接口是和显示器相连的接口，传输的是模拟信号，是目前应用最为广泛的一种显示接口类型。

DVI(Digital Video Interface，数字视频接口)是一种视频接口标准，用来传输未经压缩的数字化视频，广泛应用于液晶显示器、数字投影机等显示设备。

HDMI(High Definition Multimedia Interface，高清多媒体接口)是一种全数字化视频和声音发送接口，可以发送未压缩的音频及视频信号。HDMI 可用于机顶盒、DVD 播放机、个人计算机、电视、游戏主机、综合扩大机、数字音响与电视机等设备。

DP(Display Port，显示端口)是一种高清数字显示接口标准，与 HDMI 相比，相同分辨率下 DP 的响应速度更快；DP 支持的分辨率更高，可以将其理解为 HDMI 的加强版。

其中，VGA、DVI、HDMI 和 DP 都是显示接口，性能优先级为 DP＞HDMI＞DVI＞VGA。

（3）芯片组

芯片组是固化在主板上的一组大规模集成电路芯片的总称。芯片组是主板的灵魂，决定了主板能够支持的功能，从一定意义上讲，它决定了主板的级别和档次。主板的生产厂家主要有 Intel、技嘉、华硕等，但芯片组主要来自 Intel 和 AMD 两家公司。

主要的芯片组如下。

- 北桥芯片：通常位于 CPU 附近，负责 CPU 和内存之间的数据交换。因数据流量大，工作频率高，故发热量大，需要在芯片上加装散热片。
- 南桥芯片：通常位于扩展插槽附近，负责 I/O 接口的数据传输和控制。

随着芯片组技术的发展，北桥芯片的功能集成在 CPU 中。在 CPU 中，北桥芯片也不再是一个基本独立的部分，而是分为 PCI-E 控制器、内存控制器等。随着北桥芯片和 CPU 整合技术的发展，南桥芯片的功能越来越少。

2. CPU

CPU 安装在主板中的 CPU 插槽中，如图 3-12 和图 3-15 所示。CPU 的接口类型要与主板的 CPU 插槽类型相匹配。

CPU 的主要参数如下。

- 主频：CPU 内核工作的时钟频率。计算机的操作在时钟信号的控制下分步执行，每个时钟信号周期完成一步操作，时钟频率的高低在很大程度上反映了 CPU 速度的快慢，最基本的单位为 Hz。
- 制作工艺：线路宽度和晶体管尺寸。
- 字长：CPU 一次能够完成的二进制数运算的位数，如 32 位、64 位。字长是表达计算机处理能力的重要指标，通常所说的 32 位计算机是指字长为 32 位。计算机处理数据、完成运算的速率和字长密切相关。如果一台计算机的字长是另一台计算机的两倍，即使两台计算机的频率相同，那么在相同的时间内，前者能做的工作几乎是后者的两倍。可见，在其他指标相同的情况下，字长越大，则计算机处理数据的速度就越快。
- 多核：一个处理器中集成两个或多个完整的计算引擎，采用了并行处理思想。

CPU 的两大厂商为 Intel 和 AMD，如图 3-16 所示。其中，Intel 以稳定著称，对多媒体有较好的支持，比较适合一些多媒体爱好者、办公室装机，以及一些不太懂计算机的家庭装机。而 AMD 则具有良好的超频性能和低廉的价格，适合 DIY 高手，能花费较少的钱获得更好的性能。同主频的 AMD 与 Intel CPU，前者的价格只有后者的一半左右。

图 3-15　主板上的 CPU 插槽

图 3-16　Intel 和 AMD CPU 图片

选择 CPU 时,除了对比 CPU 的核心数量、主频、缓存容量、字长等参数,CPU 接口类型还要和主板上的 CPU 插槽类型相匹配。

Intel 和 AMD 的几款 CPU 的参数列表如表 3-3 所示。

表 3-3　Intel 和 AMD CPU 主要参数

品牌	型号	主频/GHz	三级缓存/MB	插槽类型	核心数量	价格/元
Intel	酷睿 i9 10900K	3.7	20	LGA 1200	十核	4299
AMD	Ryzen 93900X	3.8	64	Socket AM4	十二核	3689
Intel	酷睿 i5 10400F	2.9	12	LGA 1200	六核	1399
AMD	Ryzen 7 1700	3	16	Socket AM4	八核	789

3. 主存储器

（1）内存

内存也称为内存条,是一种 RAM,安装在主板的内存插槽中,如图 3-17 所示。相同颜色的内存插槽可以同时使用,构成双通道;构成双通道的两根内存的品牌、型号、容量最好一致。

双通道是指在北桥芯片组里设计两个内存控制器,这两个内存控制器可以相互独立工作,每个控制器控制一个内存通道。在这两个内存中,CPU 可分别寻址、读取数据,从而使内存的带宽增加一倍,数据存取速度也相应增加一倍(理论上)。如果把内存比作仓库,则单

图 3-17　内存插槽

通道就好比该仓库只有一个出口,而双通道就好比该仓库有两个出口。

内存主要由动态随机存储器(Dynamic Random-Access Memory,DRAM)构成,DRAM 用 MOS 电路和电容作为存储元件,根据电容充电原理存储信息。由于电容会漏电,所以必须对里面的信息进行定期更新,才不会丢失信息,这个过程称为动态存储刷新。

同步动态存储器(Synchronous DRAM,SDRAM)是一种改善结构的增强型 DRAM,它在 DRAM 中加入了同步控制逻辑。

双倍速率 SDRAM(Double Data Rate SDRAM,DDRSDRAM)是在 SDRAM 的基础上发展起来的,它可以在相同时间内使数据传输的速度翻倍,DDRSDRAM 简称 DDR。

内存的主要类型为 SDRAM、DDR、DDR2、DDR3、DDR4 等,不同类型内存的对比如图 3-18 所示。

内存的主要参数包括容量、存取速度、引脚数量等,其中,引脚数量也称为金手指个数。金手指的个数越多,工作频率越高,存取速度越快,如表 3-4 所示。选购的内存条的类型要和主板支持的内存插槽类型相匹配。

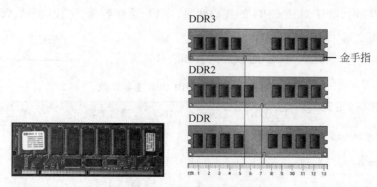

图 3-18　不同类型内存的对比

表 3-4　DDR-DDR4 的参数对比

类型	金手指/个	工作电压/V	工作频率/MHz
DDR	184	2.25	400
DDR2	240	1.8	800/1066
DDR3	240	1.5	1333/1600
DDR4	284	1.2	2133/2400/2677

（2）BIOS 芯片

BIOS 是固化在主板的一个 ROM 芯片上的程序，此 ROM 芯片称为 BIOS 芯片，BIOS 芯片在主板上的位置如图 3-12 所示。BIOS 中保存着计算机最重要的基本输入/输出程序、系统设置程序、开机自检程序和自启动程序。当计算机启动时，先执行 BIOS 程序，唤醒硬件，确保它们正常运行，然后加载运行存储在硬盘中的操作系统。

目前，BIOS 一般都采用 Flash ROM（快速擦写只读存储器），可以通过程序对它进行重新升级。

（3）CMOS 芯片

CMOS（Complementary Metal Oxide Semiconductor，互补金属氧化物半导体）芯片是集成在主板上的一种 RAM，由专门的电池供电，如图 3-12 所示，用来存储系统运行所必需的配置信息，如存储器、显示器、磁盘驱动器、时间等参数。例如，每次开机后系统的时间都是正确的，就是因为 CMOS 芯片中记录着时间和日期。

4. 辅助存储器

（1）机械硬盘

机械硬盘是以磁盘为存储介质的大容量存储器，具有可重复读写、可长期保存、容量大、机械控制、速度较慢等特点，外形如图 3-19 所示。

个人计算机硬盘的容量单位通常是 GB、TB，巨型机硬盘的容量单位则多为 PB、EB。

机械硬盘主要由盘片、磁头、盘片转轴及控制电机、磁头控制器、数据转换器、接口、缓存等组成，其内部结构如图 3-20 所示。

图 3-19　硬盘外形

图 3-20　机械硬盘内部结构

　　磁头可沿盘片的半径方向运动,加上盘片每分钟几千转的高速旋转,磁头就可以定位在盘片的指定位置上进行数据的读写操作。

　　机械硬盘通过数据线和主板上的硬盘接口相连,硬盘接口分为早期的 IDE 并行接口(大部分已淘汰)和主流的 SATA 串行接口等,如图 3-21 所示。SATA 接口可分为 SATA1.0、SATA2.0 和 SATA3.0,速度分别约为 1.5Gb/s、3.0Gb/s 和 6.0Gb/s,目前以 SATA3.0 为主。主板上的 IDE 接口和 SATA 接口如图 3-22 所示,通常是多个 SATA 接口和一个 IDE 接口。

图 3-21　硬盘接口

图 3-22　主板上的硬盘接口

（2）固态硬盘

固态硬盘（Solid State Disk,SSD）是由控制单元和固态存储单元（DRAM 或 Flash 芯片）组成的硬盘（类似复杂高效的大容量 U 盘），具有速度快、可靠性高、成本高、寿命短等特点，如图 3-23 所示。

图 3-23   固态硬盘

目前，常见的固态硬盘接口有 4 种，分别为 SATA 、mSATA、M.2 和 PCI-E。

① SATA 接口

SATA 接口是市面上常用的 SSD 接口，如图 3-24 所示，以 SATA3.0 接口为主，数据读写速度约为 500MB/s，远远大于机械硬盘的数据传输速度（取决于机械硬盘的内部传输速率：指磁头到硬盘缓存之间的传输速率），和机械硬盘的 SATA 3.0 接口是通用的，直接安装在主板的 SATA 插槽上即可。此类接口的 SSD 具有价格便宜、散热性好、兼容性强等特点。

② mSATA 接口

mSATA 即 mini-SATA 接口，通常没有外壳，体积比较小，如图 3-25 所示，一般用在超级本或者超薄笔记本中，需要安装在主板上专门的 mSATA 插槽中。

SATA接口 ——
电源接口 ——

电源接口
mSATA接口

图 3-24   SATA 接口 SSD

图 3-25   mSATA 接口 SSD

③ M.2 接口

M.2 是一种 SSD 新接口，是 Intel 推出的一种替代 mSATA 的接口规范，外形上没有外壳，体积比较小。M.2 接口分两种类型，分别支持 SATA 通道和 PCI-E 通道，如图 3-26 所示。其中，SATA 通道与普通 SATA 接口 SSD 在速度上差异不大，只是接口不同，而 PCI-E 通道使用的传输协议为 NVME（Non-Volatile Memory Express，非易失性内存主机控制器接口规范），能提供高达 32Gb/s 的带宽。M.2 接口的 SSD 需要安装在主板上专门的 M.2 插槽中，且与主板 M.2 插槽支持的通道类型相一致。

SATA
M.2接口

NVME M.2接口

图 3-26   M.2 接口 SSD

④ PCI-E 接口

PCI-E 接口的 SSD 使用主板上的 PCI-E 插槽,如图 3-27 所示。

在选择 SSD 时,需要和主板上的硬盘接口相匹配。

(3) 光盘

光盘也是计算机常用的外存。光盘的读写是通过光盘驱动器(简称光驱)中的光学磁头利用激光束读写的。光盘与光盘驱动器是分离的,而机械硬盘中的盘片和驱动发动机等合成了一个整体,所以向光盘中写入或读取信息都需要用到光驱。根据容量,光盘可分为 CD 和

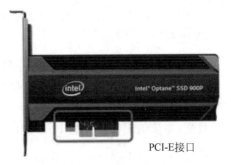

PCI-E接口

图 3-27　PCI-E 接口 SSD

DVD,CD 能提供 650~700MB 的存储空间,DVD 能提供 4.7~17.7GB 的存储空间。

①只读型光盘(CD-ROM 和 DVD-ROM):光盘上面的信息只能读出,不能写入。

②一次性刻录光盘(CD-R 和 DVD-R):信息写入后不能修改。

③可擦写光盘(CD-R/W 和 DVD-R/W):可以重复读写的光盘。

目前,主流光驱都带有刻录功能,分为内置光驱和外置光驱,内置光驱通常为 SATA 接口,外置光驱多为 USB 接口。

光驱速度是用倍速"×"表示,这是相对于第一代光驱来讲的,如 40× 光驱的速度是第一代光驱的 40 倍。CD 光驱的单倍读写速度近似于 150Kb/s,那么 40× 光驱的速度就近似于 6000Kb/s,目前 CD 光驱的最大速度为 52 倍速。DVD 的单倍读写速度要比 CD 快得多,DVD 的单倍读写速度为 1.35Mb/s。

蓝光光盘(Blu-ray Disc,BD)是指 DVD 之后的下一代光盘格式,采用蓝紫色激光进行读写操作(DVD 光盘采用波长为 650nm 的红色激光进行读写操作,CD 光盘则采用波长为 780nm 的近红外不可见激光进行读写操作),单层蓝光光盘的存储容量高达 25GB。蓝光光驱的单倍读写速度为 4500KB/s,蓝光光盘需要专门的蓝光光驱,蓝光光驱兼容 CD 和 DVD 光驱功能。

(4) 移动存储器

① U 盘

U 盘采用闪速存储器(Flash Memory,简称闪存)作为存储媒介,无机械式读写部件,所以 U 盘不仅保存数据的能力非常强,抗电磁干扰,而且抗震能力也非常强。U 盘通过 USB 接口与主机相连,支持即插即用,无须安装任何驱动程序,使用非常方便,最新一代是 USB4.0,传输速度为 40Gb/s。

② 移动硬盘

移动硬盘以高速、大容量、轻巧便捷等优点赢得了许多用户的青睐,而其更大的优点还在于其存储数据的安全可靠性。目前,移动硬盘大多采用 USB 接口。

5. 输入/输出设备

(1) 输入设备

计算机常用的输入设备为键盘和鼠标。

① 键盘

键盘是目前实现数据输入的主要设备,键盘内部有专门的微处理器和控制电路,当操作者按下任一按键时,键盘内部的控制电路就会产生一个代表这个按键的二进制代码,然后将此代码输入主机内部,操作系统就知道用户按下了哪个按键,实现了数据的输入过程。目前,主流的键盘接口为 USB 接口。

② 鼠标

鼠标也是一种常用的输入设备,其工作原理是:当移动鼠标时,鼠标把移动距离及方向的信息变成脉冲信号送入计算机,计算机再将脉冲信号转变为光标的坐标数据,从而达到指示位置的目的。目前,主流的鼠标大多通过 USB 接口、无线(红外线、蓝牙)与主机相连。

(2) 输出设备

计算机常用的输出设备为显示器和打印机。

① 显示器

显示器是计算机最常用的输出设备,其作用是将计算机的处理结果以数字、字符、图形和图像的方式进行显示,提供给使用者。目前,主流的显示器是液晶(LCD)显示器,根据尺寸(显示器屏幕的对角线长度)可分为 14 英寸、15 英寸、17 英寸和 20 英寸等。

衡量显示器好坏的两个重要指标是分辨率和像素点距。

每平方英寸上的像素数越多,图像的清晰度(分辨率)也就越高,分辨率用水平方向和垂直方向上的最大像素个数表示。

像素点距是指屏幕上荧光点之间的距离,它决定了像素的大小与屏幕能达到的最高显示分辨率。像素点距越小,显示出来的图像越细腻,显示器的分辨率就越高。

② 打印机

打印机是计算机常用的输出设备,其作用是将计算机的处理结果以打印的方式提供给使用者。

目前,常用的打印机有点阵式打印机、喷墨打印机和激光打印机三种。

① 点阵式打印机又称为针式打印机,有 9 针和 24 针两种。针数越多,针距越密,打印出来的字就越美观。该类打印机的主要耗材是色带,主要优点是价格便宜、维护费用低、可复写打印、适合于打印蜡纸;缺点是打印速度慢、噪声大、打印质量稍差。目前,点阵式打印机主要应用于银行、税务部门、商店等的票据打印。

② 喷墨打印机通过喷墨管将墨水喷射到普通打印纸上而实现字符或图形的输出,主要耗材是墨盒,可以打印胶片。其主要优点是打印精度高、噪声低、价格便宜;缺点是打印速度慢、墨水消耗量大、日常维护费用高。

③ 激光打印机具有精度高、打印速度快、噪声低等优点,已逐渐成为办公自动化的主流产品,其主要耗材是墨粉和硒鼓。

激光打印机和喷墨打印机相比,在价格方面,激光打印机更贵一些;在打印分辨率方面,喷墨打印机远远高于激光打印机;在适用纸张方面,喷墨打印机适用的纸张类型多于激光打印机;在耗材方面,喷墨打印机的墨盒价格更贵;在打印速度方面,激光打印机远远快于喷墨打印机。

打印机的主要技术指标如下。

① 打印分辨率。打印分辨率实际上就是指每平方英寸上点的个数(dpi),分辨率越高,图像的精度越高,打印质量也就越好。

② 打印速度。打印速度用每分钟打印多少页纸(PPM)衡量。

③ 打印机内存。打印机内存是影响打印机速度的一个关键性因素,特别是网络打印机,内存和缓冲区越大,打印速度也就越快。

④ 最大打印尺寸。最大打印尺寸指打印机所能打印的最大纸张的大小,如打印最大纸张为 A3。

3.3.2 微型计算机主要性能指标

1. 主频

主频是指 CPU 在单位时间内(秒)发出的脉冲数,是 CPU 的一个非常重要的性能指标。若主频越高,CPU 的工作频率越高,则执行指令的速度越快。

2. 字长

字长是指 CPU 一次能够处理的二进制的位数。它直接关系到计算机的运行速度、精度和功能,目前的主流为 32 位和 64 位,以 64 位为主。计算机中,数据总线的宽度与字长是一致的。

3. 内存容量

CPU 执行的指令和数据都来自于内存,内存容量越大,则存储的数据越多,CPU 则能更大概率地直接从内存中找到需要的指令和数据,不需要再等待指令和数据从其他存储器中调入内存,从而使计算机的运行速度更快。

4. 外围设备配置

微型计算机作为一个整体系统,其他外围设备的性能也对其有直接影响。例如,硬盘的容量大小、显示器的分辨率等。

5. 外设扩展能力

外设扩展能力指一台计算机可以扩展的外围设备数量和配置的外围设备类型等标准,可以扩展的外围设备数量越多,可以配置的外部设备类型种类越多,则性能指标越高。

3.4　计算机软件系统

计算机完成用户指定的任务是计算机硬件和软件协同工作的结果。计算机软件系统包括系统软件和应用软件。

3.4.1　系统软件

系统软件是指控制和协调计算机及外围设备,支持应用软件开发和运行的系统,包括操作系统、程序设计语言与语言处理程序、数据库管理系统、系统服务程序、设备驱动程序等,其中,操作系统是最重要的一种系统软件。

1. 操作系统

操作系统(Operating System,OS)是对计算机硬件和软件资源进行管理和控制的程序,是最基本和最重要的系统软件。没有安装操作系统的计算机称为"裸机",其他的系统软件和应用软件均需要操作系统的支持。操作系统为用户使用计算机的硬件资源和软件资源提供了接口和界面。

2. 程序设计语言与语言处理程序

(1) 程序设计语言

计算机是在程序的控制下工作的,而程序需要使用计算机程序设计语言编写。根据程序设计语言与机器的联系程度,程序设计语言可分为机器语言、汇编语言、高级语言3类。前两者依赖于计算机硬件,有时统称为低级语言,而高级语言与计算机硬件的关系较小。因此,可以说程序设计语言的演变经历了由低级向高级发展的过程。

①机器语言。计算机能够识别并能直接执行的指令语言称为机器语言。机器语言是用二进制代码编写的,是面向机器的语言。不同的计算机,机器指令的格式也有所不同。

②汇编语言。用助记符表示机器指令编写的程序的语言称为汇编语言。汇编语言也是面向机器的语言,不同机器的汇编语言格式不同。机器不能识别汇编语言,由汇编语言编写的程序称为汇编源程序,需要将其通过汇编程序转换为机器语言的目标程序,并经相应的链接后,机器才能执行。

③高级语言。高级语言是面向问题的语言,用接近于人类自然语言的词和数学公式描述和编写程序。由高级语言编写的源程序需要经编译程序或解释程序转换成机器语言后,计算机才能执行。高级语言有 C、C++ 、Java、Python 等。

(2) 语言处理程序

用汇编语言和高级语言编写的程序称为源程序,源程序不能被计算机直接执行,必须把它们翻译成机器语言程序,机器才能识别及执行。这种翻译也是由程序实现的,不同的语言有不同的语言翻译程序,这些翻译程序称为语言处理程序。因此,计算机上提供的各种语言必须配备相应的语言处理程序,如在 Python 3.7 IDLE 环境下编写 Python 语言程序。

3. 数据库管理系统

数据处理是当前计算机应用的一个重要领域,有组织地、动态地存储大量的数据信息,同时使用户能方便、高效地使用这些数据信息是数据库管理系统(Database Management System,DBMS)的主要功能。DBMS 是用户与数据库之间的接口,是建立信息管理系统(如人事管理、财务管理、档案管理、图书资料管理、仓库管理等)的主要系统软件工具。应用较多的 DBMS 有 Oracle、Sybase、MySQL、SQL Server、Access 等。

4. 系统服务程序

系统服务程序是一些工具性的服务程序,有助于用户对计算机的使用和维护;主要的系统服务程序有编辑程序、打印管理程序、测试程序、诊断程序等。

5. 设备驱动程序

设备驱动程序是对连接到计算机系统的设备进行控制驱动,以使其正常工作的一种软件。每个设备都有其设备控制器(硬件),不同设备的设备控制器有着根本的不同。操作系统通过设备控制器与设备进行交流,因此每个连接到计算机上的 I/O 设备都需要某些特定的代码对其进行控制,这样的代码称为设备驱动程序。

当为计算机配备了新的外围设备时,必须要为这些设备安装设备驱动程序。对于有些设备,如鼠标、键盘等,操作系统本身已经集成了它们的驱动程序,所以无须安装,另一些设备则必须有专门的驱动程序才能正常使用,如显卡、网卡和打印机等。

3.4.2 应用软件

应用软件是指为解决某些具体问题而编制的程序。应用软件包括两大类,一类是软件公司开发的通用软件和实用软件,通用软件有文字处理软件 Word、WPS,图形处理软件 Photoshop 等;实用软件有杀毒软件、解压缩软件等;另一类是用户为解决各种实际问题而自行开发的程序,即用户程序。

3.5 操 作 系 统

3.5.1 操作系统概述

1. 操作系统的概念

操作系统是直接运行在硬件上的第一层软件,负责所有硬件的分配、控制和管理,使硬件能在操作系统的控制下正常、有条不紊地工作。其他软件安装在操作系统之上,操作系统是其他软件使用计算机硬件的接口,同时也为用户使用计算机提供了交互操作界面。

2. 操作系统的分类

操作系统是计算机系统软件的核心,目前操作系统种类繁多,很难用单一标准统一分类,主要有以下分类方法。

① 按操作系统与用户交互的界面分类,可分为命令行界面操作系统和图形用户界面操作系统。Linux 和 UNIX 系统主要采用命令行界面,图 3-28 所示是基于 Linux 内核的 CentOS 的命令行界面。不过,现在已有多种图形用户界面的 Linux 操作系统,如图 3-29 所示是基于 Linux 内核的 Ubuntu 的图形操作界面,常用于商用版本的基于 UNIX 的 IBM AIX 系统也是图形用户界面。图形用户界面操作系统的典型代表是微软 Windows 系列。

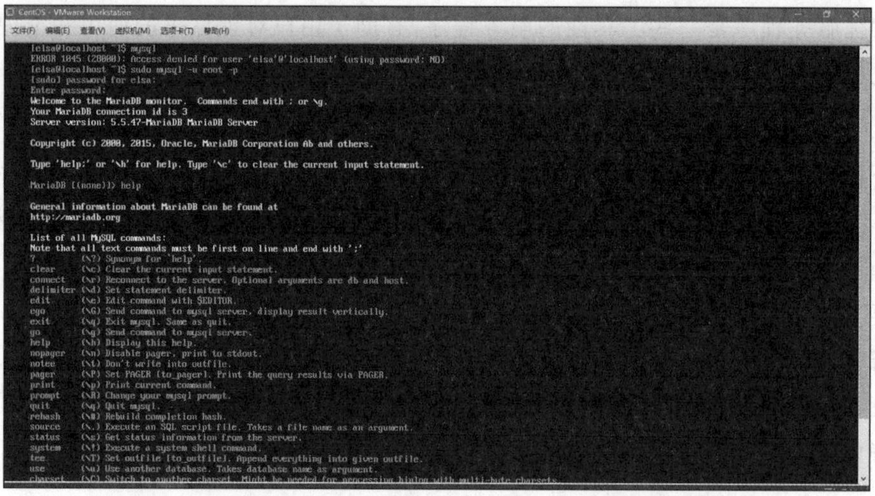

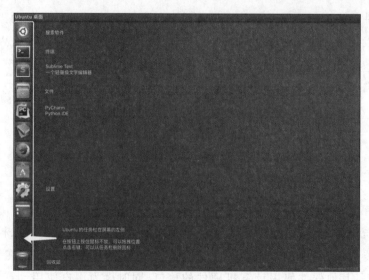

图 3-28　基于 Linux 内核的 CentOS 的命令行界面

图 3-29　基于 Linux 内核的 Ubuntu 的图形操作界面

② 按操作系统的工作方式分类,可分为单用户单任务操作系统、单用户多任务操作系统和多用户多任务操作系统。

- 单用户单任务操作系统是指一台计算机同时只能供一个用户使用,该用户一次只能提交一个作业,一个用户独自享用系统的全部硬件和软件资源。
- 单用户多任务操作系统是指一台计算机同时只能供一个用户使用,该用户一次可以提交多个作业,一个用户独自享用系统的全部硬件和软件资源。
- 多用户多任务操作系统允许多个用户共享使用同一台计算机的资源。Windows XP 之后的 Windows 系列都是多用户多任务操作系统。

③ 按照操作环境和功能特征分类,可分为批处理操作系统(Batch Operating System,BOS)、分时操作系统(Time Sharing Operating System,TSOS)、实时操作系统(Real Time Operating System,RTOS)、网络操作系统(Network Operating System,NOS)、分布式操作系统(Distributed Operating System,DOS)和嵌入式操作系统(Embedded Operating System,EOS)等。

其中,网络操作系统是网络的心脏和灵魂,是向网络中的计算机提供服务的操作系统,例如向校园网提供电子邮件和 WWW 等服务的服务器就需要安装网络操作系统。网络操作系统从开发商角度主要分为 Windows Server 系列(Windows Server 2008/2010/2012/2016 等)、NetWare 系列(NOVELL 公司推出的网络操作系统)、UNIX 和 Linux 等。

3. 国产操作系统

操作系统国产化是软件国产化的根本保障,是软件行业必须攻克的阵地。为避免操作系统遭受贸易封锁,受制于人,自主化势在必行。

(1) 银河麒麟操作系统

银河麒麟操作系统(Kylin OS)原是国防科技大学研发的一款以 Linux 为内核的国产操作系统,后由国防科技大学将品牌授权给天津麒麟,后者在 2019 年与中标软件合并为麒麟软件有限公司,继续研制银河麒麟系列操作系统。

神舟十三号载人飞船中的飞行控制软件全部是基于银河麒麟操作系统开发的,除了用于载人空间站任务,银河麒麟操作系统也已在我国火星探测、探月工程以及北斗工程中得到应用,并全面应用于党政、金融、能源领域及企事业和商业单位中,有力地支撑着我国信息化和现代化事业的发展。

2021 年,银河麒麟操作系统发布了升级版本 V10 SP1,这是一款图形化桌面操作系统,此次发布的升级版在上一代版本 V10 的基础上新增了与移动软件的融合,可以在计算机上直接安装和运行手机端的应用,并且在安全性上有了显著提升。

(2) 鸿蒙操作系统

鸿蒙操作系统(Harmony OS)是华为公司在 2019 年 8 月 9 日于东莞举行的"华为开发者大会"上正式发布的操作系统,是华为开发的一款具有自主知识产权的操作系统。

鸿蒙操作系统是一款基于微内核的面向全场景的分布式操作系统,可以适配手机、平板、电视、智能汽车、可穿戴设备等多终端设备。

3.5.2 操作系统功能

操作系统的功能包括CPU管理、存储管理、文件管理和设备管理。

1. CPU管理

在早期,计算机一次只能处理一个程序,并且大部分时间都在等待输入/输出。为了更高效地使用CPU,出现了多道程序设计技术。多个程序被装入内存并发执行,为解决向内存中的多道程序合理地分配资源的问题,又引入了进程的概念。进程(Process)是计算机中的程序关于某数据集合上的一次运行活动,是一个活动的实体,可以申请和拥有系统资源,是系统进行资源分配和调度的基本单位。程序是指令、数据及其组织形式的静态描述,进程是程序的动态运行实体。在任意时刻,CPU(单核)只能执行一个进程,所以在多个进程之间分配CPU资源需要进行CPU管理,CPU管理也称为进程管理。进程管理是指如何将CPU资源合理分配给进程并使其能够运行。

从一段时间上来看,每个进程都被执行到了,但任意瞬间只有一个进程在执行。之所以感觉每个程序都在同时运行,是因为进程之间的切换非常快,人们感觉不到,如图3-30所示。

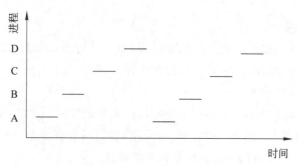

图 3-30   进程管理

每个进程有3个状态,分别为运行状态、就绪状态、阻塞状态。

- 运行状态是指进程已经获得CPU且在CPU上执行的状态。
- 就绪状态是指进程已经获得除了CPU之外的所有需要的资源,具备运行条件,但是由于没有获得CPU而不能运行时所处的状态。
- 阻塞状态也称为等待状态,是指一个进程正在等待某一事件发生(如请求I/O或等待I/O完成等)而暂时停止运行,这时即使把CPU分配给进程也无法运行,故称该进程处于阻塞状态。

在任何时刻,进程都处于且仅处于以上3种状态之一。

进程的3种基本状态可以相互转换。当一个就绪进程获得CPU时,其状态就由就绪变为运行;当一个运行进程被剥夺CPU时(如用完系统分配给它的时间片或出现优先级别更高的其他进程),其状态由运行变为就绪;当一个运行进程因某件事情受阻时(如申请的资源被占用或启动 I/O 传输未完成),其状态由运行变为阻塞;当一个阻塞进程等待事件发生时(如得到申请的资源或 I/O 传输完成),其状态由阻塞变为就绪。

就绪→阻塞、阻塞→运行是不被允许的。就绪→阻塞从理论上看是不可行的,因为没有运行的进程不可能被阻塞;阻塞→运行从理论上看是可行的,但这样做是没有意义的,因为把 CPU 分配给一个阻塞进程没有任何实际价值。

Windows 操作系统的进程管理如下。

按 Ctrl+Alt+Del 组合键可以调出操作系统的任务管理器,如图 3-31 所示,可以看到启用的应用和所有的进程,还可以强制关闭未响应的程序对应的应用或者进程。

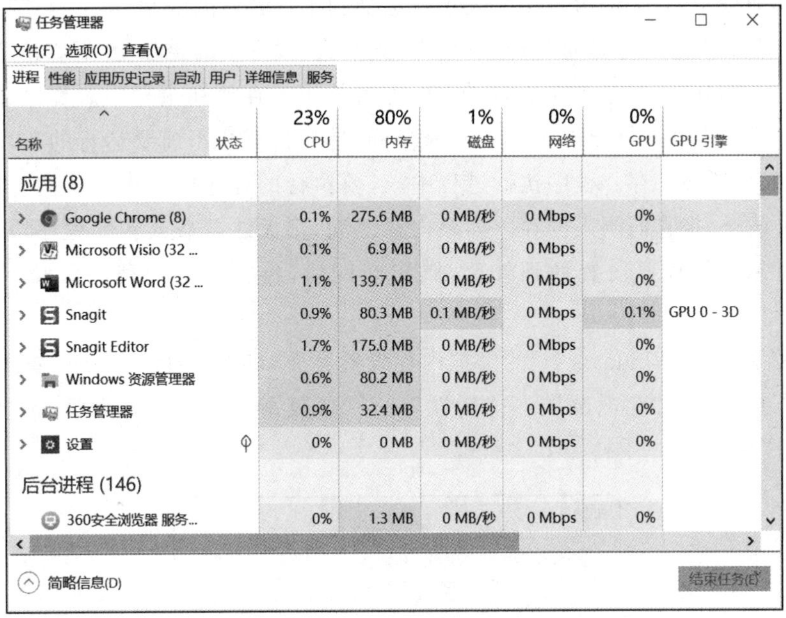

图 3-31　进程管理界面

2. 存储管理

计算机处理的数据和程序都存放在外存,使用时才调入内存。从外存调入内存时,需要解决的问题是:如何为多个程序各自分配内存,如何保证内存够用(使得大程序能运行),如何保证多个程序的内存空间不冲突等。要解决以上问题,需要对内存有一个有效的管理机制,这就是存储管理,也称为内存管理,存储管理的功能如下。

(1) 内存空间的分配和回收

当一个程序进入内存时,操作系统将其变为进程,并为其分配内存空间;在进程结束时,操作系统会收回其占用的内存空间。存储管理采用一张表格记录内存的使用情况。

(2) 存储保护

为了保护进程的内存空间不被破坏,每个进程都有自己独立的地址空间,一个进程不能随意访问另一个进程的地址空间。

（3）地址映射

程序指令在执行过程中会被预先加载到内存,然后从内存一条条地读出来再执行。每条指令在执行时都需要读取操作数和写入运算结果。读取操作数时需要给出操作数在内存中的地址,这个地址是物理主存地址。而程序在何种硬件中运行事先不能确定,因此用户在编写程序时通常采用逻辑地址的形式。

指令中的地址是程序地址空间中的逻辑（虚拟）地址,运行时需要将逻辑（虚拟）地址转换为内存的物理地址,这一转换过程称为地址映射。

（4）虚拟内存

一个程序如果要运行,就必须加载到内存。但物理内存的容量非常有限,因此要把一个程序全部加载到内存,编写程序的大小就会受到主存容量的限制。

虚拟内存的中心思想是将物理主存扩大到便宜、大容量的磁盘上,即将磁盘空间看作主存空间的一部分,程序存放在磁盘（硬盘）上就相当于存放在主存中。程序在虚拟存储环境中并不是一次性地把全部程序载入内存,而是只将那些当前要运行的程序载入内存运行,其余部分还在外存。程序执行过程中,若要执行的程序段尚未载入内存,则要向操作系统发出请求,将它们调入内存。如果内存已满,则无法再载入新的程序段,则请求将内存中暂时不用的程序段置换到外存,腾出空间后,再将需要的程序段载入内存继续执行。

图 3-32 所示为 Windows 10 的虚拟内存设置界面,可以自动或手动设置虚拟内存的大小。操作步骤为:"此电脑"——"属性"——"高级系统"——"高级"——"性能"——"高级"——"更改"。

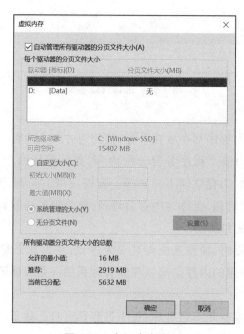

图 3-32   虚拟内存设置

3. 文件管理

长期保存的数据在外存中以文件的形式存在。那么,如何管理文件的存储空间,如何存取文件,如何实现文件的复制及删除等?操作系统通过文件管理功能解决以上问题。

操作系统通过文件系统实现对文件的统一管理。从系统角度来看,文件系统用来对文件存储器的存储空间进行组织、分配和回收,负责文件的存储、检索、共享和保护。从用户角度来看,文件系统主要用来实现"按名取存",文件系统的用户只要知道所需文件的文件名和路径,即可存取文件中的信息,而无须知道这些文件究竟存放在什么地方。文件系统为用户提供了一个简单、统一的文件访问方法。

(1) 相关概念

文件目录也称为文件夹,即文件集合。文件夹和文件构成树状层次结构,如图 3-33 所示。文件由文件名和扩展名构成,其中扩展名也称为后缀名,用来标识文件的类型。

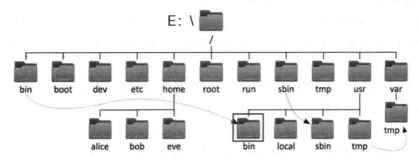

图 3-33　文件组织结构

路径是指从当前目录(或从根目录)到达文件所经过的目录及子目录。其中,从盘符开始写的路径为绝对路径,图 3-33 中的文件夹 bin 的绝对路径为 E:\usr\bin。在"此电脑"的地址栏中可以查看文件的绝对路径,如图 3-34 所示。

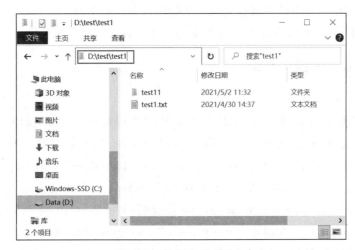

图 3-34　文件的绝对路径

基于当前文件在的路径写出来的其他文件(或文件夹)的路径为相对路径。

在图 3-33 中,假如当前目录是 E:\home,可以写出以下两种情况下文件对应的相对路径。

- 若 alice 文件夹有一个文件为 a.txt,则 a.txt 文件的相对路径表示为 alice\a.txt 或者.\alice\a.txt,".\"表示当前目录。
- 若 etc 文件夹有一个文件为 b.txt,则 b.txt 文件的相对路径表示为..\etc\b.txt,"..\"表示当前目录的父目录(上一级目录),即 E:\。

文件操作包括新建文件和文件夹、重命名、显示/隐藏文件扩展名、隐藏/显示文件/文件夹、复制、移动、删除、创建快捷方式等,后续内容会逐一介绍。

(2) 典型的文件系统

不同的操作系统具有不同的文件系统,例如 Windows 操作系统支持的 FAT32 和 NTFS 文件系统,Linux 系统支持的 ex4 文件系统等。

FAT32 是一种早期的文件系统,安全性较差,并且不支持单个大于 4GB 的文件。目前,FAT32 作为 U 盘等存储设备的默认文件系统,如果想要在 U 盘中存储超过 4GB 的单一文件,则必须将文件系统转换为 NTFS。

NTFS 文件系统有很多优良特性,并且有更高的安全性。目前,NTFS 是 Windows 7/10 系统的默认文件系统。

将 FAT32 文件系统转换为 NTFS 文件系统可以采用两种方式,第一种是使用格式化命令(会清空磁盘数据);第二种是在"运行"对话框中输入 convert E:/fs:ntfs 并确认运行后,可以将磁盘驱动器 E 转换为 NTFS 格式。

4. 设备管理

设备管理是指外围设备的管理,主要任务是在用户请求某种设备时由操作系统进行设备的分配,并调用设备驱动程序,供用户使用设备,响应用户对设备的中断请求并予以处理。

设备驱动程序一般由设备制造商编写并随同设备一起交付。因为每个操作系统都需要自己的驱动程序,所以设备制造商通常要为若干流行的操作系统提供驱动程序。

3.5.3　Windows 10 操作系统

1. Windows 10 概述

Windows 10 于 2015 年 7 月 29 日正式发布,是美国微软公司研发的新一代跨平台及设备的操作系统,跨平台是指能够应用于不同的硬件,如计算机和平板电脑等设备。Windows 10 共发布了 7 个版本: Windows 10 家庭版(Windows 10 Home)、Windows 10 专业版(Windows 10 Pro)、Windows 10 企业版(Windows 10 Enterprise)、Windows 10 教育版(Windows 10 Education)、Windows 10 移动版(Windows 10 Mobile)、Windows 10 移动企业版(Windows 10 Mobile Enterprise)、Windows 10 物联网核心版(Windows 10 IoTCore),分别面向不同的用户和设备。专业版比家庭版多了一些增强技术,包括组策略、远程访问服务等。对于一般用户,主要安装家庭版或者专业版。

计算机要想安装 Windows 10 操作系统,硬件需要满足以下最基本的要求。

- 处理器:1GHz 或更快的处理器或系统单芯片(SoC)。
- RAM:1GB(32 位)或 2GB(64 位)。
- 硬盘空间:16GB(32 位操作系统)或 32GB(64 位操作系统)。
- 显卡:DirectX9 或更高版本(包含 WDDM1.0 驱动程序)。
- 显示器:800×600。

2. Windows 10 操作系统快捷键

文件(夹)的重命名、复制、剪切和删除等都可以在快捷菜单中实现,但使用快捷键会更加便捷。Windows 10 常用操作和设置的快捷键如表 3-5 所示。

表 3-5　Windows 10 快捷键功能描述

快捷键组合	功 能 描 述
Win ■ +E	启动"资源管理器"
Alt+Esc	最小化当前窗口
Alt+F4	关闭当前窗口
Alt+Tab	实现多窗口之间的切换。注意,先按住 Alt 键不松开,多次按下 Tab 键可以在多个窗口之间切换,选中需要切换的窗口,然后松开 Alt 键
Win ■ +D	最小化所有窗口,显示桌面
Shift+	选中多个连续文件(夹)。注意,先选中第一个文件(夹),按住 Shift 键的同时选中最后一个文件(夹)
Ctrl+A	选中所有文件(夹)
Ctrl+	选中多个不连续文件(夹)。注意,按住 Ctrl 键,依次选中多个文件(夹)
Ctrl+C	复制文件(夹)。注意,先选中需要复制的文件(夹),使用快捷键 Ctrl+C 实现复制功能
Ctrl+V	粘贴文件(夹)
Ctrl+X	剪切文件(夹)。注意,先选中需要剪切的文件(夹),使用快捷键 Ctrl+X 实现剪切功能
Ctrl+Z	撤销操作。注意,实现撤销上一步操作的功能
Ctrl+Shift+N	新建文件夹。注意,切换要新建文件夹的目录,使用快捷键 Ctrl+Shift+N 实现新建文件夹的功能
F2	重命名文件(夹)。注意,先选中文件(夹),使用快捷键 F2 进行重命名
Delete	删除文件(夹)。注意,先选中要删除的文件(夹),使用快捷键 Delete 将文件(夹)删除到回收站,还可以从回收站恢复删除的文件(夹)
Shift+Delete	彻底删除文件(夹)。注意,先选中要删除的文件(夹),使用快捷键 Shift+Delete 将文件(夹)彻底删除
Ctrl+拖曳	实现复制文件(夹)功能。注意,先选中要复制的文件(夹),按下 Ctrl 键同时拖曳选中的文件(夹)到目的目录。直接拖曳选中的文件(夹)可以在不同盘符间复制文件(夹)

续表

快捷键组合	功 能 描 述
Shift＋拖曳	实现移动文件(夹)功能。注意,先选中要移动的文件(夹),按下 Shift 键同时拖曳选中的文件(夹)到目的目录。直接拖曳选中的文件(夹)可以在同盘符间移动文件(夹)
Win ⊞＋R	启动"运行"对话框
Win ⊞＋I	启动 Windows 10 设置窗口
Win ⊞＋L	锁定屏幕
Win ⊞＋P	启动"投影"设置。注意,投影功能主要实现画面在两个显示器中的显示。①仅计算机屏幕:只有正在操作计算机的屏幕显示画面,即第一个显示器显示画面,第二个显示器不显示画面;②复制:两个显示器的画面是一样的;③扩展:画面由第一个显示器扩展到第二个显示器,例如用两个显示器拼接显示一个软件,或者用一个显示器浏览网页,另一个显示器观看视频,或者是在播放 PPT 时,一个显示器显示主画面,另一个显示器控制切换画面,可以在控制画面中预先知道主画面的下一张 PPT,以免播放错误;④仅第二屏幕:第一个显示器不显示画面,第二个显示器显示画面
Ctrl＋Alt＋Del	启动任务管理器
Win ⊞＋Shift＋←/→	将应用从一个显示屏移至另一个显示屏

3. Windows 10 文件和程序管理

（1）浏览文件(夹)

双击"此电脑"图标或者使用 Win ⊞＋E 快捷键启动资源管理器,可以快速访问常用文件夹和最近使用的文件,如图 3-35 所示。

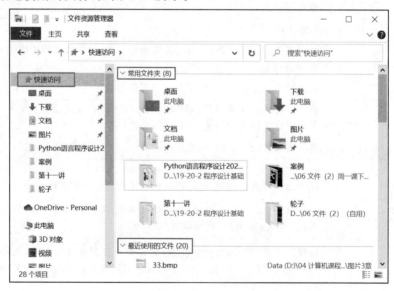

图 3-35 访问常用文件夹和最近使用的文件

（2）显示/隐藏文件扩展名

文件的重命名通常只修改主文件名，不修改扩展名。为防止在文件重命名时修改扩展名，导致文件打不开，可以隐藏文件扩展名。操作步骤：打开"资源管理器"，切换到"查看"选项卡，取消"显示/隐藏"选项组中"文件扩展名"复选框中的对勾，要想显示文件扩展名，则需要勾选"文件扩展名"前面的复选框，如图 3-36 所示。

图 3-36　隐藏/显示扩展名

（3）将文件（夹）固定到快速访问区域

在 Windows 10 中，可以将经常访问的文件夹添加到"资源管理器"的"快速访问"中。
操作步骤：右击需要添加到"快速访问"的文件夹，在弹出的快捷菜单中选择"固定到快速访问"选项，如图 3-37 所示，则在快速访问区域可以快速访问文件夹，固定在"快速访问"中的文件夹后面有 📌 图标。还可以在快捷菜单中选择"从'快速访问'取消固定"选项，将文件夹从快速访问区域移除。

图 3-37　将文件夹固定到
快速访问区域

（4）文件搜索

Windows 10 自带文件搜索功能，可以根据文件类型（图片、文档、音乐等）、文件名、文件内容等信息进行搜索。

① 按照文件名搜索

进入要搜索文件的目录，例如 C 盘或者 D 盘，如果不清楚要搜索的文件在哪个目录，则可以在"此电脑"中搜索。在窗口右上侧的搜索框中输入文件名或者部分文件名，单击搜索框后的图标 →，搜索结果会在文件列表区域列出，既可以双击打开搜索到的文件（夹），也可以先选中要打开的文件（夹），再单击选项卡中的"打开文件位置"，如图 3-38

所示。

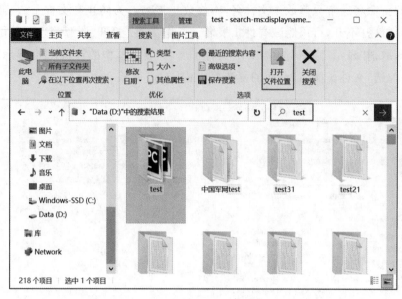

图 3-38　按照文件名搜索

② 按照文件类型搜索

确定要搜索的目录,在窗口右上角的搜索框中按照"种类:类型"的格式输入搜索信息,然后单击搜索框后的图标 →。例如,要搜索音乐文件,则在搜索框中输入"种类:音乐",音乐文件会显示在文件列表区域,还可以通过"查看"选项卡设置搜索结果的布局方式,如图 3-39 所示。

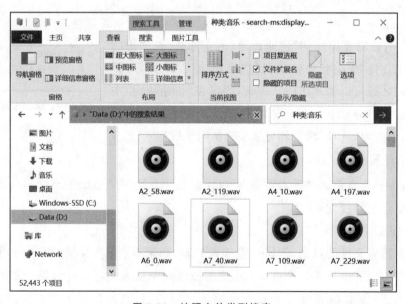

图 3-39　按照文件类型搜索

注意：种类和类型之间为英文冒号；搜索时常用的类型名称为图片、文档、音乐、文件夹等。

（5）卸载应用程序

部分程序自带卸载程序，单击"开始"按钮，找到程序的安装文件夹，启动卸载程序即可，如图 3-40 所示。

如果没有对应的卸载程序，则在任务栏搜索框中输入"控制面板"，单击最佳匹配结果"控制面板"，然后在"控制面板"中选择"程序和功能"选项，右击选中的程序即可实现卸载，如图 3-41 所示。

图 3-40　程序自带的卸载程序

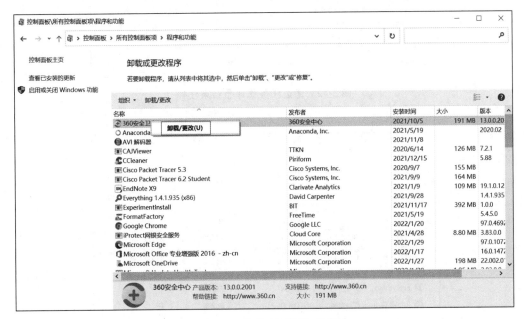

图 3-41　通过控制面板卸载程序

（6）任务管理器

当运行的程序没有响应时，右击任务栏的空白处，在快捷菜单中选择"任务管理器"选项或者使用快捷键 Ctrl＋Alt＋Delete 都可以启动任务管理器，选中没有响应的应用程序，单击"结束任务"按钮，如图 3-42 所示。

有些软件在开机时会自动启动，若要取消，则将任务管理器切换到"启动"选项卡，选中需要禁止开机自动启动的程序，单击"禁用"按钮，如图 3-43 所示。

（7）以管理员身份运行

在运行或者安装软件时，会遇到"以管理员身份运行"的提示窗口，在应用程序的快捷菜单中选择"以管理员身份运行"选项，如图 3-44 所示。

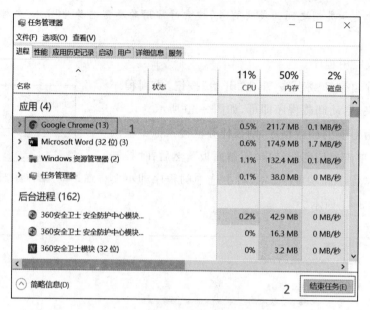

图 3-42   通过任务管理器结束任务

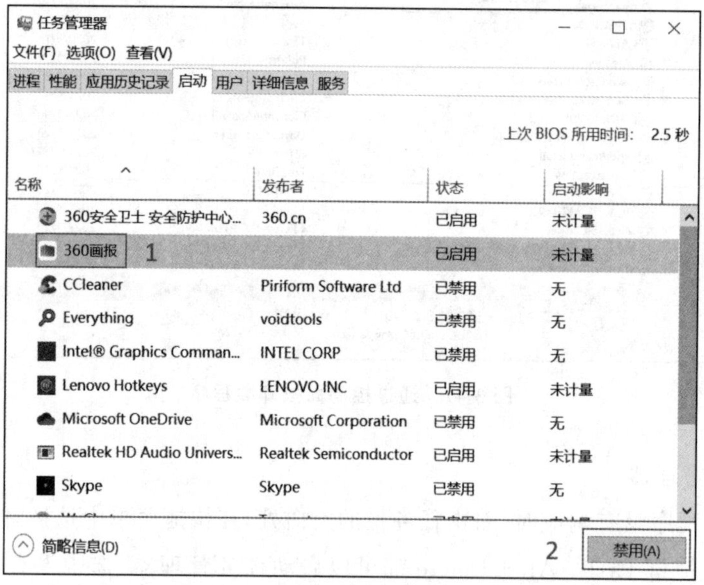

图 3-43   设置启动程序

图 3-44   以管理员身份运行

4. Windows 10 磁盘和设备管理

(1) 磁盘清理

计算机运行一段时间之后,临时文件或者安装软件的残留文件等会占用大量的磁盘空间,影响运行速度,此时可以使用系统自带的清理工具进行磁盘清理,从而释放磁盘空间,提高系统的运行速度。

操作步骤:①在任务栏搜索框中输入"磁盘清理",并从结果列表中选择"磁盘清理"选项;②选择要清理的驱动器,单击"确定"按钮;③在"要删除的文件"列表中选择要删除的文件类型,单击"确定"按钮,如图 3-45 所示。

图 3-45　磁盘清理

如果需要释放更多空间,则在"磁盘清理"中选择"清理系统文件"选项,即可删除无用的系统文件。

(2) 整理磁盘碎片

磁盘碎片是指硬盘读写过程中产生的不连续文件。磁盘碎片会加长硬盘的寻道时间,影响系统效能。磁盘碎片整理程序的主要作用是整理磁盘中一些分散的、不连续的扇区空间,以提高磁盘的读写速度。

操作步骤:①在任务栏搜索框中输入"碎片整理",并从结果列表中选择"碎片整理和优化磁盘"选项;②选择要清理的驱动器,单击"优化"按钮,如图 3-46 所示。

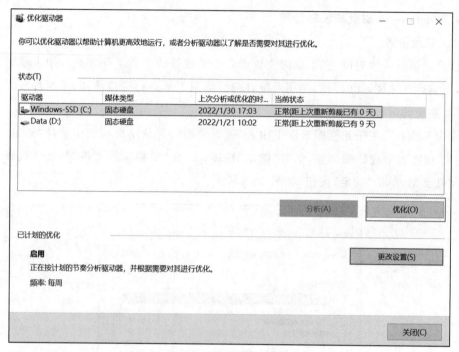

图 3-46　整理磁盘碎片

（3）设备管理器

Windows 10 设备管理器是一个用来管理计算机设备的管理工具，管理的计算机硬件包括任何连接到计算机并由计算机控制的设备，例如声卡、网卡（网络适配器）以及显卡（显示适配器）等。

操作步骤：在"此电脑"的快捷菜单中选择"管理"选项，打开"计算机管理"窗口，双击"设备管理器"选项，在"设备管理器"右侧的列表框中右击选中的设备可以查看和更改设备属性，更新和卸载设备驱动程序，如图 3-47 所示，可以看出此计算机有两个显卡，通过《鲁大师》软件可以查看两个显卡是独立显卡还是集成显卡，以及显存大小等详细信息。

在设备管理器中，黄色的感叹号表示设备驱动有问题，向下的箭头表示设备已经禁止使用，禁用的设备可以通过在快捷菜单中选择"属性"选项开启。

对于双显卡主机，如何确定计算机当前使用的是哪一个显卡呢？右击桌面空白区域，在快捷菜单中选择"显示设置"按钮，在窗口右下方单击"高级显示设置"按钮，在"显示器"下拉列表中进行选择，即可看到选中的显示器所使用的显卡型号，如图 3-48 所示。

某些双显卡笔记本计算机默认两个显卡是可以自动切换使用的，智能显卡切换程序会根据程序对显示运算的需求进行切换，在程序启动时进行自动选择。例如，一般情况下会默认使用集成显卡以节省消耗，而运行大型绘图软件时会默认使用独立显卡以提高性能。也可以手动切换计算机所用的显卡，或者指定某些程序所用的显卡。

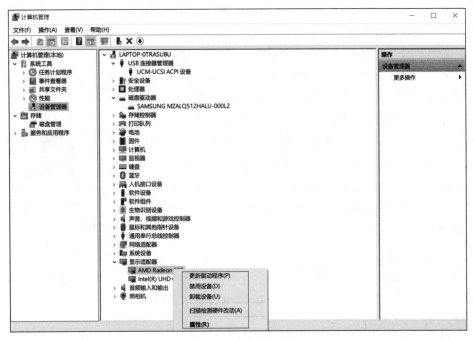

图 3-47 设备管理器

图 3-48 双显卡的判断

5. Windows 10 系统设置

（1）用户账户管理

Windows 10 支持两种账户登录模式：一种是使用本地用户账户；另一种是使用 Microsoft 账户。

本地账户分为内置管理员账户、本地标准账户、本地管理员账户。内置管理员账户是操作系统自带的账户，账户名为 Administrator，可以不受任何限制地操作计算机，也称为超级管理员账户。出于安全原因，安装 Windows 10 之后，系统会提示创建一个本地管理员账户，内置管理员账户则会隐藏起来。本地标准和管理员账户是由用户创建的账户，本地管理员账户和内置管理员账户相比,前者接受"本地策略"的"安全选项"中"用户账户控制"的限制,后者比前者具有更多更改计算机的权限,例如使用本地管理员账户在默认情况下不能删除 C:\Windows 目录中的文件,而内置管理员账户可以删除 C:\Windows 目录中的文件;本地标准账户和本地管理员相比,前者具有更少的操作权限,部分应用程序需要管理员权限才能运行。

使用 Microsoft 账户登录 Windows 系统是从 Windows 8 开始支持的登录模式,这种登录模式会自动连接微软的云服务器,然后对账户信息与系统设置进行自动同步。Microsoft 账户登录 Windows 系统以 OneDrive 为基础,可以进行云同步文档、用 Office 组件与其他微软用户协同办公、共享日历事项、使用新版应用商店等操作。

① 查看当前账户类型

选择"开始" ▦ ＞"设置" ⚙ ＞"主页"＞"账户",在出现的窗口中可以查看当前用户的属性。图 3-49 所示为显示当前账户类型。

图 3-49 查看账户类型

② 创建账户

选择"开始" ▦ ＞"设置" ⚙ ＞"账户",选择"家庭和其他用户"选项,在窗口的右侧选择"将其他人添加到这台电脑"选项,如果添加的联系人已有 Microsoft 登录账户,则在输入框中输入登录信息;如果要新建一个账户,则选择"我没有这个人的登录信息"选项,如图 3-50 所示。

在"新建账户"窗口,如果要创建 Microsoft 账户,则在输入框中输入相应的信息;如果要创建本地账户,则选择"添加一个没有 Microsoft 账户的用户"选项,如图 3-51 所示,按照向导完成创建账户的过程。

图 3-50 创建 Microsoft 账户

图 3-51 创建本地账户

③ 更改本地账户类型

选择"开始" ▦ ＞"设置" ⚙ ＞"账户",选择"家庭和其他用户"选项,在窗口的右侧选择要修改类型的账户,选择"更改账户类型"选项,然后在下拉列表中选择要修改的账户类型,如图 3-52 所示。

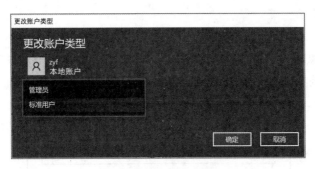

图 3-52　更改账户类型

（2）自带的系统还原

系统还原是指将操作系统还原到某一个还原点的状态,在不重新安装操作系统,也不破坏数据文件的前提下使系统回到之前的工作状态。

操作步骤:在"此电脑"的快捷菜单中选择"属性"选项,在"系统保护"选项卡中单击"系统还原"按钮,如图 3-53 所示。

图 3-53　自带的系统还原

Windows 10 默认是关闭系统还原功能的,即默认"禁用系统保护",所以要想使用 Windows 10 的系统还原功能,需要先单击图 3-53 中"配置"按钮,在弹出的对话框中设置

"启用系统保护",然后创建还原点,以便后续进行系统还原。还原点通常设置在系统更新或者安装软件之后。

(3) 输入法设置

① 添加语言

选择"开始"■>"设置"⚙>"时间和语言",在打开的窗口中选择"语言"选项,然后选择"添加语言"选项,在打开的窗口中选择要安装的语言,如图 3-54 所示。

图 3-54 添加语言

② 设置默认输入法

如果在使用计算机时最经常使用的是中文搜狗输入法,则可以将该输入法设置为开机默认使用的输入法。

操作步骤:选择"开始"■>"设置"⚙>"时间和语言",单击左侧导航中选择"语言"选项,在窗口右侧单击"拼写、键入和键盘设置"按钮,在窗口的下方单击"高级键盘设置"按钮,在下拉列表中选择默认输入法,如图 3-55 所示。

(4) 添加字体

假如打开一个 Word 文档,文档中的字体是方正小标宋简体,而计算机中没有安装此字体,则不能正常显示该字体,应如何添加字体呢?

图 3-55　设置默认输入法

　　操作步骤：首先通过网络下载需要安装的字体，字体文件的扩展名为 ttf，例如 方正小标宋简体.ttf，然后双击字体文件进行安装，或者将该文件放在"控制面板"的"字体"文件夹中，如图 3-56 所示。

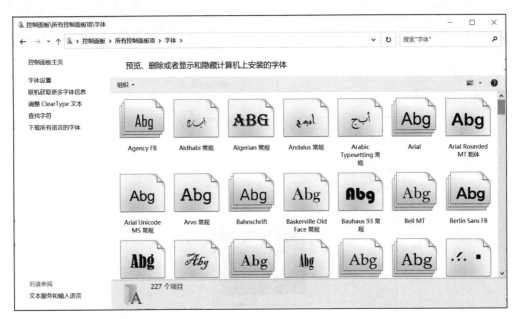

图 3-56　添加字体

　　（5）查看计算机系统信息

　　右击"此电脑"图标，选择"属性"选项，在出现的窗口中即可查看系统信息，还可以修改计算机名称，如图 3-57 所示。

　　（6）设置壁纸和屏幕保护程序

　　设置壁纸的操作步骤：在任务栏搜索框中输入"壁纸"，选择最佳匹配列表中的"选择桌面背景"选项，或者右击桌面空白处，在快捷菜单中选择"个性化"选项，在出现的窗口中设置壁纸的图片来源等信息，如图 3-58 所示。

　　设置屏幕保护程序的操作步骤：选择"锁屏界面"选项，单击左侧导航中的"屏幕保护程序设置"按钮，在窗口下方进行相关设置，如图 3-59 所示。

图 3-57　查看计算机系统信息

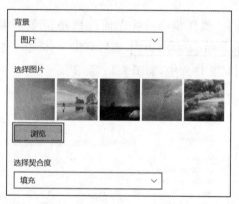

图 3-58　设置壁纸

图 3-59　设置屏幕保护程序

（7）进入 MS-DOS 运行环境

MS-DOS 是微软早期开发的操作系统,计算机的一些功能需要在 MS-DOS 运行环境下实现,Windows 系列操作系统都保留了进入 MS-DOS 运行环境的入口,MS-DOS 运行环境也称命令提示符。Windows 10 进入 MS-DOS 运行环境的方法有很多,主要介绍"以管理员身份运行" MS-DOS 的方法。操作步骤:在任务栏搜索框中输入"DOS"或者"命令提示符",最佳匹配列表中出现"命令提示符",右击选择"以管理员身份运行"选项,如图 3-60 所示,或者在窗口右侧选择"以管理员身份运行"选项。

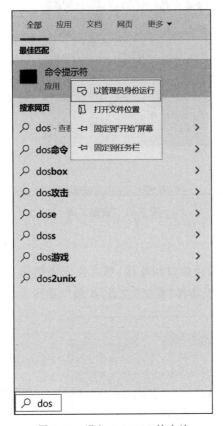

图 3-60　进入 MS-DOS 的方法

6. Windows 10 其他操作

(1) 截图工具

在任务栏搜索框中输入"截图",选择"截图工具"选项,或者利用快捷键 Win＋Shift＋S 打开截图工具,单击"新建"按钮拖曳鼠标进行截图,松开鼠标截图结束,在截图工具中出现截取的图片,可以利用画笔等工具编辑图片,还可以单击"使用画图 3D 编辑"按钮实现图片的裁剪和标注等功能,如图 3-61 所示。

(2) 远程桌面连接

通过远程桌面连接程序可以使计算机连接远程计算机,访问它的所有应用程序、文件和网络资源,实现实时操作。操作步骤:在任务栏搜索框中输入"远程桌面连接",选择"远程桌面连接"选项,在窗口中输入远程计算机的名称和用户名,如图 3-62 所示。

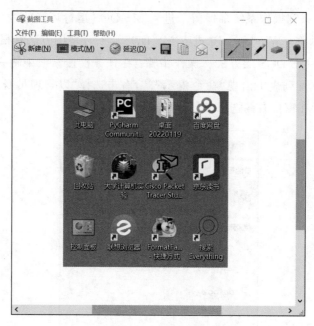

图 3-61   截图工具

（3）连接到投影仪

将投影仪和计算机的视频接口相连接，然后使用快捷键 Win＋P 打开计算机的投影模式设置界面，根据实际情况选择"复制"或者"扩展"，如图 3-63 所示。

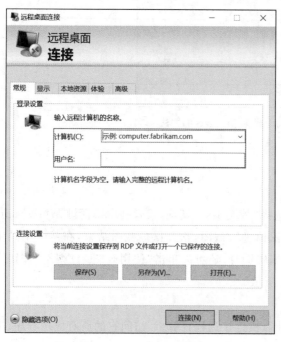

图 3-62   远程桌面连接

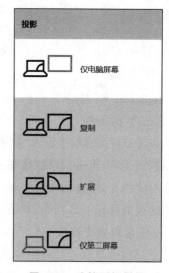

图 3-63   连接到投影仪

习　题

一、选择题

1. 在计算机系统中,指挥协调计算机工作的部件是(　　)。

　　A. 输入设备　　　　B. 运算器　　　　　C. 控制器　　　　　D. 输出设备

2. 计算机启动时,可以通过存储在(　　)中的引导程序加载启动操作系统。

　　A. RAM　　　　　　B. ROM　　　　　　C. Cache　　　　　D. CPU

3. 以下软件中,(　　)不是系统软件。

　　A. Windows 10　　　　　　　　　B. UNIX

　　C. Linux　　　　　　　　　　　　D. Microsoft Office

4. 下列关于计算机硬件组成的说法中,不正确的是(　　)。

　　A. CPU 主要由运算器、控制器和寄存器组成

　　B. 关闭计算机电源后,RAM(内存)中的程序和数据就会消失

　　C. U 盘和硬盘上的数据均可由 CPU 直接存取

　　D. 显示器是一种输出设备

5. Windows 的文件目录结构采用的是(　　)。

　　A. 树形结构　　　　　　　　　　B. 线形结构

　　C. 层次结构　　　　　　　　　　D. 网状结构

6. 冯·诺依曼体系结构的核心思想是(　　)。

　　A. 存储程序　　　　　　　　　　B. 二进制思想

　　C. 存储体系　　　　　　　　　　D. 并行计算

7. 若计算机的地址总线宽度为 28 位,则该主机使用容量为(　　)的内存,既能保证最优性能,又不浪费内存空间。

　　A. 128MB　　　　　B. 256MB　　　　　C. 512MB　　　　　D. 1GB

8. 下列对"寄存器—Cache(缓存)—主存—辅存"的存储体系结构说法中,错误的是(　　)。

　　A. 断电之后主存中的数据消失

　　B. 主存一般以字节为单位进行编址

　　C. Cache(缓存)解决了主存与 CPU 的速度匹配问题

　　D. 从前到后,容量越来越大,存取速度也越来越快

9. 下列关于图灵机的说法中,错误的是(　　)。

　　A. 现代计算机的功能不可能超越图灵机

　　B. 图灵机不能计算的问题,现代计算机也不能计算

　　C. 图灵机是真空管机器

　　D. 只有图灵机能解决的问题,实际计算机才能解决

10. 计算机中的(   )相当于图灵机中的纸带。

A. 运算器   B. 存储器

C. 控制器   D. 输入/输出设备

二、简答题

1. 简述 CPU 的工作过程(要求：首先画出框架图,包含 CPU 内部部件、主存中存储的内容和存储单元地址,以及 CPU 与主存之间传输数据和指令所用的各类总线,然后按照框架图描述 CPU 的工作过程)。

2. 查阅资料,简述显卡的作用。独立显卡和集成显卡的工作原理有什么区别？为什么独立显卡比集成显卡性能更好？

第 4 章

Office 办公软件

【学习目标】

- 了解 Office 2016 的界面组成以及主要功能
- 掌握 Word 2016 的公文格式设置
- 掌握 Word 2016 的邮件合并操作
- 掌握 Word 2016 的长文档排版
- 掌握 Excel 2016 工作表数据的录入、编辑和美化设置
- 掌握 Excel 2016 常用的函数并进行数据处理分析
- 掌握排序、筛选和分类汇总并进行数据分析
- 掌握使用图表进行数据展示
- 掌握 PowerPoint 2016 设计制作的三个步骤及相关操作
- 掌握 PowerPoint 2016 文档的放映方式及保存类型
- 了解当前 PowerPoint 主流插件及其用法

4.1　文字处理软件 Word 2016

Word 2016 是微软 Office 组件中用于文字处理的软件。本节通过任务实现介绍 Word 2016 的基本操作。

任务描述：某大学教务处根据全国计算机等级考试的考务工作安排，为保障考试顺利完成，需要完成以下 4 项工作：制作考试通知、设计准考证模板、批量生成准考证、整理考试复习资料。

4.1.1　Word 2016 工作界面

首先，认识 Word 2016 的工作界面，主要包括标题栏、功能区、编辑区、状态栏等区域，如图 4-1 所示。

标题栏位于界面顶端，从左至右依次为快速访问工具栏、文档名称、功能区显示选项按钮以及窗口控制按钮。

功能区包括一个"文件"菜单和"开始""插入"等若干个选项卡，每个选项卡将功能模

图 4-1　Word 2016 工作界面

块集成在同一选项组中。

编辑区位于界面中间,用于输入、编辑和展示文字、图片、表格等。

状态栏位于界面底端,用于显示页面信息、切换视图模式和调整显示比例等。

4.1.2　制作考试通知

各类通知文件通常需要按照公文格式进行排版,下面以制作考试通知为例,重点介绍 Word 2016 的页面设置、字体、段落、项目编号等的操作方法。新建一个 Word 文档,将文件命名为"考试通知.docx"。

1. 页面设置

页面设置主要包括页边距、纸张大小、页眉页脚、字体格式、段落格式等,用来为后续输入文本做好铺垫,如同写信之前先确定纸张大小、四周留白空间大小、字号大小、段落缩进和行间距、一张纸上写多少行、每行写多少个字符等。页面设置要求如表 4-1 所示。

表 4-1　页面设置要求

设置项	要　　求
页边距	上 3.7cm,下 3.5cm,左 2.8cm,右 2.6cm
纸张大小	A4
版式	页眉 1.5cm,页脚 2.5cm
文档网格	每行 28 个字,每页 22 行
字体	仿宋-GB2312,常规,三号
段落	两端对齐,正文文本;首行缩进 2 字符;段前 0 行,段后 0 行,行距为固定值 28 磅

（1）设置页边距、纸张和版式

操作方法：在"布局"选项卡中，单击"页面设置"组右下角的对话框启动按钮，即可打开"页面设置"对话框，如图 4-2 所示。在"页边距"选项卡中，设置页边距为上 3.7cm、下 3.5cm、左 2.8cm、右 2.6cm；切换到"纸张"选项卡，在"纸张大小"下拉列表中选择 A4 选项；切换到"布局"选项卡，设置页眉页脚距边界的大小为页眉 1.5cm，页脚 2.5cm，还可以设置"页眉页脚奇偶页不同"和"首页不同"。

图 4-2　页面设置

（2）设置字体格式和文档网络

操作方法：在图 4-2 中切换到"文档网格"选项卡，选择右下角的"字体设置"选项，打开"字体"对话框，在"中文字体"下拉列表中选择"仿宋-GB2312"，在"西文字体"下拉列表中选择"Times New Roman"，在"字形"下拉列表中选择"常规"，在"字号"下拉列表中选择"三号"，如图 4-3 所示。在"字体"对话框中还可以设置上标、下标、下画线等表现形式效果，"高级"选项卡中包括字符间距、缩放等的设置。

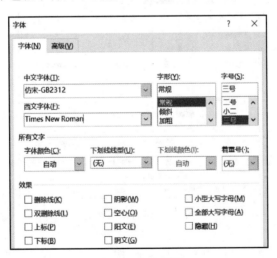

图 4-3　字体设置

返回"文档网格"选项卡，选择"网格"中的"指定行和字符网格"选项，设置"字符数"为每行 28 字，设置"行"为每页 22 行，如图 4-4 所示。

（3）设置段落格式

操作方法：在"布局"选项卡中，单击"段落"组右下角的对话框启动按钮，即可打开

图 4-4　指定行和字符网格

"段落"对话框。在"对齐方式"下拉列表中选择"两端对齐";设置"缩进"为左侧和右侧 0 字符,首行缩进 2 字符;设置"间距"为段前和段后 0 行,在"行距"下拉列表中选择"固定值",设置值为 28 磅;如图 4-5 所示。

图 4-5　设置段落格式

完成页面设置后,输入考试通知相关文本,如图 4-6 所示。在"布局"选项卡中设置的字体和段落格式将应用于整篇文档,若要修改部分文字和段落的格式,可以选择"开始"选项卡中的"字体"和"段落"组进行设置。

2. 设置标题格式

按照公文格式要求,考试通知中各级标题格式的设置要求如表 4-2 所示。

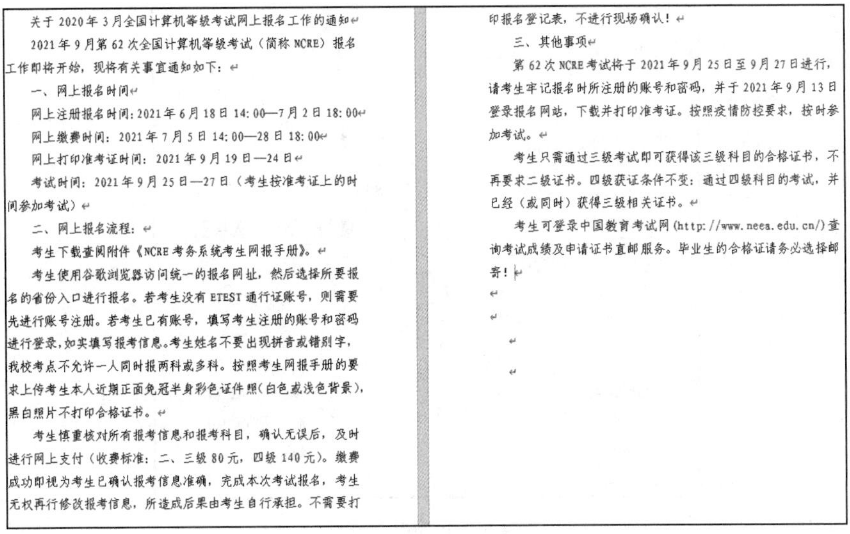
关于 2020 年 3 月全国计算机等级考试网上报名工作的通知

2021 年 9 月第 62 次全国计算机等级考试（简称 NCRE）报名工作即将开始，现将有关事宜通知如下：

一、网上报名时间

网上注册报名时间:2021 年 6 月 18 日 14:00—7 月 2 日 18:00

网上缴费时间：2021 年 7 月 5 日 14:00—28 日 18:00

网上打印准考证时间：2021 年 9 月 19 日—24 日

考试时间：2021 年 9 月 25 日—27 日（考生按准考证上的时间参加考试）

二、网上报名流程：

考生下载查阅附件《NCRE 考务系统考生网报手册》。

考生使用谷歌浏览器访问统一的报名网址，然后选择所要报名的省份入口进行报名。若考生没有 ETEST 通行证账号，则需要先进行账号注册。若考生已有账号，填写考生注册的账号和密码进行登录,如实填写报考信息。考生姓名不要出现拼音或错别字，我校考点不允许一人同时报两科或多科。按照考生网报手册的要求上传考生本人近期正面免冠半身彩色证件照（白色或浅色背景），黑白照片不打印合格证书。

考生慎重核对所有报考信息和报考科目，确认无误后，及时进行网上支付（收费标准：二、三级 80 元，四级 140 元）。缴费成功即视为考生已确认报考信息准确，完成本次考试报名，考生无权再行修改报考信息，所造成后果由考生自行承担。不需要打印报名登记表，不进行现场确认！

三、其他事项

第 62 次 NCRE 考试将于 2021 年 9 月 25 日至 9 月 27 日进行，请考生牢记报名时所注册的账号和密码，并于 2021 年 9 月 13 日登录报名网站，下载并打印准考证。按照疫情防控要求，按时参加考试。

考生只需通过三级考试即可获得该三级科目的合格证书，不再要求二级证书。四级获证条件不变：通过四级科目的考试，并已经（或同时）获得三级相关证书。

考生可登录中国教育考试网（http://www.neea.edu.cn/）查询考试成绩及申请证书直邮服务。毕业生的合格证请务必选择邮寄！

图 4-6 输入文本

表 4-2 考试通知中各级标题格式设置要求

内容	要求
文章标题	字体格式：字体为方正小标宋简体，字号为二号，加粗 段落格式：居中、33 磅行距 标题与正文之间空一行：字号为五号，行距为最小值 12 磅
一级标题	字体格式：字体为黑体，字号为三号 段落格式：左右无缩进，首行缩进 2 字符，段前段后 0 行，单倍行距 编号格式：一、二、三……
二级标题	字体格式：字体为楷体_GB2312，字号为三号 编号格式：（一）（二）（三）……
三级标题	字体和段落格式与正文一致 编号格式：1. 2. 3……

(1) 文章标题

① 设置字体格式

操作方法：选中文章标题文本，在“开始”选项卡中，单击“字体”组右下角的对话框启动按钮，即可打开“字体”对话框。在“中文字体”下拉列表中选择“方正小标宋简体”，在“西文字体”下拉列表中选择 Times New Roman，在“字形”下拉列表中选择“加粗”，在“字号”下拉列表中选择“二号”，如图 4-7 所示。

② 设置段落格式

操作方法：选中文章标题文本，在“开始”选项卡中，单击“段落”组右下角的对话框启动按钮，即可打开“段落”对话框。在“对齐方式”下拉列表中选择“居中”，在“大纲级别”下拉列表中选择“1 级”，设置“缩进”为左侧和右侧 0 字符，在“特殊”下拉列表中选择

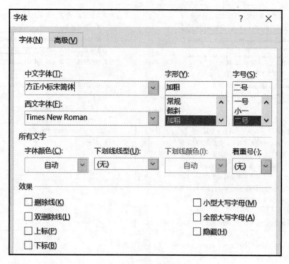

图 4-7　标题字体设置

"(无)";设置"间距"为段前和段后 0 行,在"行距"下拉列表中选择"固定值",设置值为 33 磅,如图 4-8 所示。

图 4-8　标题段落设置

文章和正文之间要空一行,按照以上步骤设置空行的字体和段落格式。

(2) 一级标题

① 设置编号

操作方法:按住 Ctrl 键选中所有一级标题文本,在"开始"选项卡中,单击"段落"组的"编号"下拉列表,在编号库中选择"一、二、三",如果编号库中没有需要的格式,则选择"定义新编号格式"选项,在"编号样式"下拉列表中选择"一,二,三(简)",在"编号格式"中输入"、",如图 4-9 所示。使用项目编号和项目符号组织文档可以使文档层次分明、条理清晰。应用项目编号无须输入编号,文档会按顺序自动添加编号。

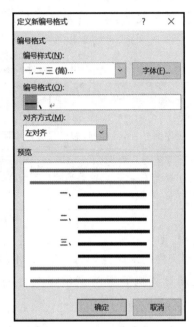

图 4-9　设置编号

② 调整编号列表缩进量

添加编号之后,编号和后面的文本默认使用制表符进行间隔,如果觉得间隔过大,则可以调整编号列表的缩进距离。

操作方法:右击编号,在快捷菜单中选择"调整列表缩进量"选项,打开"调整列表缩进量"对话框,在"编号之后"下拉列表中选择"空格"或者"不特别标注",也可以自定义制表符的位置,如图 4-10 所示。

③ 设置字体和段落格式

方法一:依次选中一级标题文本或者按住 Ctrl 键选中所有一级标题文本,进行字体和段落设置,设置方法和文章标题的一致。

方法二:选中某个一级标题文本,例如"网上报名时间",设置字体和段落格式,然后将光标放在设置好的一级标题文本上,单击"开始"选项卡"剪贴板"组中的"格式刷"按钮，

图 4-10　调整列表缩进量

光标变为格式刷,单击其他一级标题文本应用格式刷。要想重复使用格式刷,可以双击"格式刷"按钮，再次单击可取消格式刷。由此可见,格式刷可以将一个对象的所有格式复制应用到另一个对象上。

其他标题的格式设置方法与一级标题的一致。

3. 设置附件和落款格式

在正文后面添加附件是公文中的一种广泛应用。在公文中，末尾的落款通常包括发文单位或个人署名和发文日期两部分。考试通知中，附件和落款的设置要求如表 4-3 所示。

表 4-3　附件和落款设置要求

内容	要　　求
附件	和正文空一行，缩进 2 字符，使用“附件：1. ××××××”格式，序号之后使用全角符号，多个附件顺序编号、回行排列，如果只有一个附件，则不添加序号
落款	署名与正文末空三行，多个发文单位用空格隔开，空 2 字符(全角状态下)，靠右对齐；日期位于署名下一行，以署名为准居中对齐，格式为××××年×月×日，用阿拉伯数字将年月日标全，不编虚位

(1) 附件

在考试通知文件的末尾空一行并输入“附件：1. 全国计算机等级考试手册”；另起一行，输入“2. 全国计算机等级考试信息统计表”。两个附件的段落格式设置如图 4-11 所示。

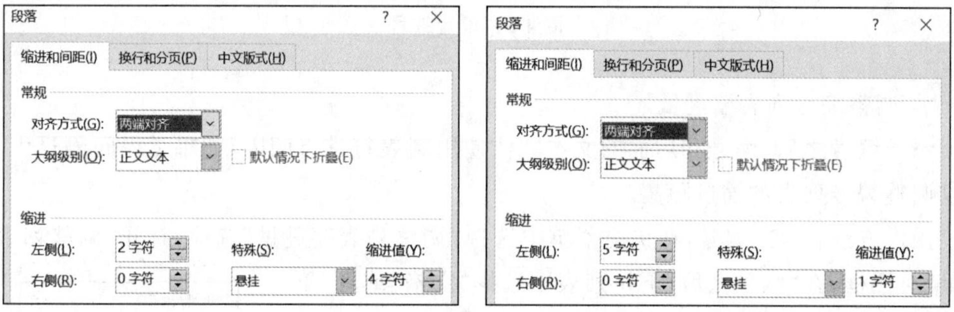

图 4-11　附件段落格式设置

(2) 落款

① 设置署名格式

操作方法：将署名在“段落”对话框中设置为“右对齐”。在“开始”选项卡中，单击“段落”组中的“显示/隐藏编辑标记”按钮，在署名后输入两个全角状态下的空格，可以看到署名后面出现了两个方框□□，表示全角状态下输入的空格。

② 设置日期格式

在日期所在行设置一个居中制表符，制表符的位置为署名的中间，即可实现日期以署名为准居中对齐的效果。

操作方法：将光标放在日期所在行，单击左标尺的上端，切换到“居中式制表符”图标，在上方标尺中单击添加“居中式制表符”。按住 Alt 键将制表符移动到署名的中间位置，将光标放置到日期的最前面，然后按 Tab 键。

设置附件和署名后的效果如图 4-12 所示。

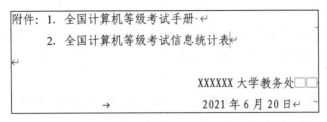

图 4-12　附件和署名

经过以上设置，即可完成考试通知文档的制作，效果如图 4-13 所示。

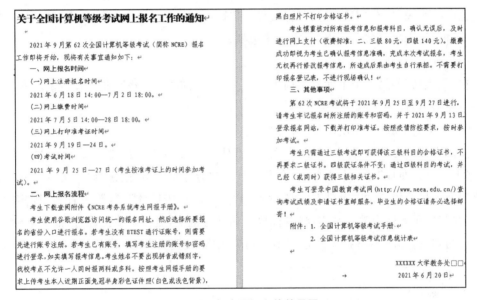

图 4-13　考试通知文件效果图

4.1.3　设计准考证模板

本节设计准考证模板，要求在一张 A4 纸上放置 8 张准考证，主要涉及表格的创建与编辑。

编辑表格之前，需要先选中要操作的单元格、行、列或者整个表格，选中的方法有控制柄 ⊞ 和鼠标指针。只有在部分表格被选中后，表格控制柄 ⊞ 才能显示。将鼠标放在行的左侧和列的上方，待鼠标变为箭头时单击或拖曳鼠标，即可选中整行、整列、多行和多列。将鼠标指向行边框和列边框，当鼠标变为调整大小指针时，拖曳该指针可以改变行高和列宽。

新建一个 Word 文档，将文件命名为"准考证模板.docx"。设计准考证模板的思路是：插入 4 行 2 列的"大表格"，在"大表格"的第一个单元格中插入"小表格"，在"小表格"

中制作准考证模板。

（1）制作大表格

① 插入表格

操作方法：在"插入"选项卡中，单击"表格"组中"表格"的下拉按钮，在下拉列表中选择"插入表格"选项，打开"插入表格"对话框，插入一个 2 列 4 行的表格，如图 4-14 所示。

② 设置行高、对齐方式和边框

操作方法：单击表格左上角的 ✛ 选中整个表格，在"表格工具"→"布局"选项卡的"单元格大小"组中设置行高为"6 厘米"，使表格占满一整页且不跨页。

选中整个表格，在"表格工具"的"布局"选项卡的"对齐方式"组中单击"水平居中"按钮 ▤。

选中整个表格，在"表格工具"的"表设计"选项卡的"边框"组中单击"边框"下拉按钮，选择"无框线"选项，将"大表格"设置为无边框。

（2）制作小表格

在"大表格"的第一个单元格中插入一个 2 列 9 行的"小表格"，并设置表格对齐方式、合并单元格、边框等。

① 合并单元格、对齐方式和列宽

操作方法：设置"小表格"单元格文本的"对齐方式"为"水平对齐"。选中第一行，在"表格工具"的"布局"选项卡中单击"合并"组中的"合并单元格"按钮，输入文本"2021 年 9 月全国计算机等级考试准考证"，字体设置为"方正小标宋简体"，行距设置为"固定值 20 磅"。在其他单元格中输入文本，将鼠标放在两列边框上，显示调整指针时，拖曳鼠标调整到合适的列宽，如图 4-15 所示。选中第二列单元格，设置文本的"对齐方式"为"左对齐"。

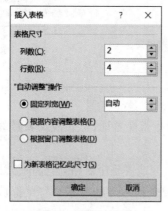

图 4-14　插入表格

2021 年 9 月全国计算机等级考试 准考证	
准考证号	
姓名	
性别	
证件号	
考试科目	
考场	
考试时间	
考点信息	

图 4-15　准考证模板

② 调整文字宽度

设置第 1 列的 2~8 行的文本所占的字符宽度一致。

操作方法：在"姓名""性别"和"考场"中间输入 4 个空格，即可实现对齐。选中"证件号",在"开始"选项卡中单击"段落"组的"中文版式"  下拉按钮,选择"调整宽度"选项,设置"新文字宽度"为"4 字符",如图 4-16 所示,然后在每行文本后添加":"。

③ 设置边框

设置"小表格"的外边框为 1.5 磅单线样式,除了第一行内框线为 1 磅双线样式,其他单元格无内框线。

操作方法:选中"小表格",在"表格工具"的"表设计"选项卡中,单击"边框"组的"边框"下拉按钮,选择"边框和底纹"选项,打开"边框和底纹"对话框,在"设置"列表框中选择"方框",在"宽度"下拉列表中选择"1.5 磅",如图 4-17 所示。选中第一行,打开"边框和底纹"对话框,在"设置"列表中选择"自定义",在"样式"列表框中选择"双线",在"宽度"下拉列表中选择"0.75 磅",然后单击"预览"区域中图片的下边框,如图 4-18 所示,单击"确定"按钮。还可以在"边框和底纹"对话框中设置"页面边框"和"底纹"。

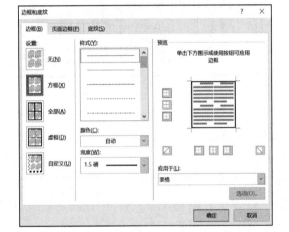

图 4-16　调整文字宽度　　　　图 4-17　设置小表格边框

制作好的准考证模板如图 4-19 所示。

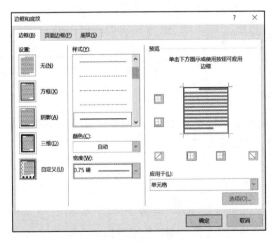

图 4-18　设置第一行下边框　　　　图 4-19　准考证模板效果图

4.1.4　批量生成准考证

4.1.3 节已经设计了一个准考证模板,但是还没有添加考生信息,在准考证模板文档的基础上,可以利用 Word 2016 的"邮件合并"功能创建一批包含学生考试信息的准考证。

1. 准备工作

准备"准考证模板.docx"和"考生信息.xlsx"两个文件,Excel 文件包含每名考生的准考证需要的信息,如图 4-20 所示。

序号	姓名	性别	准考证号	证件号	考试科目	考场信息	考点信息	考试时间
1	诸葛亮	男	202109001	341256194903034565	二级Office	第01考场	XXXX大学	14:00-16:00
2	司马懿	男	202109002	341256194903034566	二级Python	第02考场	XXXX大学	14:00-16:00
3	周瑜	男	202109003	341256194903034567	三级网络技术	第03考场	XXXX大学	14:00-16:00
4	姜维	男	202109004	341256194903034568	二级Office	第04考场	XXXX大学	14:00-16:00
5	赵云	男	202109005	341256194903034569	二级Python	第05考场	XXXX大学	14:00-16:00
6	曹操	男	202109006	341256194903034571	三级网络技术	第06考场	XXXX大学	14:00-16:00
7	许攸	男	202109007	341256194903034572	二级Office	第07考场	XXXX大学	14:00-16:00
8	公孙策	男	202109008	341256194903034573	二级Office	第08考场	XXXX大学	14:00-16:00
9	曹值	男	202109009	341256194903034574	三级网络技术	第09考场	XXXX大学	14:00-16:00
10	孙权	男	202109010	341256194903034575	二级Office	第10考场	XXXX大学	14:00-16:00

图 4-20　考生信息

2. 选择数据源

操作方法:打开"准考证模板.docx"文档,在"邮件"选项卡中单击"开始邮件合并"组的"选择收件人"下拉按钮,选择"使用现有列表"选项,弹出"选择数据源"对话框,找到"考生信息.xlsx"文件路径,单击"打开"按钮,弹出"选择表格"对话框,单击"确定"按钮,如图 4-21 所示。

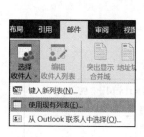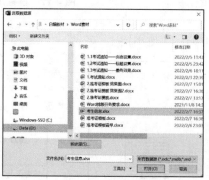

图 4-21　选择数据源

3. 插入域

操作方法:将光标定位到"准考证模板.docx"文档中"准考证号:"后面的单元格内,在"邮件"选项卡中,单击"编写和插入域"组的"插入合并域"下拉按钮,选择"准考证号"选项;按照此方法依次插入"姓名"域、"性别"域、"证件号"域、"考试科目"域、"考场信息"域、

"考试时间"域和"考点信息"域;将光标定位在"考点信息"域后面,在"邮件"选项卡中单击"编写和插入域"组的"规则"下拉按钮,选择"下一记录"选项,结果如图 4-22 所示。

复制准考证模板中的"小表格",将光标定位到"大表格"的其他单元格内,在"开始"选项卡中单击"剪贴板"组的"粘贴"下拉按钮,单击"嵌套表"按钮▣,将第一个准考证模板粘贴到"大表格"的剩余 7 个单元格中。需要注意的是,在最后一个单元格内,需要删除"下一记录"域,如图 4-23 所示。

图 4-22　插入域

图 4-23　复制准考证模板

4. 合并

在"邮件"选项卡中单击"完成"组的"完成并合并"下拉按钮,选择"编辑单个文档"选项,生成一个新的文档,如图 4-24 所示,将该文档保存为"批量准考证.docx"。

4.1.5　整理考试复习资料

为了让学生更好地备考计算机等级考试,现整理考试复习资料供学生参考,新建一个 Word 文档,将文件命名为"计算机等级考试复习资料.docx"。对整理的资料按照长文档格式进行排版,具体要求如表 4-4 所示。

2021 年 9 月全国计算机等级考试 准考证	2021 年 9 月全国计算机等级考试 准考证
准考证号:　202109007 姓　　名:　许攸 性　　别:　男 证 件 号:　341256194903034572 考试科目:　二级 Office 考　　场:　第 07 考场 考试时间:　14:00-16:00 考点信息:　XXXX 大学	准考证号:　202109008 姓　　名:　公孙策 性　　别:　男 证 件 号:　341256194903034573 考试科目:　二级 Python 考　　场:　第 08 考场 考试时间:　14:00-16:00 考点信息:　XXXX 大学
2021 年 9 月全国计算机等级考试 准考证	**2021 年 9 月全国计算机等级考试 准考证**
准考证号:　202109009 姓　　名:　曹值 性　　别:　男 证 件 号:　341256194903034574 考试科目:　三级网络技术 考　　场:　第 09 考场 考试时间:　14:00-16:00 考点信息:　XXXX 大学	准考证号:　202109010 姓　　名:　孙权 性　　别:　男 证 件 号:　341256194903034575 考试科目:　二级 Office 考　　场:　第 10 考场 考试时间:　14:00-16:00 考点信息:　XXXX 大学
2021 年 9 月全国计算机等级考试 准考证	**2021 年 9 月全国计算机等级考试 准考证**
准考证号:　202109011 姓　　名:　关羽 性　　别:　男 证 件 号:　341256194903034576 考试科目:　二级 Python 考　　场:　第 11 考场 考试时间:　14:00-16:00 考点信息:　XXXX 大学	准考证号:　202109012 姓　　名:　小乔 性　　别:　女 证 件 号:　341256194903034577 考试科目:　三级网络技术 考　　场:　第 12 考场 考试时间:　14:00-16:00 考点信息:　XXXX 大学
2021 年 9 月全国计算机等级考试 准考证	**2021 年 9 月全国计算机等级考试 准考证**
准考证号:　202109013 姓　　名:　孙策 性　　别:　男 证 件 号:　341256194903034578 考试科目:　二级 Office 考　　场:　第 13 考场 考试时间:　14:00-16:00 考点信息:　XXXX 大学	准考证号:　202109014 姓　　名:　曹丕 性　　别:　男 证 件 号:　341256194903034579 考试科目:　二级 Python 考　　场:　第 14 考场 考试时间:　14:00-16:00 考点信息:　XXXX 大学

图 4-24　邮件合并完成后的文档

表 4-4　复习资料文档格式要求

内　容	要　求
封面	题目内容:全国计算机等级考试二级 MS-Office 高级应用资料汇总 题目位置和对齐方式:在页面中间,居中对齐 字体:方正小标宋简体,二号 日期:2021 年 6 月,自动更新,宋体,三号,在封面靠近底部
目录	一级标题:黑体,小四,加粗 二级和三级标题:宋体,小四
各章标题 (一级标题)	字体:黑体,三号 段落:居中,3 倍行距
节标题 (二级标题)	字体:宋体,四号,加粗 段落:2 倍行距

续表

内　容	要　　求
小节 (三级标题)	字体：宋体，小四号，加粗 段落：1.5 倍行距
正文	字体：中文宋体，英文 Times New Roman，小四号 段落：两端对齐，首行缩进 2 字符，行距为 20 磅
图表	图：居中，图标题居中置于图的下方，宋体五号 表：居中，表标题居中置于表的上方，宋体五号
页眉和页码	目录页：页眉内容为“目录”，页码为罗马数字 正文页：页眉为各章标题，页码为阿拉伯数字

1. 文档内容预处理

(1) 清除格式

在梳理考试知识点时，部分内容可能来自网络，将网络中的文本粘贴到 Word 文档时，在“开始”选项卡中单击“剪贴板”组的“粘贴”下拉按钮，选择“只保留文本”按钮，如图 4-25 所示，这样可以清除文本格式和超链接。或者将文本粘贴到 Word 文档后，单击“开始”选项卡“字体”组中的“清除全部格式”按钮，也可以清除文本格式。

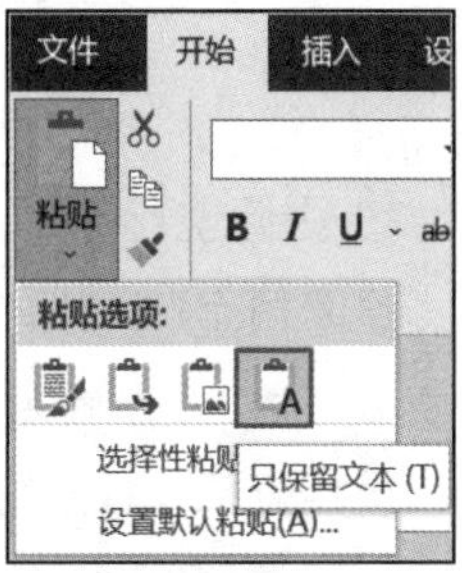

图 4-25　选择性粘贴

(2) 删除空行和空格

整理后的资料文档中有可能会出现多余的空格和空行，在进行排版前需要清除这些内容。

操作方法：在“开始”选项卡中单击“段落”组的“显示/隐藏编辑标记”按钮，文中会出现“□”和“·”表示的空格符号以及“↵”表示的段落标记。其中，“□”表示全角状态空格，“·”表示半角状态空格，如图 4-26 所示。

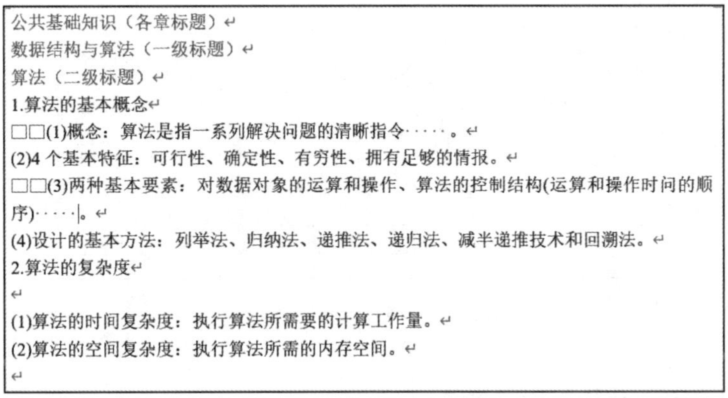
公共基础知识（各章标题）↵
数据结构与算法（一级标题）↵
算法（二级标题）↵
1.算法的基本概念↵
□□(1)概念：算法是指一系列解决问题的清晰指令·····。↵
(2)4 个基本特征：可行性、确定性、有穷性、拥有足够的情报。↵
□□(3)两种基本要素：对数据对象的运算和操作、算法的控制结构(运算和操作时间的顺序)·····。↵
(4)设计的基本方法：列举法、归纳法、递推法、递归法、减半递推技术和回溯法。↵
2.算法的复杂度↵
↵
(1)算法的时间复杂度：执行算法所需要的计算工作量。↵
(2)算法的空间复杂度：执行算法所需的内存空间。↵
↵

图 4-26　需要去除的空格和空行

① 去除空格

利用 Word 中的"替换"功能可以去除空格,替换就是将文本中查找到的某个文字符号或者控制标记修改为另外的文字符号或者控制标记。

操作方法:在"开始"选项卡中单击"编辑"组的"替换"按钮,或者使用快捷键 Ctrl＋H 打开"查找和替换"对话框。在"查找内容"文本框中输入要替换的内容"□",或者复制文档中需要替换的内容,在"替换为"文本框中不输入内容,单击"全部替换"按钮,如图 4-27 所示。去除"·"空格的方法与去除"□"空格的方法一致。

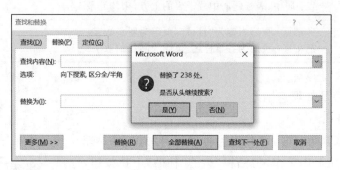

图 4-27　去除空格

② 去除空行

连续两个"↵"回车符表示一个空行,去除空行即将两个"↵"替换为一个"↵"。在去除空行之前,要先确定文章的末尾没有新的空段落。

操作方法:打开"查找与替换"对话框,将鼠标定位在"查找内容"文本框,单击左下角的"更多"按钮,单击"特殊格式"下拉按钮,选择"段落标记"选项,在"查找内容"文本框中出现表示段落的标记符号"^p",再次输入段落标记,然后在"替换为"文本框中输入段落标记符号"^p",单击"全部替换"按钮;重复单击"全部替换"按钮,直到显示"全部完成。完成 0 处替换"为止,如图 4-28 所示。

图 4-28　去除空行

2. 设置正文和各级标题文本格式

样式是字符格式和段落格式的集合,可以通过样式设置正文和各级标题的格式,在编排重复格式时，反复套用样式以减少重复化的操作。

　　Word 中的内置样式在"开始"选项卡中，单击"样式"组的"其他"按钮，打开内置样式库中默认显示的样式，如图 4-29 所示。如果要调出更多的样式，则单击"样式"组右下角的对话框启动按钮，弹出"样式"窗格，如图 4-30 所示，单击"选项"按钮，弹出"样式窗格选项"对话框，在"选择要显示的样式"下拉列表中选择"所有样式"，即可在"样式"窗格中看到所有样式，如图 4-31 所示。单击图 4-30 中的"新建样式"按钮 可以建立新的样式。

图 4-29　默认显示的样式

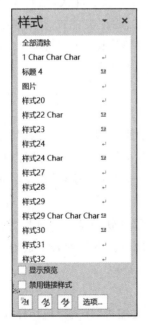

图 4-30　样式

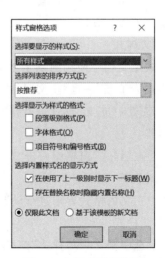

图 4-31　样式窗格选项

　　大纲级别可以为文档中的段落指定等级结构（1～9 级），选择"视图"选项卡"显示"组中的"导航窗格"选项,则会根据大纲级别显示文档结构,如图 4-32 所示。内置样式包含大纲级别,因此可以对应文档的结构。

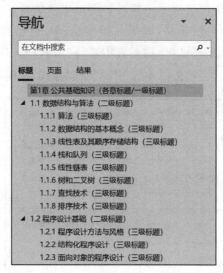

图 4-32　导航

样式分为两大类,一类是标题类样式,主要包括:"标题"样式通常用于文章标题,对应大纲级别 1 级;"标题 1"样式用于一级标题(章标题),对应大纲级别 1 级;"标题 2"样式对应二级标题(节标题),对应大纲级别 2 级。另一类是正文类样式,主要包括:正文文本样式,主要用于正文的文本内容格式设置;图片类样式、题注类样式、表格类样式、公式类样式等。正文类样式更多的是通过新建样式满足文档格式设置要求的。

使用样式设置格式可分为设置样式和应用样式两个步骤。

(1)设置正文文本格式

① 设置正文样式

"正文"样式是文档中使用的基于 Normal 模板的默认段落样式,内置"标题"样式默认以"正文"样式为基准,一旦"正文"样式发生变化,就会导致其他以"正文"为基准的样式发生变化。不建议对"正文"样式进行修改,可以新建样式或者使用"正文缩进"的样式设置正文文本格式。

操作方法:在"样式"窗格中右击"正文缩进"样式,在快捷菜单中选择"修改"选项,弹出"修改样式"对话框,如图 4-33 所示。在左下角的"格式"下拉列表中选择"字体"和"段落",按表 4-4 中正文的格式要求进行设置,如图 4-34 所示。

② 应用正文样式

操作方法:选中全文,在"样式"窗格中,单击"正文缩进"样式以应用样式。

(2)设置各章标题格式

① 设置标题样式

操作方法:在图 4-29 所示的内置样式库中右击"标题 1"样式,在快捷菜单中选择"修

图 4-33　修改样式

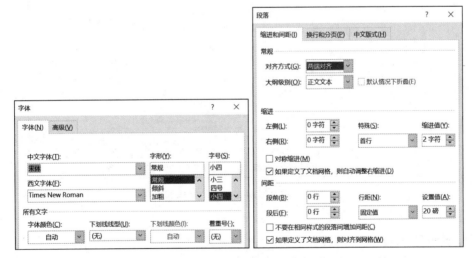

图 4-34　修改正文的字体和段落格式

改"选项,弹出"修改样式"对话框,在左下角的"格式"下拉列表中选择"字体"和"段落",按表 4-4 中各章标题的格式要求进行设置,如图 4-35 所示。

② 应用标题样式

选中文本中标记为"各章标题"的所有文本,应用"标题 1"样式,方法同应用"正文缩进"样式的操作步骤。

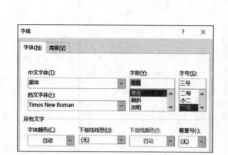

图 4-35　修改标题 1 样式的字体和段落

（3）设置其他各级标题格式

按照表 4-4 中的格式要求，设置"标题 2"样式并应用在标记为"二级标题"的文本中，如图 4-36 所示，设置"标题 3"样式并应用在标记为"三级标题"的文本中，如图 4-37 所示。

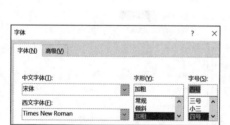

图 4-36　修改标题 2 样式的字体和段落

3. 多级列表链接到标题样式

长文档中，不同级别的标题通常都有编号，一级标题的编号通常为"第 1 章""第 2 章"等，二级标题的编号通常为"1.1""1.2"等。

在设置并应用标题样式后，可以将多级列表链接到标题样式，以便进行多级标题的自动编号。

操作方法：在"开始"选项卡中单击"段落"组的"多级列表"下拉按钮，选择"定义新的多级列表"选项，弹出"定义新多级列表"对话框，单击左下角的"更多"按钮以显示完整的设置界面。

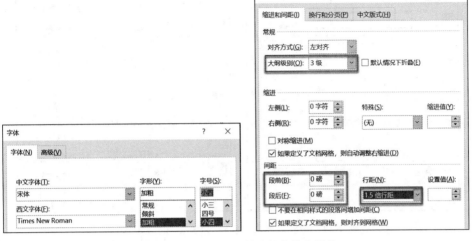

图 4-37   修改标题 3 样式的字体和段落

在"输入编号的格式"文本框中在带有灰色底纹的数字 1 的左边输入"第",右边输入"章",在"将级别链接到样式"下拉列表中选择"标题 1",将"文本缩进位置"和"对齐位置"设置为"0 厘米",在"编号之后"下拉列表中选择"空格",从而实现将多级列表链接到"标题 1"样式的功能,如图 4-38 所示。利用同样的方法将多级列表链接到"标题 2"样式和"标题 3"样式,如图 4-39 所示。

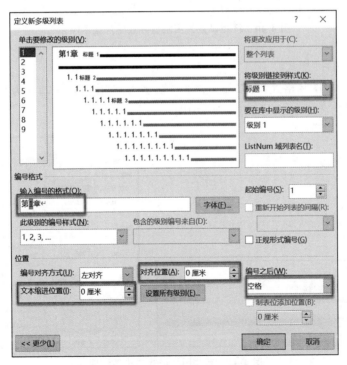

图 4-38   将多级列表链接到"标题 1"样式

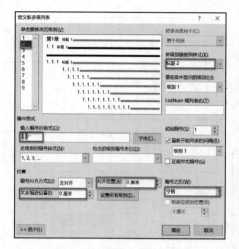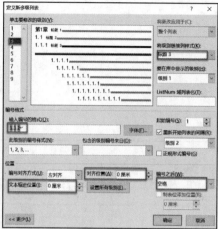

图 4-39 　将多级列表链接到"标题 2"和"标题 3"

4. 设置图片格式

正文文本按照段落行距为 20 磅的要求设置完成之后，会发现文本中的图片不能完全显示，如图 4-40 所示，只需要将图片所在段落的行间距设置为"单倍行距"即可。

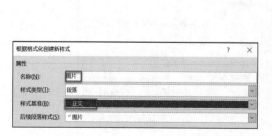

图 4-40 　行距设置为固定值导致图片显示不全

（1）新建"图片"样式

为了快速设置图片格式，可以新建样式并命名为"图片"，样式基准为"正文"，设置"图片"样式的段落格式为居中和单倍行距，如图 4-41 所示。

图 4-41 　新建图片样式和段落设置

（2）应用"图片"样式

依次选中文档中的图片并应用"图片"样式，效果如图 4-42 所示。

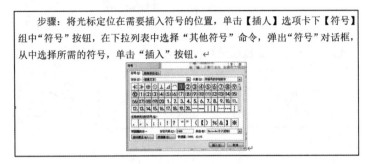

图 4-42 应用图片样式的效果图

5. 题注和交叉引用

在文档排版中，通常在图片下方或表格上方添加序号和文字说明，该行文字称为题注。Word 中引用图或表的题注的功能称为交叉引用。

（1）插入题注

操作方法：选中需要增加题注的图片或表格，在"引用"选项卡中单击"题注"组的"插入题注"按钮，弹出"题注"对话框，在"标签"下拉列表中选择默认的标签，如"图标""公式"等；如果需要新建标签，则单击"新建标签"按钮，在弹出的对话框中输入新的标签名称，如图 4-43 所示。

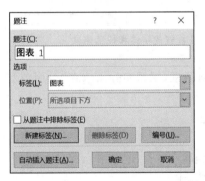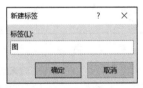

图 4-43 题注和新建标签

在"题注"对话框中单击"编号"按钮，在弹出的对话框中设置编号格式，勾选"包含章节号"复选框，在"章节起始样式"下拉列表中选择"标题 1"，根据格式要求选择相应的分隔符，返回"题注"对话框，输入图名，如图 4-44 所示。

插入题注后，图片下方会出现题注信息，Word 自动对题注信息应用了内置的"题注"样式，可以修改"题注"样式的字体和段落，如图 4-45 所示。

（2）交叉引用

操作方法：将光标定位在需要插入引用内容的位置，在"引用"选项卡中，单击"题注"

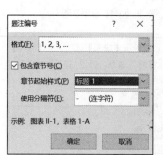

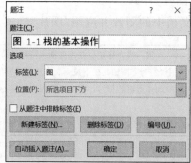

图 4-44　题注编号设置

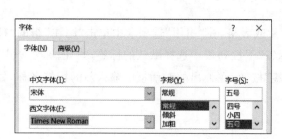

图 4-45　修改题注样式的字体和段落格式

组的"交叉引用"按钮,弹出"交叉引用"对话框,根据实际需求在"引用类型""引用内容"下拉列表中进行选择,如图 4-46 所示。

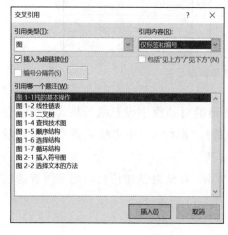

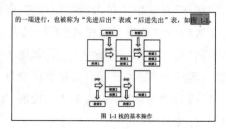

图 4-46　交叉引用及其效果图

6. 封面和目录

在 Word 文档中,节是一个逻辑上的分段,可以通过插入"分节符"将整个文档分成多个节,不同的节可以设置不同的页眉页脚、纸张类型或者纸张方向等。

接下来,在文章首页添加一页封面,第二页作为目录页。

(1) 插入分节符

操作方法:在"布局"选项卡中,单击"页面设置"组的"分隔符"下拉按钮,根据需求选择相应的分节符,如图 4-47 所示。

(2) 设置封面

操作方法:将光标定位在文档的最前面,插入"下一页"分节符,会出现一页空白页作为封面,输入封面标题并按照表 4-4 中的要求设置字体和段落,在封面底部插入可以自动更新的时间。在"插入"选项卡的"文本"组中,选择"日期和时间"选项,弹出"日期和时间"对话框,在"可用格式"列表中进行选择,勾选"自动更新"复选框,如图 4-48 所示。

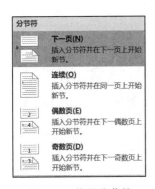

图 4-47　使用分节符

图 4-48　插入自动更新的日期和时间

(3) 生成目录

操作方法:将光标定位在第二页的最前面,插入"下一页"分节符,会出现一页空白页作为目录页。在"引用"选项卡中,单击"目录"组的"目录"下拉按钮,选择"自定义目录"选项,弹出"目录"对话框,如图 4-49 所示。

单击"修改"按钮,弹出"样式"对话框,"TOC 1""TOC 2"分别对应"标题 1"和"标题 2"。单击"修改"按钮,弹出"修改样式"对话框,可以修改各级标题在目录中的字体和段落格式,如图 4-50 所示。

注意:生成目录的前提是为文档中的标题应用了"标题 1""标题 2"等样式,并且只能使用内置的标题样式,不能使用新建的标题样式,否则在生成目录时无法区分哪些是标题文本。

图 4-49 "目录"对话框

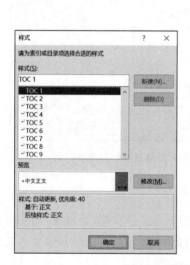

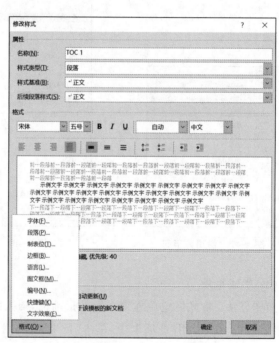

图 4-50 修改各级标题在目录中的字体和段落

7. 设置页眉和页码格式

页眉页脚区域是指文档每个页面的顶部、底部和两侧页边距之间的区域,在页眉页脚区域可以插入页码、日期、章节名或标志性 logo 等文字或图形。整个文档可以使用相同格式的页眉页脚,也可以在不同的节中使用不同的页眉页脚。页眉页脚有多种不同的设置方法,最主要的是通过"插入"选项卡的"页眉页脚"组进行设置。

（1）插入分节符

因为目录、各章正文使用不同的页眉页脚内容和格式,所以需要利用分节符将文档分成多个节。在前面的操作过程中,已经在封面页和目录页的结尾处插入了两个分节符,如图 4-51 所示,插入分节符的位置会出现"分节符（下一页）"的标识。

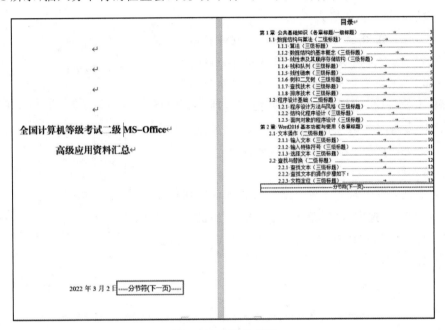

图 4-51 使用分节符

将光标定位在第 1 章的结束位置,插入"分节符（下一页）",将各章内容划分为不同的节。

（2）设置页眉

操作方法：在目录页的页眉处双击或者右击,出现"编辑页眉",进入页眉页脚视图。不同节默认使用相同的页眉页脚,在页眉页脚处会出现"与上一节相同"的字样,如图 4-52 所示,在"页眉页脚"选项卡的"导航"组中,取消勾选"链接到前一节"复选框,则"与上一节相同"的字样消失,在页眉处输入"目录"字样,设置字体和段落格式,如图 4-53 所示。

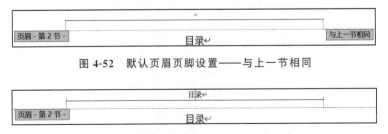

图 4-52 默认页眉页脚设置——与上一节相同

图 4-53 取消链接到前一节并输入内容

此时会发现目录页之后的所有页眉的内容都是"目录",将光标定位到第 1 章的页眉处,取消勾选"链接到前一节"复选框,然后输入"公共基础知识"。利用同样的操作将第 2 章的页眉设置为"Word 2016 基本功能与使用"。

(3)设置页码

按照表 4-4 中的要求设置不同节的页码。

① 设置目录页页码格式

操作方法:在目录页的页脚处双击或者右击,出现"编辑页脚",进入页眉页脚视图,取消勾选"链接到前一节"复选框。在"页眉页脚"选项卡中,单击"页眉页脚"组的"页码"下拉按钮,选择"设置页码格式"选项,弹出"页码格式"对话框,在"编号格式"下拉列表中选择罗马数字,设置"起始页码"值为 I,如图 4-54 所示。

图 4-54   目录页页码格式设置

② 插入目录页页码

操作方法:将光标定位在目录页页脚区域的居中位置,在"页眉页脚"选项卡中,单击"页眉页脚"组的"页码"下拉按钮,选择"当前位置"选项,插入页码,设置页码的位置和字体,如图 4-55 所示。

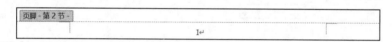

图 4-55   目录页插入页码

将光标定位在第 1 章的页脚处,取消勾选"链接到前一节"复选框,采用与插入目录页页码相同的操作步骤,设置"编号格式"为阿拉伯数字,设置"起始页码"值为 1,如图 4-56 所示,设置完成后,页码会自动更新,如图 4-57 所示。

图 4-56   第 1 章页码格式设置

图 4-57　更新后的第 1 章起始页码

4.2　数据处理软件 Excel 2016

Excel 2016 是微软 Office 组件中用于存储数据、处理数据、分析和展示数据的软件。Excel 中的数据要求规范、准确、结构清晰，以便利用函数、数据透视表等进行统计分析，利用图表和数据透视图进行输出呈现。规范的数据表是数据统计分析的基础，在实际工作中，尽管很多数据可以直接从管理软件中导出，但是仍然有一些数据表需要亲手设计。

4.2.1　Excel 2016 工作界面

首先认识一下 Excel 2016 的工作界面，主要包括快速访问工具栏、标题栏、功能区、编辑栏、工作区和状态栏，如图 4-58 所示。

图 4-58　Excel 2016 工作界面

快速访问工具栏是一个可自定义的工具栏，为方便用户高效地执行常用命令，它将功能区上选项卡中的一个或多个命令显示在此区域，以减少在功能区查找命令的时间，提高工作效率。

功能区位于标题栏的下方，默认由 9 个选项卡组成，一个选项卡分为多个组，每个组中有多个命令。

编辑栏用于显示活动单元格的内容，单击编辑栏即可进行输入。

工作区是 Excel 工作表的工作窗口区域，所有的数据等信息都在工作区进行输入和编辑。

状态栏位于窗口底部,用于显示当前工作区的状态和工作表的显示模式。

4.2.2　Excel 数据类型

Excel 处理的数据分为 3 类:数字类型、文本类型、日期时间类型,这 3 类数据的处理都有自己的规则。输入比较常规的数字、文本、日期类型的数据时,系统会自动识别输入数据的类型。但是对于一些特殊的数据以及指定格式的日期、时间等,在输入之前需要设置单元格的格式,以限定数据的格式类型。

1. 数字类型

在 Excel 中,数字是使用频率最高的数据类型。数字型的数据由数字(0~9)或者一些特殊字符(+、−、、、$、%、E)组合而成。对于正数,Excel 将忽略数字前面的正号"+";对于负数,输入时应加上负号"−"或者将其置于括号"()"中。在输入数字的过程中,除了正数和负数外,还会用到其他数字格式。Excel 中的数字类型数值精度为 15 位,超过的数字会自动转换为 0,例如输入 987645678123456789,实际显示为 987645678123456000。

2. 文本类型

文本型数据是指不能参与数学计算的数据,如英文、汉字、字母等,输入时系统会自动将其识别为文本类型。有一种特殊的文本,如身份证号、邮政编码等,这类文本是数字型文本,输入时系统会自动将其识别为数字类型。正确的输入方法通常有两种:一是先把单元格设置为文本,然后正常输入数字;二是先输入英文单引号"'",然后输入数字。

3. 日期时间类型

在 Excel 中,日期型数据虽然也是数字,但是 Excel 把它们当作特殊的数值,并规定了严格的输入格式。日期的显示形式取决于该单元格设置的显示格式。如果在 Excel 中输入日期时用斜线"/"或者短线"−"分隔日期中的年、月、日部分,那么 Excel 可以自动识别输入的数据是日期,单元格的格式就会由常规的数据格式变为相应的日期格式。否则,Excel 会把它作为文本型数据进行处理。Excel 把日期处理为正整数时,0 代表 1900-1-0,1 代表 1900-1-1,2 代表 1900-1-2,以此类推,日期 2021-09-01 就是数字 44440。

Excel 处理日期和时间的基本单位是天,1 代表 1 天,1 天有 24 小时,也就是说,1 小时就是 1/24 天,1 小时就是小数 0.04166666666666667(分数 1/24)。例如,8:30 就是 8.5/24,8:50 就是(8+50/60)/24,因此时间就是小数。在 Excel 中,输入时间的格式一般为"时:分:秒",例如要输入时间"14 点 20 分 30 秒",可以输入 14:20:30 或 2:20:30PM。

4.2.3　学生信息表设计

在实际工作中,为了避免输入不规范的数据,在输入时应设置相应条件,确保数据表符合规则要求。

任务描述：根据学校对学生信息进行管理和分析的需要，新建 Excel 文档，将文件命名为"学生信息表.xlsx"，用来存储学生信息，包括学号、姓名、性别、籍贯、身份证号、出生日期、年龄。对于学生信息表字段做如下要求：

- 学号按照 XH001 的格式进行快速序列填充；
- 姓名中不允许含有空格；
- 所在学院、系通过下拉菜单选择输入；
- 身份证号必须是 18 位文本且不允许重复；
- 出生日期、年龄和性别从身份证号中自动提取。

1. 学号的序列填充

在 A2 单元格中输入学号 XH001，选中该单元格，拖曳右下角的填充柄即可快速生成连续的学号，拖到哪里就填充到哪里，如图 4-59 所示。

图 4-59　序列填充

2. 姓名规范录入

根据任务要求，学生姓名中不允许含有空格，这就需要进行数据有效性验证设置。选中 B 列要填充姓名的单元格，在"数据"选项卡中，单击"数据工具"组中的"数据验证"按钮，如图 4-60 所示，打开"数据验证"对话框，验证条件的自定义公式为 SUBSTITUTE(B2," ","")＝B2，如图 4-61 所示。

这个公式的原理是使用 SUBSTITUTE 函数把输入姓名中的空格去掉，然后和输入的姓名进行比较，如果两者相等，就意味着输入的姓名中不含空格，否则代表有空格，不允许输入。

SUBSTITUTE 函数的作用是把一个字符串中的指定字符替换成新的字符。

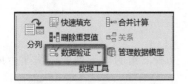

图 4-60　数据验证选项　　　　　图 4-61　设置数据验证条件

例如：

```
SUBSTITUTE(Text,Old_text,New_text,[Instance_num])
```

- Text：需要替换其中字符的文本，或对含有需要替换其中字符的文本的单元格的引用。
- Old_text：需要替换的旧文本。
- New_text：替换 Old_text 的文本。
- Instance_num：可选参数，指定要将第几个 Old_Text 替换为 New_Text。如果指定了 Instance_Num，则只有满足要求的 Old_Text 会被替换；否则，文本中出现的所有 Old_Text 都会更改为 New_Text。

3. 学院下拉菜单输入

学生所在学院、系通过下拉菜单选择输入。学院、学历、部门、省份等字段对应的数据，其数据量和数据范围具备相对有限、固定的特点，此时利用数据验证不仅可以实现快速输入，也可以避免输入错误或者不规范。当单击需要输入的单元格时，在单元格的右侧会出现一个下拉按钮，通过选择其中的一项即可完成输入，效果如图 4-62 所示。

制作下拉菜单的操作方法：选中 D 列要填充学院的单元格，然后打开"数据验证"对话框，在"验证条件"下的"允许"下

图 4-62　下拉列表输入数据

拉列表中选择"序列"；在"来源"文本框中输入学院名称序列，如"建筑学院，土木水利学院，环境学院，机械工程学院，信息科学技术学院，经济管理学院，人文学院"，序列中的项与项之间用英文逗号隔开，如图 4-63 所示，单击"确定"按钮，即可完成下拉菜单的设置。

图 4-63 输入数据序列

在实际应用中,要输入的序列项目很多,或者项目已经在某个位置存放,这时就需要单击"来源"文本框右面的向上箭头以选取数据来源,如图 4-64 所示;这里需要注意的是,为了方便数据维护,建议将学院、系、部门、省份等类似的数据专门保存在一张表中,本例将学院和系存放在院系表中,如图 4-65 所示;单击"确定"按钮即可。这样便在学生所在学院列,即 D 列完成了输入规则的设置。

图 4-64 选择数据序列

4. 身份证号规范输入

学生身份证号必须是 18 位文本且不允许重复,显然这是一个多条件的数据有效性问题,需要自定义规则。

操作方法:选中 F 列要填充身份证号的单元格,打开"数据验证"对话框,选择"设置"

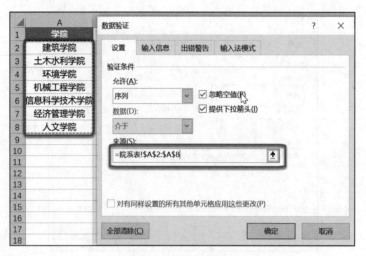

图 4-65　数据序列来源

选项卡,在"允许"下拉列表中选择"自定义",在公式框中输入公式,自定义公式为=AND(LEN(F2)=18,COUNTIF($F$2:F2,F2)=1),如图 4-66 所示。

图 4-66　自定义数据验证

该公式包含两个条件,使用 3 个函数。

条件 1:身份证号只能是 18 位,即 LEN(F2)=18。

条件 2:身份证号不能重复,即 COUNTIF($F$2:F2,F2)=1。

函数 1:AND 函数是一个逻辑函数,作用是确定所有条件是否均为 TRUE。

AND(条件判断 1,条件判断 2,…)

- =AND(TRUE,TRUE):代表所有参数的逻辑值为真(TRUE),结果就是
  TRUE。

- ＝AND(TRUE,FALSE)：代表一个参数的逻辑值为假(FALSE)，结果就是 FALSE。

对于本例中的 AND(LEN(F2)＝18,COUNTIF($F$2:F2,F2)＝1)，AND 函数的两个逻辑参数分别是测试身份证号只能是 18 位文本和不允许重复。

函数 2：LEN 函数的作用是返回文本中的字符数量。

LEN(Text)

- Text：表示要计算其长度的文本，空格将作为字符进行计数。

函数执行成功时返回文本的长度。

本例中的 LEN(F2)＝18 用来判断 F2 单元格文本长度是否为 18。

函数 3：COUNTIF 函数是一个统计函数，作用是统计满足某个条件的单元格的数量。

COUNTIF(Range,Criteria)

- Range：代表要查找的区域。
- Criteria：代表要查找的内容。

例如：＝COUNTIF(A2:A5,"苹果")就是统计单元格 A2～A5 中包含"苹果"的单元格的数量。

本例中的 COUNTIF($F$2:F2,F2)＝1)用来判断从绝对引用 F2 单元格到相对引用 F2 单元格，F2 只能出现一次。

最后，分别对"输入信息"和"出错警告"选项卡进行设置，如图 4-67 和图 4-68 所示。

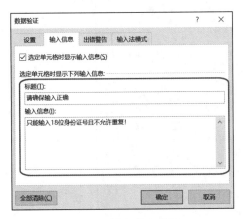

图 4-67　输入信息提示

图 4-68　错误警告提示

5. 身份证信息自动抽取

(1) 提取出生日期

选中身份证号所在列，在"数据"选项卡中，单击"数据工具"组中的"分列"按钮；打开

"文本分列向导"对话框,选中"固定列宽"选项,单击"下一步"按钮;单击"数据预览"下的标尺,划分需要分列的区域,单击"下一步"按钮,如图 4-69 所示。

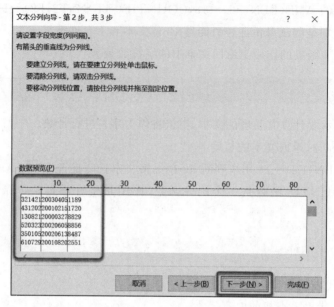

图 4-69　文本分列向导

对于"数据预览"中的第一部分和第三部分,选择"不导入此列"选项,如图 4-70 所示;将"数据预览"的第二部分设置为日期型 YMD 数据格式,并设置目标区域为＝$G$2,如图 4-71 所示,单击"完成"按钮即可。

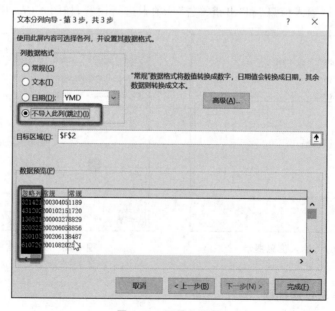

图 4-70　不导入设置

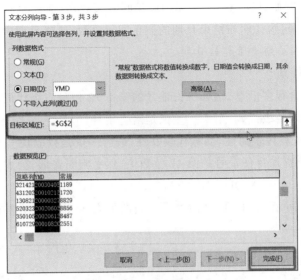

图 4-71　目标区域设置

（2）自动计算年龄

利用分列操作得到学生的出生日期后，就可以使用 DATEDIF 函数自动计算年龄。公式为＝DATEDIF(G2,TODAY(),"Y")，如图 4-72 所示；双击单元格 H2 右下角的填充柄，即可完成整列的填充。

=DATEDIF(G2,TODAY(),"Y")				
	E	F	G	H
院	系	身份证号	出生日期	年龄
技术学院	电子工程系	321421200304051189	2003/4/5	18
理学院	经济系	431202200102151720	2001/2/15	

图 4-72　自动计算年龄

TODAY 函数的作用是得到当前日期，无需参数。

DATEDIF 函数是 Excel 的隐藏函数，在帮助和插入公式里面无法找到。该函数的作用是返回两个日期之间的年、月或日的间隔数。

```
DATEDIF(Start_date,End_date,Unit)
```

- Start_date：代表起始日期（起始日期必须在 1900 年之后）。
- End_date：代表结束日期。
- Unit：所需信息的返回类型，可以是如下值。

"Y"：时间段中的整年数。

"M"：时间段中的整月数。

"D"：时间段中的天数。

"MD"：起始日期与结束日期的同月间隔天数，忽略日期中的月份和年份。

"YD"：起始日期与结束日期的同年间隔天数，忽略日期中的年份。

"YM"：起始日期与结束日期的同年间隔月数，忽略日期中的年份。

注意：结束日期必须晚于起始日期。

（3）自动计算性别

身份证号中包含很多信息，例如身份证号的第 1～2 位是省级代码，第 3～4 位是市级代码，第 5～6 位是区县级代码，第 7～14 位是出生年月日，第 15～16 位是派出所代码，第 17 位是性别代码，奇数代表男性，偶数代表女性，最后一位是校验位。本例根据身份证号自动得出性别，需要提取身份证号的第 17 位数值，然后判断奇偶，公式如下：

$$=IF(MOD(MID(F2,17,1),2)=1,"男","女")$$

结果如图 4-73 所示，双击单元格 C2 右下角的填充柄，即可完成整列的填充。

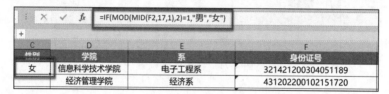

图 4-73　自动计算性别

MID 函数的作用是返回文本字符串中从指定位置开始的特定数目的字符。

函数用法：

`MID(Text,Start_Num,Num_Chars)`

- Text：要提取字符的文本字符串。
- Start_Num：文本中要提取的第一个字符的位置，文本中第一个字符的 Start_Num 序号为 1，以此类推。

需要注意的是：

如果 Start_Num 大于文本长度，则返回空；

如果 Start_Num 小于文本长度，但 Start_Num 加 Num_Chars 超过文本长度，则返回直到文本末尾的字符；

如果 Start_Num 小于 1，则返回＃VALUE! 错误值。

- Num_Chars：指定希望 MID 函数从文本中返回的字符个数。

本例中的 MID(F2,17,1)即返回身份证号的第 17 位数值。

MOD 函数的作用是返回两数相除的余数。

`MOD(Number,Divisor)`

- Number：被除数。
- Divisor：除数（不能为 0）。

本例中的 MOD(MID(F2,17,1),2)即返回身份证号中的第 17 位数值除以 2 的余数,只有 1 或 0 两种情况。

IF 函数的作用是条件判断。

```
IF(Logical_Test, Value_If_True, Value_If_False)
```

- Logical_Test:判断条件。
- Value_If_True:成立时返回的值。
- Value_If_False:不成立时返回的值。

本例中的 IF(MOD(MID(F2,17,1),2)=1,"男","女")即通过判断身份证号的第 17 位数值的奇偶返回对应的性别。

4.2.4　学生成绩表处理

有了标准规范的数据表之后,就可以利用函数公式对数据进行处理和分析。

任务描述:对图 4-74 所示的学生成绩表进行数据处理,要求如下:

学号	英语	二外	计算机	高等数学	毛概
XH003	97	66	99	89	92
XH004	99	93	89	87	98
XH006	69	97	86	74	64
XH007	61	70	51	50	55
XH009	50	70	61	54	86
XH010	67	56	91	56	70
XH012	57	84	56	65	91
XH015	81	68	73	55	73
XH017	99	69	76	87	86
XH018	80	82	74	87	51
XH019	88	89	90	90	100
XH020	95	97	98	94	87
XH021	54	71	59	89	80
XH022	79	93	96	88	98
XH023	69	68	68	65	76
XH029	64	93	98	93	89
XH030	84	82	85	57	68
XH031	65	88	51	56	98

学生信息表　学生成绩表　院系表

图 4-74　学生成绩表

- 利用自动求和填充每个学生的总分;
- 利用公式或函数求出每个学生的平均分,并整数显示(小数部分四舍五入);
- 利用 RANK 函数对总分按照降序进行排名;
- 利用 IF 函数完成对平均分的等级评定,评定标准为 85 分以上为优秀(含 85 分),70~85 分为良好(含 70 分),60~70 分为及格(含 60 分),60 分以下为不及格;
- 利用 VLOOKUP 函数完成姓名、性别、学院和系的查找匹配。

1. 快速自动求和

将光标定位到 G2 单元格,在"开始"选项卡中,单击"编辑"组中的"求和"按钮,如

图 4-75 所示,即可在公式编辑栏中快速填充＝SUM(B2:F2),单击"√(输入)"按钮即可完成求和。如图 4-76 所示,双击填充柄或向下拖曳即可完成整列的填充。

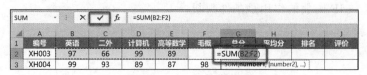

图 4-75 自动求和(1)   图 4-76 自动求和(2)

2. 函数求平均分

函数是 Excel 内置的一种计算规则,是 Excel 预定义的内置公式,可以进行数学运算、文本处理、逻辑运算和查找引用等,函数的应用使得 Excel 具有强大的数据处理能力。不同的函数参数的个数、格式都不尽相同,在学习过程中完全不用死记硬背,即使忘记了某个函数的语法,借助 Excel 中的帮助功能或通过互联网搜索函数名称,就能找到其对应的语法和范例解析。

将光标定位在要插入函数的单元格,单击编辑栏左侧的 fx 按钮打开"函数参数"对话框,选择 AVERAGE 函数进行参数设置,如图 4-77 所示,单击"确定"按钮完成平均值的填充。

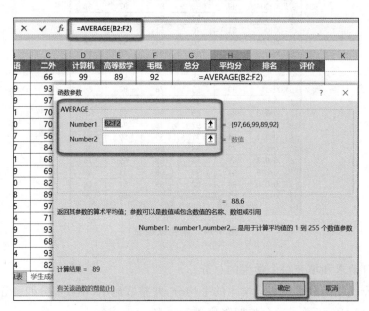

图 4-77 AVERAGE 函数参数设置

选中 H 列,右击选择"设置单元格格式"选项,打开"设置单元格格式"对话框,选择"数字"选项卡,在"分类"列表框中选择"数值",设置小数位数为 0,如图 4-78 所示。

3. 总分自动排名

将光标定位在 I2 单元格,单击 fx 按钮插入函数,打开"函数参数"对话框,选择

图 4-78　设置单元格格式

RANK 函数进行参数设置,如图 4-79 所示。

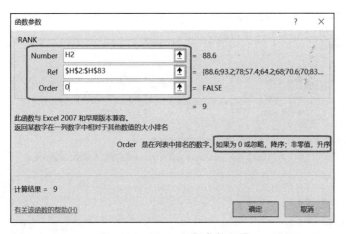

图 4-79　RANK 函数参数设置

RANK 函数的作用是得到指定字段在指定区域内的排名。

```
RANK(Number,Ref,[Order])
```

- Number:进行排名的单元格。
- Ref:进行排名的区域范围。
- Order:可选参数,默认 0 为降序,1 为升序。

对于本例中的 RANK(H2,＄H＄2：＄H＄83,0),H2 是相对引用,＄H＄2 是绝对引用。引用是 Excel 公式最大的特色,分为相对引用、绝对引用和混合引用。其中,相对引用和绝对引用的应用最为广泛,只有灵活掌握并熟练运用才能四两拨千斤,真正发挥公式的最大功效。相对引用是指将包含引用的公式复制到其他地方,引用位置也会产生相对位移。绝对引用是指不管包含引用的公式复制到哪里,引用始终锁定在原来的位置,绝对引用的单元格比相对引用的单元格多了两个"＄"符号。不同的引用方式有不同的应用场景,理解引用方式的原理和区别可以提高工作效率。

4. 成绩自动评价

IF 函数是 Excel 逻辑函数中功能强大的函数之一,可以实现自动逻辑判断,应用范围非常广泛。

```
IF(logical_test,value_if_true,value_if_false)
```

- logical_test：判断条件。
- value_if_true：成立时返回的值。
- value_if_false：不成立时返回的值。

例如判断学生成绩表 H2 单元格中的成绩是否及格,可以在编辑栏中输入＝IF(H2＞＝60,"及格","不及格"),或者单击 f 按钮打开"函数参数"对话框,选择 IF 函数进行参数设置,如图 4-80 所示。

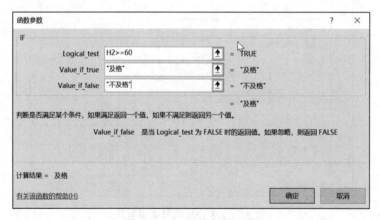

图 4-80　IF 函数参数设置

此时,评价结果只有"及格"和"不及格"两种,成绩 64 分和 94 分的评价结果均为及格,显然这样的评价太过笼统,不符合实际。通常大于或等于 85 分判定为优秀,大于或等于 70 分判定为良好,大于或等于 60 分判定为及格,否则不及格。按照此种判定标准,不难分析大于或等于 85 分为优秀,小于 85 分的又分为多种情况。这里可以通过 IF 函数的嵌套完成,首先判定是否优秀,即＝IF(J2＞＝85,"优秀",待判定 1),然后待判定 1＝IF(J2＞＝70,"良好",待判定 2),最后待判定 2＝IF(J2＞＝60,"及格","不及格"),将待判定的公式代入上式,即=IF(H2>=85,"优秀",IF(H2>=70,"良好",IF(H2>=60,"及格","不及格")))可以实现优秀、良好、及格和不及格的判定。

对于 IF 函数的嵌套,首先要理解逻辑,然后进行参数设置,将光标定位在第三个参数时,再次单击左上角的 IF 函数进行参数的录入,如图 4-81 所示,即可完成 IF 函数的嵌套,如图 4-82 所示。

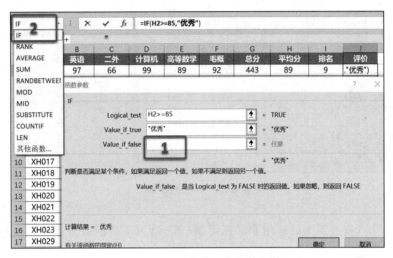

图 4-81　IF 函数第三个参数设置

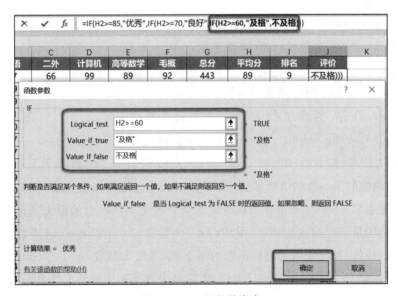

图 4-82　IF 函数的嵌套

5. 多列查找引用

为了便于进一步分析,现对学生成绩表进行完善,添加姓名、性别、学院和系 4 列,如图 4-83 所示。利用 VLOOKUP 函数把学生信息表中的姓名、性别、学院和系引用到学生成绩表中。

	学号	姓名	性别	学院	系	英语	二外	计算机	高等数学	毛概
1										
2	XH003					97	66	99	89	92
3	XH004					99	93	89	87	98
4	XH006					69	97	86	74	64
5	XH007					61	70	51	50	55
6	XH009					50	70	61	54	86
7	XH010					67	56	91	56	70
8	XH012					57	84	56	65	91
9	XH015					81	68	73	55	73
10	XH017					99	69	76	87	86
11	XH018					80	82	74	87	51
12	XH019					88	89	90	90	100
13	XH020					95	97	98	94	87
14	XH021					54	71	59	89	80
15	XH022					79	93	96	88	98
16	XH023					69	68	68	65	76
17	XH029					64	93	98	93	89
18	XH030					84	82	85	57	68
19	XH031					65	88	51	56	98

学生信息表 | 院系表 | 学生成绩表

图 4-83　学生成绩表

在 Excel 中,查找匹配的应用非常广泛,以 VLOOKUP 函数为代表的查找家族函数可以完成通过查找一个值返回另一个值。

VLOOKUP 函数是 Excel 中的纵向查找函数。

```
VLOOKUP(Lookup_value,Table_array,Col_index_num,Range_lookup)
```

- Lookup_value:要查找的值(用谁去找)。
- Table_array:匹配对象的范围(去哪里找)。
- Col_index_num:返回第几列的值(序数)。
- Range_lookup:匹配方式(0 为精确匹配,1 为模糊匹配)。

本例通过 A2 的值 XH003 在学生信息表中获得其对应的姓名。

选中学生成绩表中的 B2 单元格,单击 f_x 按钮打开"函数参数"对话框,选择 VLOOKUP 函数的第一参数 A2,即用 A2 单元格的值进行查找;第二个参数 Table_array 来自学生信息表＄Ａ＄1:＄Ｈ＄127,单击第二个参数文本框右边的箭头选择范围,注意,这里的查找范围是固定的,应为绝对引用;第三个参数 Col_index_num 需要填返回查找范围中第几列的值,此时姓名在查找范围的第 2 列;第四个参数 Range_lookup 为 0,即精确匹配,如图 4-84 所示。单击"确定"按钮,然后双击填充柄完成学生姓名列的填充,效果如图 4-85 所示。

同理,性别、学院和系也可以通过相同的方法填充,只需要在 C2 单元格输入"＝ VLOOKUP(A2,学生信息表!＄Ａ＄1:＄Ｈ＄127,3,0)",D2 单元格输入"＝VLOOKUP (A2,学生信息表!＄Ａ＄1:＄Ｈ＄127,4,0)",E2 单元格输入"＝VLOOKUP(A2,学生信息表!＄Ａ＄1:＄Ｈ＄127,5,0)"即可完成相应数据的查找。

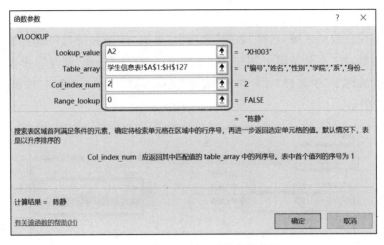

图 4-84 VLOOKUP 函数参数设置

	A	B	C	D
1	学号	姓名	性别	学院
2	XH003	陈静		
3	XH004	王克南		
4	XH006	卢植茵		
5	XH007	林寻		
6	XH009	吴心		
7	XH010	李伯仁		
8	XH012	马甫仁		
9	XH015	王晓宁		
10	XH017	宋成城		
11	XH018	李文如		
12	XH019	伍宁		
13	XH020	古琴		
14	XH021	高展翔		
15	XH022	石惊		
16	XH023	张越		
17	XH029	申旺林		
18	XH030	雷鸣		
19	XH031	刘杰		

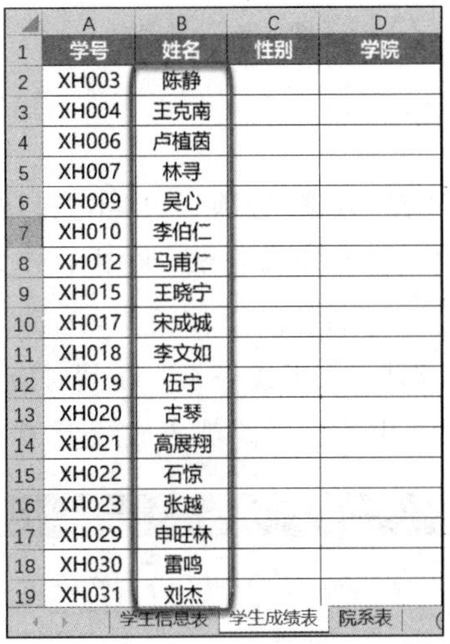

图 4-85 填充效果

4.2.5 结果分析和展示

数据处理完成后，可以通过排序、筛选、数据透视表、图表对数据进行各类统计分析结果的展示。

任务描述：对学生成绩表从不同维度进行统计分析，对统计结果进行图表呈现，具体要求如下：

- 以平均分作为主要关键字、计算机成绩作为次要关键字进行降序排序；
- 筛选出人文学院英语成绩大于 85 分(含)的学生；
- 利用数据透视表完成不同维度的分析；
- 利用图表展示每个学院不同系的成绩评价情况。

1. 成绩排序

将光标定位在数据区域,选择"数据"选项卡,单击"排序和筛选"组的"排序"按钮;打开"排序"对话框,在"主要关键字"中选择"平均分","次序"选择"降序";单击"添加条件"按钮,在"次要关键字"中选择"计算机","次序"选择"降序",单击"确定"按钮,即可完成排序,如图 4-86 所示。

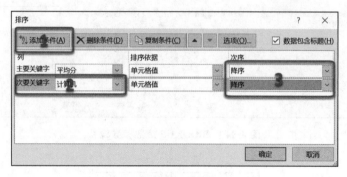

图 4-86   排序

2. 分类筛选

将光标定位在数据区域,选择"数据"选项卡,单击"排序和筛选"组的"筛选"按钮,数据表中的每个字段右侧均会出现一个下拉箭头,如图 4-87 所示;单击"学院"右侧的下拉箭头,选择"人文学院";单击"英语"右侧的下拉箭头,选择"数字筛选-大于或等于",打开"自定义自动筛选方式"对话框,选择"大于或等于",在其对应的文本框中输入 85,如图 4-88 所示;单击"确定"按钮,即可筛选出人文学院英语成绩大于 85 分(含)的学生。

图 4-87   表头筛选

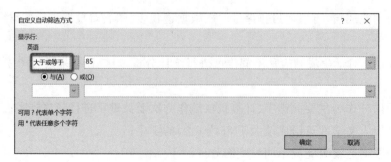

图 4-88   自定义自动筛选方式

3. 数据透视表

（1）统计每个学院各门课程的平均分

将光标定位在进行数据透视的数据区域，选择"插入"选项卡，单击"表格"组中的"数据透视表"按钮；打开"选择表格或区域"对话框，确定"表/区域"范围及透视表存放位置，这里以放置在"新工作表"为例，如图 4-89 所示。此时，打开一张新的工作表，在"数据透视表字段"面板中拖曳字段"学院"到"行"标签，如图 4-90 所示；拖曳"英语"字段到"Σ 值"标签，如图 4-91 所示；右击"Σ 值"标签中的"求和项：英语"，选择"值字段设置"选项，打开"值字段设置"对话框，在"自定义名称"中输入"英语平均分"，"计算类型"选择"平均值"，如图 4-92 所示；同理完成其他科目的设置，效果如图 4-93 所示。

图 4-89　选择表格或区域

图 4-90　设置数据透视表行标签

（2）统计每个学院成绩优秀、良好、及格、不及格的人数

将光标定位在数据区域，选择"插入"选项卡，单击"表格"组中的"数据透视表"选项，打开"数字透视表字段"面板，选择现有的工作表；将"评价"字段拖曳至"列"标签，将"学院"拖曳至"行"标签，以"姓名"字段进行计数，如图 4-94 所示。

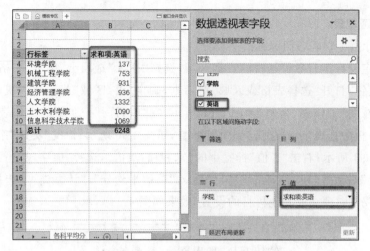

图 4-91　数据透视表字段

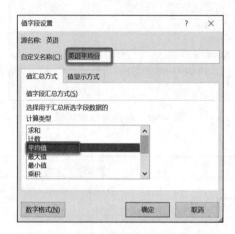

图 4-92　自定义字段名称和计算方式

学院	英语平均分	二外平均分	计算机平均分	高等数学平均分	毛概平均分
环境学院	68.5	78.5	74.5	79.5	70.0
机械工程学院	75.3	74.9	74.0	71.7	69.5
建筑学院	77.6	72.8	72.7	76.9	82.1
经济管理学院	72.0	76.8	76.1	71.6	75.4
人文学院	83.3	77.2	81.5	76.3	77.8
土木水利学院	72.7	81.8	82.4	74.8	76.2
信息科学技术学院	76.4	74.9	68.6	76.3	77.6
总计	76.2	76.7	76.2	74.9	76.5

图 4-93　透视表效果

（3）统计每个学院不同系的成绩评定情况

按照上例进行设置，完成图 4-95 所示的效果；将光标定位在透视表的数据区域，选择"数据透视表分析"选项卡，单击"筛选"组中的"插入切片器"按钮，打开"插入切片器"对话框，该对话框包含该数据表的所有字段，勾选"学院"复选框，如图 4-96 所示，完成名为"学院"的"切片器"设置，如图 4-97 所示；单击"切片器"中的任何一个学院，透视表区域就可以显示该学院所有系的情况，如图 4-98 所示。

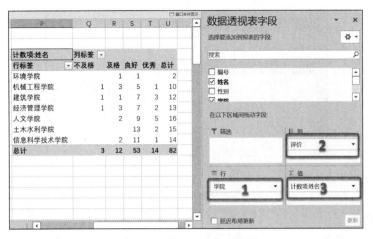

图 4-94　透视表字段设置

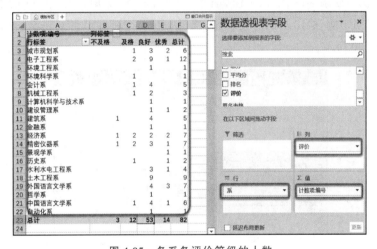

图 4-95　各系各评价等级的人数

图 4-96　插入切片器

图 4-97　学院切片器

图 4-98　切片器效果

4. 图表展示

在上例的基础上,选中数据源(图标号 1)的位置,在"插入"选项卡中,单击"图表"组中的"插入柱状图或条形图"下拉按钮,选择"二维柱状图"选项,如图 4-99 所示;根据学院切片器选择不同学院,绘出不同的柱状图,选择"建筑学院"即可得到建筑学院各系的数据展示,如图 4-100 所示。

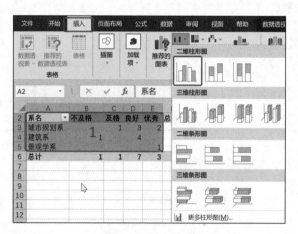

图 4-99　插入图表

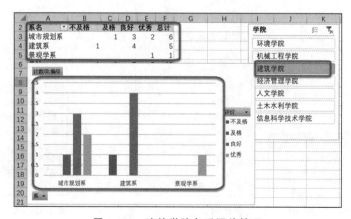

图 4-100　建筑学院各系评价情况

　　上面已经完成了数据的可视化,显示效果还可以进一步美化。选中"学院"切片器,菜单栏会出现"切片器"选项卡,在"按钮"组中修改"列"的值,如图 4-101 所示;根据学院数量修改列数为 7,切片器效果如图 4-102 所示;然后通过"切片器"和"切片器样式"选项卡进行美化。

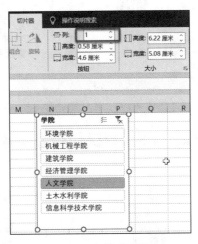

图 4-101　"切片器"选项卡

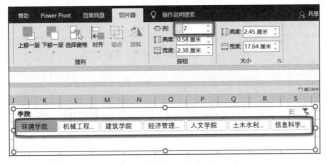

图 4-102　切片器的列数设置

　　将学院"切片器"和"二维柱状图"进行组合,如图 4-103 所示;最后对柱状图进行美化,包括删除网格线、删除字段按钮等,如图 4-104 所示;完成效果如图 4-105 所示。

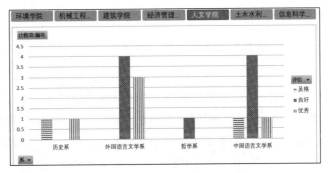

图 4-103　切片器和柱状图组合

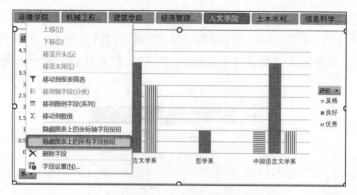

图 4-104　柱状图设置

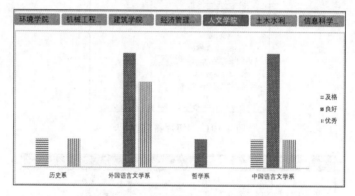

图 4-105　人文学院各系评价情况

4.3　演示文稿软件 PowerPoint 2016

　　PowerPoint 2016 是微软 Office 组件中用于演示文稿的软件,简称 PPT,它是举办演讲、教学、会议等活动时最基本、最常用的演示工具,PPT 展示的不仅仅是内容,更展示了作者的信息素养和精神面貌。精美的 PPT 能够让人耳目一新,效果事半功倍。

　　本节从 PPT 设计的角度出发,以 PPT 的设计思路贯穿始终,介绍 PPT 2016 的基本操作。

4.3.1　PowerPoint 设计三步骤

　　设计一份精美的 PPT 需要经过 3 个步骤:梳理思路、提炼填充、精化设计。

1. 梳理思路

　　在设计制作 PPT 之前,首先需要明确使用场景,根据使用场景的不同,PPT 最终的呈现效果也有所区别,大致分为演讲型 PPT 和阅读型 PPT。演讲型 PPT 主要用来配合演讲者更好地呈现演讲内容,其特点是文字少、图片多且动画效果炫酷,有强烈的视觉冲击力,如产品发布、城市宣传等;阅读型 PPT 主要用来满足 PPT 阅读者的浏览需求,其特点是文字多、图片少,页面内容详尽,能够满足逻辑上的自治性,如教学课件、工作汇报等。

其次要明确表达的逻辑关系,考虑采用何种方式能够更好地表达思想,主要分为以下三个层次。

（1）内容逻辑

根据表达内容的不同,内容逻辑可以分为金字塔结构、黄金圈结构和时间轴结构等。

- 金字塔结构即总分结构,其特点是重点突出、条理清晰,将中心思想分为几个论点,每个论点具体论证,层层嵌套的结构构成了演示逻辑。
- 黄金圈结构中的 Why 是最内圈,主要说明目的、使命、理念;How 是中间圈,主要说明具体的操作方法和途径;What 是最外圈,主要说明这件事情是什么,具有什么特点,或者已得到的结果。
- 时间轴结构是以时间轴为主的结构,按照时间排序依次表达内容。

（2）篇章逻辑

篇章逻辑是指 PPT 的整体结构,一份完整的 PPT 通常分为封面、目录页、过渡页、内容页和封底等部分。

（3）页面逻辑

页面逻辑是指每页幻灯片内容的排版逻辑,通常分为并列结构、因果结构、总分结构和转折结构等。

2. 提炼填充

当各部分的逻辑理清之后,接下来就像填空一样,按照拟定的逻辑框架提炼文稿中的关键内容,并填充到每一页幻灯片中,形成 PPT 初稿。

3. 精化设计

有了 PPT 初稿后,要对每一页幻灯片进行精细化设计,例如确定演示风格、调整色彩搭配、优选文字字体、优化页面布局、补充图表化表达、呈现动画效果等。

按照 PPT 设计的 3 个步骤,下面以 2022 年北京冬奥会宣传演示文稿为例,介绍 PPT 的设计制作全过程。

4.3.2　PowerPoint 2016 工作界面

PowerPoint 2016 的工作界面主要包括标题栏、功能区、导航区、操作区、备注栏和状态栏等部分,如图 4-106 所示。

标题栏位于界面顶端,从左至右依次为快速访问工具栏、文档名称、功能区选项按钮以及窗口控制按钮。

功能区由 9 个选项卡组成,每个选项卡又包含若干选项组,同类别的功能模块集成在同一选项组中。

导航区位于功能区的下方、操作区左侧,用于以浏览图的形式显示 PPT 中的所有幻灯片。

操作区位于界面中心,是演示文稿的核心部分,用于显示和编辑当前幻灯片。

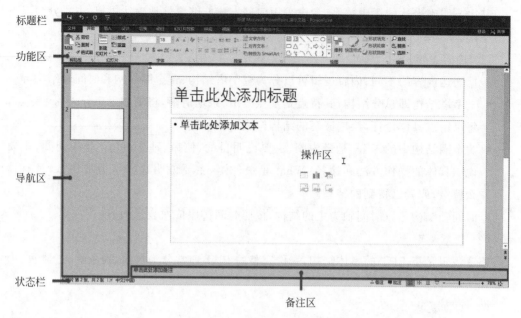

图 4-106　PowerPoint 2016 工作界面

备注栏位于操作区的下方,用于为当前幻灯片添加注释说明等。

状态栏位于界面底端,用于显示页面信息、切换视图模式和调整显示比例等。

4.3.3　梳理 PowerPoint 设计思路

将需要在 PPT 中展示的内容通过思维导图的方式归纳总结,如图 4-107 所示。

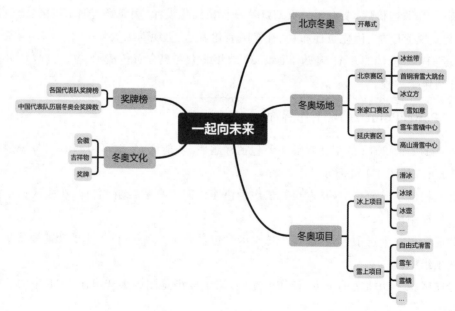

图 4-107　思维导图归纳内容

4.3.4 提炼内容初步填充

首先选择一个与主题较为匹配的 PPT 模板,大多数模板已经包含完整 PPT 拥有的篇章逻辑以及各类型的页面排版,从中挑选合适的幻灯片版式,然后将每个章节的内容文本初步填充。

一套完整的 PPT 模板涵盖多种类型的版式,包含幻灯片显示的所有内容的格式、位置和占位符框。占位符是幻灯片版式上的虚线容器,可以将页面中的标题、正文文本、表格、图表、SmartArt 图形、图片、剪贴画、视频和声音等内容分别合理排版,因此,在填充初稿的过程中,可以对演示文稿中的每页幻灯片都应用一个基本的版式,如图 4-108 所示。

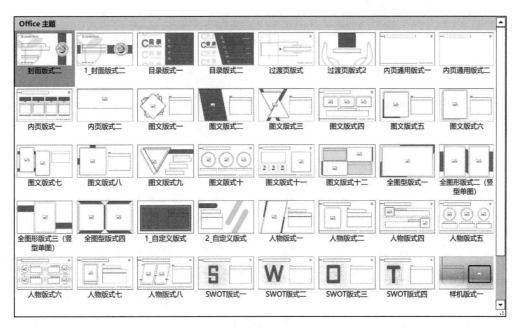

图 4-108 模板中的版式

模板的主题颜色以及字体是可以修改的,操作方法:在"设计"选项卡中,单击"变体"组右侧的向下箭头,在下拉列表中选择"颜色"选项,即可在左侧的主题配色中选择合适的颜色,如图 4-109 所示。

如何找到优质的 PPT 模板呢? 这里提供一些模板网站,仅供参考,例如 OfficePLUS、优品 PPT、PPTfans、比格 PPT 等。

PPT 设计要求以北京冬奥会为主题,因此选择一款冷色调的基础模板进行初稿填充,如图 4-110 所示。

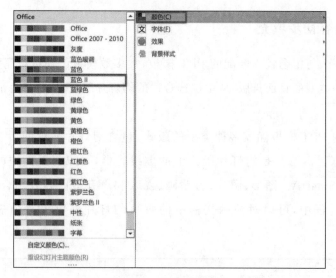

图 4-109　修改主题颜色

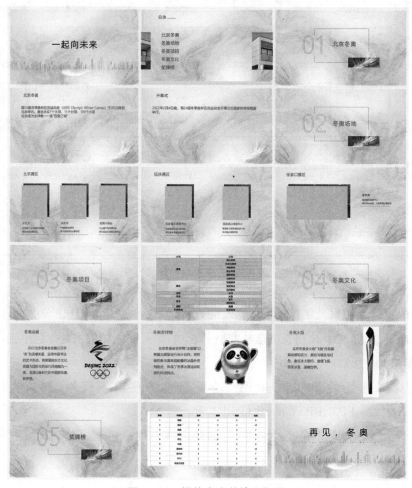

图 4-110　提炼内容并填充初稿

4.3.5　PowerPoint 页面精化设计

1. 明确配色

色彩是 PPT 设计中非常重要的部分,可以说色彩是无声的语言,不同的色彩可以呼应不同的主题,同时传递不同的情感。例如,红色象征喜庆、热血,多用于节日、党政等主题;蓝色象征理智、沉稳、创新,多用于商务、科技、运动等主题;绿色象征生命、自然,多用于能源、环保等主题,等等。

色彩搭配主要关注主色和辅助色,首先要让 PPT 呈现出主色,然后搭配 1～2 种辅助色,以让整个画面看上去更具美感。一般来说,主色不要选择黑、白、灰。本例以北京冬奥会为主题,因此主色选用蓝色(RGB:78,135,186),辅助色选用白色。

如何快速确定主题配色呢? 可以通过一些设计网站,如花瓣网、站酷网、Behance 等网站,搜索关键词即可查找相关作品,参考其配色并通过吸管工具确定颜色;也可以借助专业的配色网站,如 Peise、FlatUIcolor、ColorHunt 等。

2. 优选字体

每个 PPT 都有特定的主题和设计风格,而每种字体也都有自己的"性格",根据 PPT 的风格选择与之搭配的字体,呈现效果会更佳。

字体使用的 3 个原则如下:

● 同一个 PPT 中的字体不超过 3 种;

● 选择与主题气质相符的字体;

● 选择易识别和阅读的字体。

当然,字体的选择没有标准答案,只是相对来说使用某个字体会更加合适,因此不妨多尝试几种字体,对比之后选择效果较好的一种即可。

如何下载各类字体文件呢? 如果已知某种字体的名称,则可以通过站长素材、模板王字库、字体之家、字客网、字魂网等网站下载;如果在其他地方看到某种字体,但不知道字体的名称,则可以通过截图字形并上传到求字体网进行识别,网站检测该字体后将提供字体的下载链接。

本例的主题是北京冬奥会,关注点为中国、运动,标题字体选用更能展现力量与活力的书法字体"字魂 24 号－镇魂手书",正文部分选用"微软雅黑"。

3. 逐页设计

(1) 封面设计

封面页是整个 PPT 中最重要的一页,是 PPT 给人的第一印象。选用的模板主题并不是冰雪运动,封面中的底图是城市中的高楼,需要选择一张体现冰雪运动的图片将其替换,那么应如何选择一张合适的图片呢? 下面讲解图片的选取标准。

第一个标准是分辨率,分辨率高的图片给人的视觉感觉更舒服,在后期处理时也有更多选择性,例如放大图片的某个细节。

第二个标准是无水印,网络上的很多图片都被打上了水印或 logo,应尽量避免使用这些图片,如果一定要使用,则可以通过一些技术手段将水印去除。

第三个标准是切题,这一点最为重要,所谓一图胜千文,紧扣主题的图片是能够传达出很多思想和情感的。

哪里搜索图片呢?首先想到的就是百度,但是百度的图片成千上万,从中筛选出符合以上 3 个标准的图片还是比较困难的,可以通过百度提供的一些高级搜索功能精准定位搜索的结果。

除了百度图片,还有非常多的免费的图片网站可供下载高质量图片,例如昵图网、千图网、花瓣网、千库网、Pexels、Piqsels 等。

套用模板的封面页,幻灯片的风格较为单调,标题字体为微软雅黑,整个页面没有视觉冲击力,也没有体现奥运元素,可以从以下 3 个方面入手美化封面页,如图 4-111 所示。

图 4-111　封面页设计

首先,更换页面背景。操作方法:选中背景图片并删除,在"插入"选项卡中,单击"图像"组中的"图片"按钮,选择"此设备"选项,选择通过网络下载的高清图片,单击"插入"按钮即可;插入图片后,需要将其调整到合适的图层,选中图片,右击后弹出快捷菜单,选择"置于底层"→"下移一层"选项调整当前图片与其他图层之间的上下关系。

其次,更换标题字体。操作方法:在"插入"选项卡中,单击"文本"组中的"文本框"按钮,选择"绘制横排文本框"选项,分别输入"一""起""向""未""来"五个字,并单独调整字体的大小和位置,使其错落摆放,以更加凸显运动的活力与洒脱;"一起向"文字下方略显空旷,可添加英文标题,使其整体排版看起来更为平衡,如图 4-112 所示。

图 4-112　标题设计

第三，添加奥运元素。操作方法：在整个封面页的左下方空白处添加奥运元素，下载北京冬奥会会徽并插入页面，选中会徽图片，在"图片工具"→"格式"选项卡中，单击"调整"组中的"背景删除"按钮，通过"标记要删除的区域"功能删除背景，仅保留会徽部分，如图 4-113 所示，再单击"大小"组中的"裁剪"按钮，通过裁剪保留会徽的下半部分即可。

图 4-113　删除背景（抠图）

（2）目录页设计

目录页的设计主要是标题和章节名称的排版。由于目录中各个章节的地位是平等的，且整个 PPT 仅有 5 个章节，章节数并不多，因此可以采用并列式的排版；另外，添加一些和冬奥会相关的小图标作为装饰，可使这个页面看起来更生动，如图 4-114 所示。

图 4-114　目录页设计

操作方法：首先，通过插入图片和插入文本框的方法将图标和章节名称添加到目录页；然后，将第一个图标和最后一个图标分别放在合适的位置，再全选所有图标，在"图片工具"→"格式"选项卡中，单击"排列"组中的"对齐"按钮，在下拉列表中选择"横向分布"选项后再选择"垂直居中"选项，即可完成图标的整齐化排列，如图 4-115 所示。

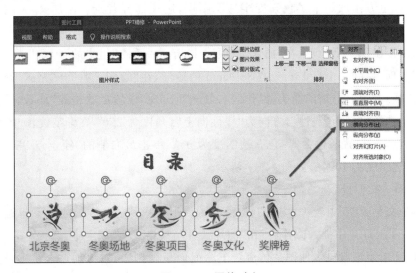

图 4-115　图片对齐

（3）过渡页设计

过渡页主要为章节标题。操作方法：插入文本框添加标题，标题文字字体为"字魂24号-镇魂手书"，在"绘图工具"→"格式"选项卡中，单击"形状样式"组中的"形状效果"下拉按钮，在下拉列表中选择"映像-半映像：接触"选项，标题字呈现冰上倒影效果；另外，在页面中加入目录页的章节对应的图标，与目录页相互呼应，使整体风格保持一致，如图 4-116 所示。

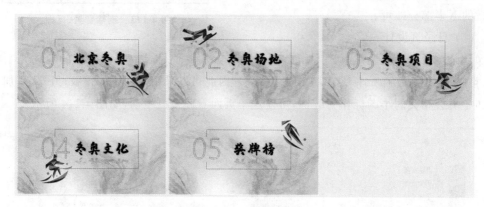

图 4-116　过渡页设计

（4）内容页设计

内容页的元素种类较多，包括文字、图形、图像、表格、图片、音频、视频等。这里仅介绍一些有代表性的排版方式。

① 全图型排版。

图片通常比文字更具有冲击力，更能给观众带来沉浸感。因此，冬奥会开幕式这页幻灯片采用全图型排版的方式，以使观众置身其中感受现场的壮观。幻灯片以一张图片为背景，需要在上方添加一个黑色渐变半透明图层，遮住部分背景以添加文字。操作方法如下：

在图片上添加一个矩形，在"插入"选项卡中，单击"插图"组中的"形状"下拉按钮，选择"矩形"选项，绘制一个高 13cm、宽 33.96cm 的矩形，在"绘图工具"→"格式"选项卡中，单击"形状样式"组右下角的箭头，操作区右侧随即出现"设置形状格式"面板，选择"渐变填充"选项，选择类型为"线性"，方向为"线性向上"，角度为 270°，在渐变光圈中单击最左侧的"停止点 1"，设置颜色为"黑色"，透明度为 0%，单击最右侧的"停止点 2"，设置颜色为"黑色"，透明度为 100%，如图 4-117 所示。

② 一图一文型排版。

一图一文是 PPT 中较为常见的排版类型。通常采用左右排版或上下排版的方式。操作方法：在幻灯片中插入图片后，在"图片工具"→"格式"选项卡中，选择"图片样式"组中的"影像圆角矩形"选项，使图片仿佛置于冰面而呈现倒影，以更加贴合主题，还可以通过"图片效果"下拉列表中的其他选项对图片样式进行个性化调整，如图 4-118 所示。

图 4-117　全图型排版

图 4-118　一图一文型排版

　　③ 多图型排版。

　　当幻灯片中有多张图片及文字描述时,可以利用表格进行图文排版。操作方法如下:

　　在"插入"选项卡中,单击"表格"组中的"表格"按钮,插入 3 行 2 列的表格;选中表格,在"表格工具"→"设计"选项卡中,分别调整"绘制边框"中的"笔画粗细"和"笔颜色"为 3.0磅和白色;选择第 1 行第 2 列单元格,单击"底纹"右侧的下拉箭头,在弹出的下拉列表中选择"图片"选项,即可完成在表格内插入图片。利用同样的操作分别在第 2 行第 1 列和第 3 行第 2 列插入其他图片,在空白的单元格补充对应的文本,即可完成多图排版的幻灯片,如图 4-119 所示。

　　④ SmartArt 图形排版。

　　PPT 中经常使用 SmartArt 图形制作流程图、逻辑关系图等。冬奥比赛项目包括雪上项目和冰上项目共计 15 项,通过传统表格罗列比赛项目的方式显得较为枯燥,可以通过 SmartArt 图形使整个页面显得更为灵动。每个比赛项目的图片还可以设置超链接,用来进入比赛项目的详细介绍页面,如图 4-120 所示。操作方法如下:

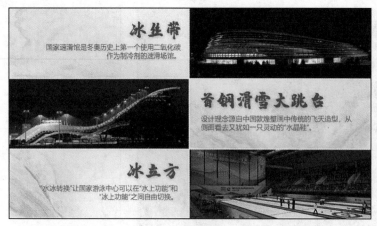

图 4-119　多图型排版

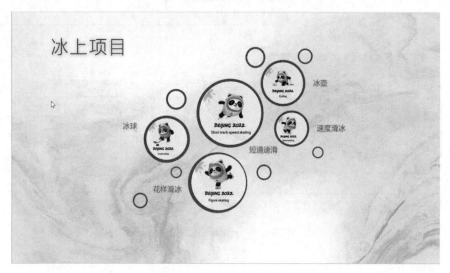

图 4-120　SmartArt 图形排版

在"插入"选项卡中,单击"插图"组中的 SmartArt 按钮;在"选择 SmartArt 图形"对话框中选择"图片"项中的"气泡图片列表",添加每个项目的图标和项目名称,如图 4-121和图 4-122 所示。

新建短道速滑比赛项目详细介绍页幻灯片。在 SmartArt 图形中右击"短道速滑"的图标,在快捷菜单中选择"超链接"选项;在弹出的"插入超链接"对话框中选择"本文档的幻灯片"选项,并在右侧选择刚才新建的详细介绍页,单击"确定"按钮,如图 4-123 和图 4-124 所示。利用同样的操作设置其他项目,在演示文稿的放映模式下,在 SmartArt图形页单击比赛图标即可跳转到比赛项目的详细介绍页。

⑤ 应用表格图表。

在 PPT 中插入表格可以直观地展示数据信息。奖牌榜页幻灯片就可以使用表格展示当前各国代表队的奖牌情况。直接插入表格后,通过"表格工具"→"表设计"选项卡对

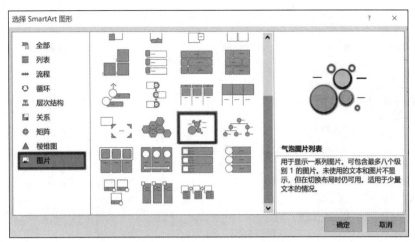

图 4-121 添加 SmartArt 图形

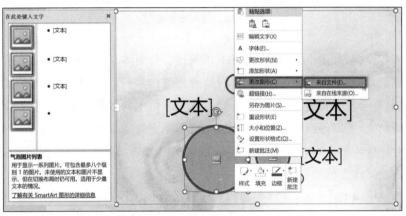

图 4-122 编辑 SmartArt 图形

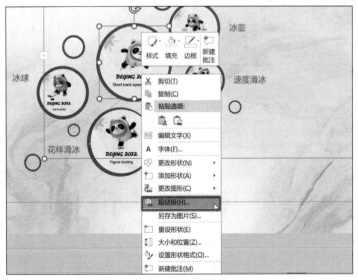

图 4-123 插入超链接(1)

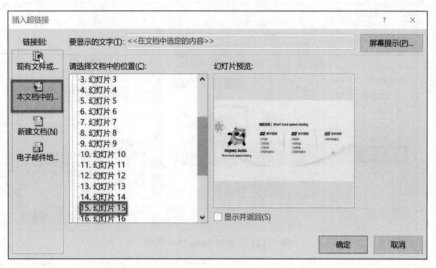

图 4-124   插入超链接(2)

表格样式进行设置,方法十分简单,这里不再赘述。针对本例,这种直接插入表格的方法存在一个弊端,那就是在整个冬奥会期间,随着比赛的进行,各国代表队的奖牌数是不断变化的,排名也会发生变化,需要不断更新幻灯片表格中的数据,PPT 中的表格没有求和以及排序的功能,所以每当奖牌榜发生变化,都需要重新手动计算奖牌总数和排名,十分麻烦。针对这种需要在幻灯片中展示表格数据实时处理结果的情况,应借助插入 Excel对象的方法。操作方法如下:

首先新建一个 Excel 表,并将奖牌榜的信息录入该工作表;然后切换至需要添加奖牌榜信息的空白幻灯片页,在"插入"选项卡中,单击"文本"组中的"对象"按钮,在"插入对象"对话框中选择"由文件创建"选项;从文件列表中选择刚刚创建的 Excel 工作表,勾选"链接"复选框,单击"确定"按钮,即可在幻灯片中插入 Excel 工作表对象,如图 4-125所示。

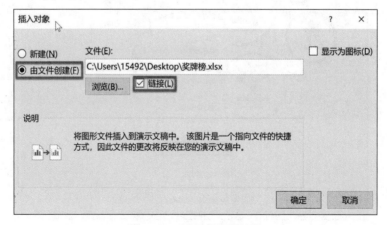

图 4-125   插入表格并链接

当奖牌榜发生变换时,可以直接编辑修改外部的 Excel 工作表,之后右击幻灯片上的表格,在弹出的快捷菜单中选择"更新链接"选项,即可更新幻灯片中的表格,如图 4-126 所示。

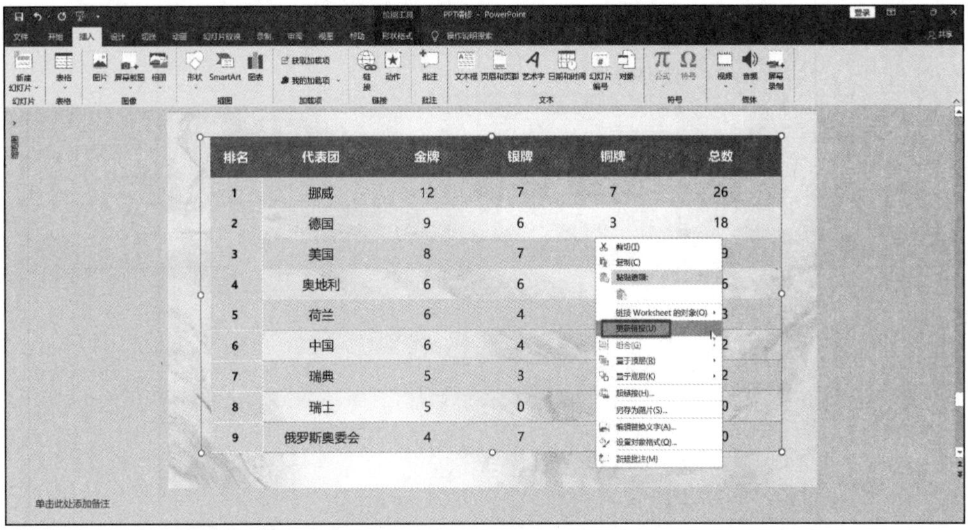

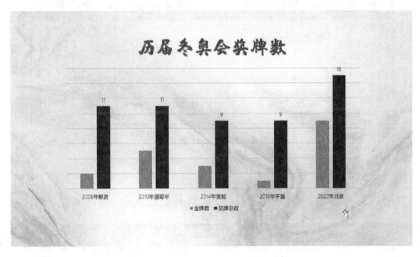

图 4-126　更新链接

中国代表队在本届冬奥会上实现了奖牌的全面突破,可以通过图表呈现中国代表队近五届冬奥会的奖牌情况,比表格数据更为直观,如图 4-127 所示,操作方法如下:

图 4-127　中国代表队历年冬奥会奖牌数(柱状图)

在"插入"选项卡中,单击"插图"组中的"图表"按钮;在"插入图表"对话框中选择"柱形图"→"簇状柱形图"选项,单击"确定"按钮。随即在页面中会插入一张图表,并打开 Excel 表格窗口,在该窗口中输入中国代表队近五届冬奥会的金牌和奖牌的数量,其中行标题为冬奥会年份,列标题为金牌数和奖牌总数,输入完毕后关闭 Excel 表格,即可生成历届奖牌数的对比图,如图 4-128 和图 4-129 所示。

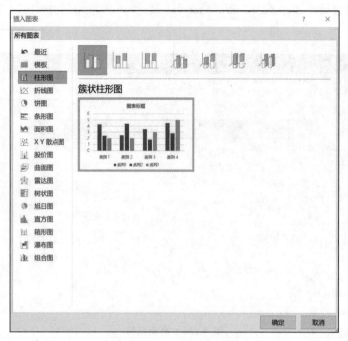

图 4-128　插入图表

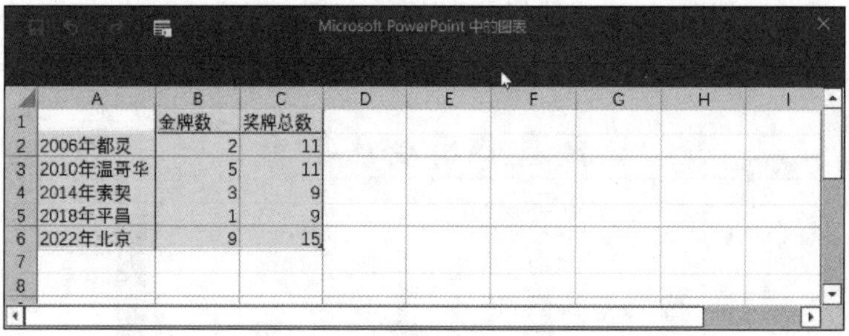

	金牌数	奖牌总数
2006年都灵	2	11
2010年温哥华	5	11
2014年索契	3	9
2018年平昌	1	9
2022年北京	9	15

图 4-129　Excel 数据源

还可以对创建好的图表进一步进行编辑,通过"图表工具"→"图表设计"选项卡中的"图表布局""图表样式""数据""类型"等选项调整和美化图表,如图 4-130 所示。

图 4-130　图表工具

⑥ 应用音视频。

在 PPT 中添加音频或视频元素既可以使 PPT 看起来更富有光彩,也能为观众带来听觉和视觉上的享受,需要根据 PPT 的主题选取合适的音视频。本例将在封面页插入背景轻音乐并贯穿整个 PPT。操作方法如下:

在封面页的"插入"选项卡中,单击"媒体"组中的"音频"按钮,选择"PC 上的音频"选项;在"插入音频"对话框中找到从网络上下载的北京冬奥会主题曲《雪花》的 MP3 格式文件,单击"插入"按钮,如图 4-131 所示,当前幻灯片会出现一个小喇叭的图标;选中该图标,在"音频工具"→"播放"选项卡中,将"开始"设置为"自动",勾选"跨幻灯片播放""循环播放,直到停止""放映时隐藏"以及"播放完毕返回开头"四个复选框,调整音量为"低",如图 4-132 所示;即可实现 PPT 放映时,冬奥会主题曲《雪花》以背景音乐的形式贯穿始终。

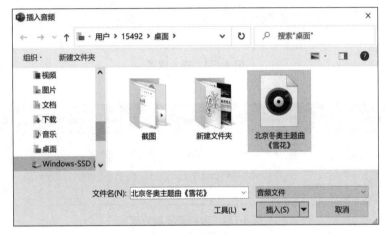

图 4-131　插入音频

图 4-132　背景音乐持续播放

冬奥文化部分以图文排版的形式分别展示了北京冬奥会会徽以及吉祥物"冰墩墩",那么在冬奥奖牌的展示幻灯片中,就可以采用插入视频的方式,全方位地展示奖牌设计中蕴含的寓意。操作方法如下:

在"冬奥奖牌"介绍页的"插入"选项卡中,单击"媒体"组中的"视频"按钮,选择"此设备"选项;在"插入视频"对话框中找到从网络上下载的北京冬奥会奖牌宣传片的 MP4 格式文件,单击"插入"按钮,如图 4-133 所示;拖曳视频边框四周的控制点,将画面调整至合适大小。在"视频工具"→"视频格式"选项卡中,单击"调整"组中的"海报框架"按钮;在"插入图片"对话框中选择一张奖牌的图片,如图 4-134 所示,即可为视频添加封面。在 PPT 放映时,该幻灯片显示为视频封面,只有单击该封面才会播放视频。

前面已经介绍了一些静态幻灯片的设计方法,这样的幻灯片在放映时还是会显得过

图 4-133　插入视频

图 4-134　为视频添加封面

于平淡,可以为幻灯片添加动画效果。例如介绍冬奥会吉祥物"冰墩墩"的幻灯片属于左右版式的图文排版,可以为文字和图片分别添加动画效果。操作方法如下:

　　选中幻灯片左侧的文本,在"动画"选项卡中,单击"动画"组右侧的向下小箭头,弹出的动画效果分为"进入""强调""退出""动作路径"4类,选择"进入"类型中的"随机线条",并在右侧的"效果选项"下拉列表中选择"垂直",如图 4-135 所示;选中"冰墩墩"图片,用同样的方法设置动画。

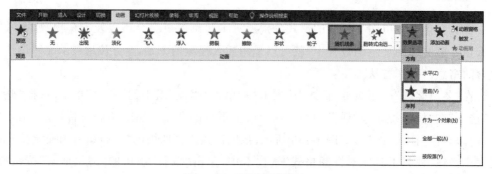

图 4-135　设置动画效果

　　这里需要说明的是,不同的动画效果对应的效果选项也不尽相同,可根据最终呈现效果进行设置。

在"动画"选项卡中,单击"高级动画"组中的"动画窗格"按钮;在操作区右侧会弹出"动画窗格"面板,显示当前设置的所有动画效果,可以调整其出现顺序、出现方式以及出现时间等,如图 4-136 所示。"高级动画"组中还有"动画刷"按钮,其作用是复制当前元素的动画效果并应用在其他元素上,以提高设计效率。

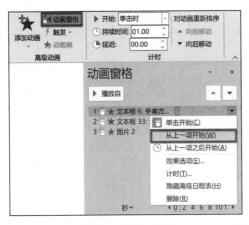

图 4-136　动画窗格

除了常规的文字和图片可以添加动画效果以外,图表也可以动态呈现。选中图表,选择动画类型后单击"效果选项"按钮,可以从多个维度动态展示图表。

(5) 封底页设计

封底页与封面页的设计同样重要,在版式上起到前后呼应、构建 PPT 整体氛围的作用。呼应主题是 PPT 封底页最常用的方法,由于已经在 PPT 内容页中多次传达冬奥主题,因此如果在封底页再次强调,则可使我们要传达的主题更加鲜明突出,在增强观众的记忆的同时还能起到画龙点睛的作用,如图 4-137 所示。

图 4-137　封底页设计

（6）总体完善

逐页设计美化之后，为整个演示文稿添加页码，操作方法如下：

在"插入"选项卡中，单击"文本"组中的"幻灯片编号"按钮，在弹出的对话框中勾选"幻灯片编号"复选框，还可以编辑日期、时间以及页脚信息，如图 4-138 所示。

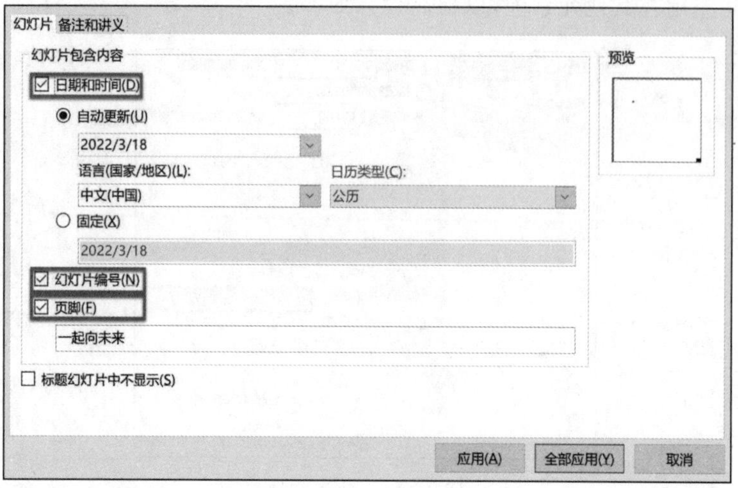

图 4-138　添加幻灯片编号

当要使所有的幻灯片包含相同的字体和图像（如徽标）时，可以通过幻灯片母版在一个位置就完成这些更改，同时将这些更改应用到所有幻灯片中。例如，在每页幻灯片的右上角添加"冬奥会徽"的操作方法如下：

在"视图"选项卡中，单击"母版视图"组中"幻灯片母版"按钮，随即会弹出"幻灯片母版"选项卡，如图 4-139 所示。

图 4-139　"幻灯片母版"选项卡

使用该选项卡中的选项可以自定义母版，如添加占位符、设置颜色和字体等；如果只是在已有幻灯片中添加"奥运会徽"，则可以在左侧的幻灯片母版缩略图的右上角插入会徽图片，然后单击"关闭母版视图"按钮即可。

至此完成了 2022 年北京冬奥会宣传演示文稿的设计制作，如图 4-140 所示。

4.3.6　放映输出

PPT 有 3 种放映类型：演讲者放映、观众自行浏览和在展台浏览。

演讲者放映类型一般用在公共演讲场合，幻灯片在播放的过程中由演讲者全程控制，

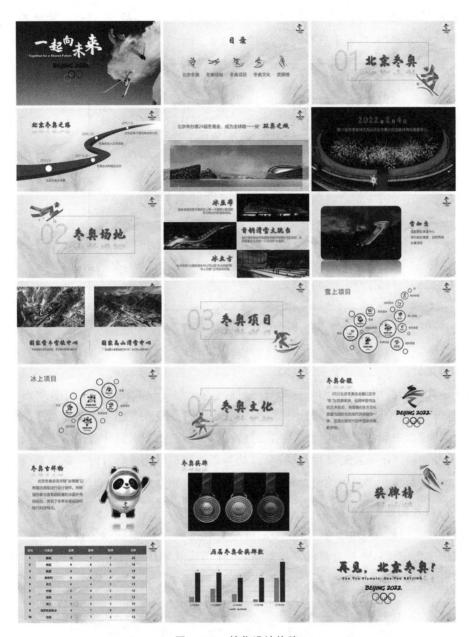

图 4-140　精化设计终稿

通过鼠标、翻页器或键盘控制幻灯片翻页及动画播放。

观众自行浏览类型是以与观众互动的方式放映幻灯片。观众通过鼠标控制幻灯片的放映,单击幻灯片上的不同按钮可以跳转到不同的页面或播放动画及视频。

在展台浏览类型是指在无人操控的情况下自行播放幻灯片。该类型常用于庆典或会议开场,不需要人工操作或额外占用计算机,只需要设定好幻灯片的换片时间就可以实现自动播放。

放映类型可以在"幻灯片放映"选项卡中,单击"设置"组中的"设置幻灯片放映"按钮,在"设置放映方式"对话框中进行设置,如图 4-141 所示。

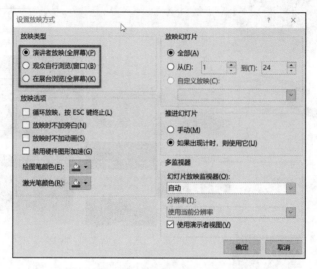

图 4-141　设置放映方式

1. 排练计时

排练计时功能用来控制幻灯片的放映时间。在"幻灯片放映"选项卡中,单击"设置"组中"排练计时"按钮,此时幻灯片会以全屏模式放映,并且在页面左上角会显示"录制"窗口,"录制"窗口中间的时间为放映当前幻灯片的计时,右边的时间为放映所有幻灯片的总计时;单击切换到下一张幻灯片,系统会自动为下一张幻灯片进行计时。结束后会弹出提示对话框,提示是否保留新的幻灯片计时,单击"是"按钮即可完成计时操作。

2. 幻灯片切换

幻灯片之间默认无切换方式,相邻幻灯片是直接切换的,放映效果显得过于平淡。在"切换"选项卡中可以选择合适的切换效果,每种切换效果还可以通过"效果选项"选项进行更多设置,如图 4-142 所示。

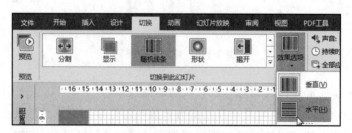

图 4-142　幻灯片切换效果

在"切换"选项卡的"计时"选项组中,用户可为切换效果添加音效,设置切换时间及切换方式。在该选项组中,单击"全部应用"按钮可将当前切换效果统一应用至其他幻灯片上，这样可避免用户重复设置，从而节省时间，提高效率，如图 4-143 所示。

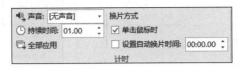

图 4-143　计时选项组

3. 保存 PPT

PPT 默认的保存格式为.pptx，也可以根据需要将其保存为其他格式。例如图片格式、视频格式等。

PPT 中的每页幻灯片可以输出为 jpg 格式的图片。单击"文件"选项卡，选择"另存为"选项，将"保存类型"设置为"JPEG 文件交换格式（ * .jpg）"；若设置为"PowerPoint 图片演示文稿"，则保持 pptx 格式状态，但在打开后，每张幻灯片均是以图片方式显示的；当 PPT 中含有大量动画效果时，还可以将其转换为视频格式保存，将"保存类型"设置为"MPEG-4 视频"即可，如图 4-144 所示。

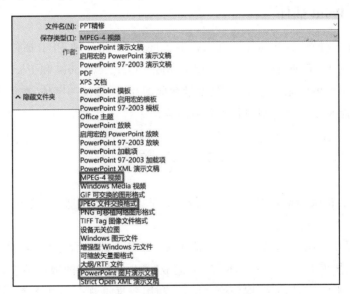

图 4-144　PPT 保存类型

在制作 PPT 时，难免会使用到各种素材，例如音频、视频以及一些链接的文件等，这些素材都需要和 PPT 文件放在同一个文件夹里，否则会导致 PPT 无法正常放映。为了避免这种情况的发生，用户可使用"将演示文稿打包成 CD"功能对 PPT 进行整体打包。操作方法如下：

单击"文件"选项卡，选择"导出"选项，在"导出"列表中选择"将演示文稿打包成 CD"选项，并单击相应的按钮；在"打包成 CD"对话框中对文件进行命名，单击"复制到文件夹"按钮，打开相应的对话框，单击"浏览"按钮，如图 4-145 所示。

图 4-145　PPT 打包成 CD

在"选择位置"对话框中选择保存的位置,单击"选择"按钮;返回上一级对话框,单击
"确定"按钮;在打开的提示框中单击"是"按钮;稍等片刻,系统会自动打开相应的文件夹,
在该文件夹中会显示 PPT 使用的所有素材文件。

4.3.7　PowerPoint 插件

在使用 PPT 时发现,其功能具有很强的扩展性,因此各种 PPT 插件应运而生,这里
推荐 4 款主流的 PPT 插件:Islide、Nordri Tools、OneKeyTools 和 PocketAnimation 口
袋动画。这些插件可以完成导出长图、批量裁剪图片、一键统一字体、数值上色等功能,各
插件的具体功能及使用方法请自行参阅对应官网了解。

习　　题

1. 按照公文排版的格式要求撰写一份关于举办运动会的通知,其中运动员的报名信
息表作为通知的附件。

2. 设计"学生成绩表",要求学号不能重复,姓名不能包含空格,系名用下拉列表实
现,各科成绩只能填充 0～100(含)的数字;完成"学生成绩表"的数据填充,利用函数求每
个学生的总分、平均分,根据平均分给出排名;利用数据透视表分析各系各门课程的平均
分、最高分。

3. 以"我的家乡"为主题设计 PPT,其中包含多种版式设计、图形图片、超链接、图表、
音视频等各类多媒体元素。

第 5 章

常用工具软件介绍

【学习目标】

- 理解工具软件的含义及分类
- 熟练使用 Adobe Acrobat 9 Pro 进行文件阅读和编辑
- 熟练使用 WinRAR 进行文件压缩、解压缩等操作
- 使用格式工厂进行文件格式转换及编辑
- 使用专业截屏工具 Snagit 进行截屏、录屏及图片和视频的编辑
- 使用 FlashFXP 进行文件上传和下载
- 熟练使用 Everything 进行本地文件搜索，尝试使用 XMind 进行知识管理

5.1 工具软件入门简介

计算机的广泛应用使得人们对应用软件提出了越来越高的要求。普通计算机用户使用最多的应用软件是工具类应用软件，简称工具软件。工具软件是指除操作系统软件、大型商业应用软件之外的某些应用软件，是用户使用计算机时的常用软件。工具软件一般为共享软件，代码编写量小，功能单一，可以为用户精准地解决某些特定问题。

5.1.1 常用工具软件的分类

工具软件有着广阔的发展空间，是计算机不可缺少的组成部分。许多看似复杂烦琐的工作，只要找对了工具软件，就可以非常便捷地完成，如查看计算机的硬盘序列号、恢复已删除的文件、将语音转换为文字、实现共享文档编辑等。

为了更清楚地展现常见工具软件的基本作用和应用场景，可以将常见工具软件分为以下几类。

① 系统维护与测试工具软件。此类工具软件主要用来帮助用户优化系统配置，提升系统性能。此类工具软件的典型代表为 Windows 优化大师、鲁大师等。

② 文件管理与阅读工具软件。此类工具软件旨在为用户方便地存储、查看和管理文件提供帮助。文件阅读与编辑工具主要用来向用户展示文件内容，提供必要的编辑功能；文件存储与管理主要涉及文件命名、压缩、解压缩、加密等。

③ 图像浏览与编辑工具软件。图像浏览工具软件主要用来供用户进行图像浏览。某些浏览工具不具备或具备少量的编辑功能,为满足用户编辑图像的实际需要,某些时候需要选用具有图像编辑功能的专用工具软件。

④ 数字音视频播放与编辑工具软件。数字音视频播放工具软件主要向用户提供音视频播放功能,数字音视频编辑工具软件主要向用户提供音视频编辑功能。

⑤ 语言翻译工具软件。语言翻译工具软件主要向用户提供必要的语言翻译功能。随着互联网和大数据技术的发展,语言翻译工具软件支持的语言种类越来越多。

⑥ 网页浏览与信息搜索工具软件。万维网服务是互联网上应用最广泛的服务,该服务借助浏览器,以网页的形式呈现给用户。万维网上资源丰富,数量庞杂,要快速精准地定位目标内容,就需要借助搜索引擎工具软件实现。

⑦ 即时通信工具软件。网络技术的快速发展促进了即时通信的发展,基于即时通信的工具软件为用户之间的实时交流、在线教育等提供了平台支持。

⑧ 文件下载与传输工具软件。文件下载工具软件主要为用户提供下载互联网资源的功能,具有断点续传功能的工具软件更受用户青睐。文件传输工具软件主要实现点对点的资料传输。

⑨ 计算机安全与防护工具软件。计算机安全与防护工具软件是提升系统安全性能、抵御外来威胁的有力手段。

⑩ 移动设备应用工具软件。随着手机等移动终端设备的广泛使用,移动设备工具软件已成为人们生活中不可缺少的工具软件。

由于篇幅所限,本书没有对上述工具软件做面面俱到的详细介绍,只挑选了与本书贴合度较高的一些工具软件进行介绍,对于其他工具软件,读者可以根据实际需要自行学习。

5.1.2　常用工具软件的获取途径

获取工具软件的途径一般有 3 种,分别是购买安装光盘、从官方网站下载和从常用软件网站下载。在 3 种获取途径中,推荐从官方网站下载和购买安装光盘。

5.1.3　常用工具软件的安装与卸载

1. 安装工具软件

一般情况下,用户使用工具软件前必须先安装工具软件,少数免安装(一般称为绿色版本)工具软件可通过双击直接使用,不需要提前安装。Windows 系统下的安装程序为可执行程序,文件类型通常为 exe。软件的一般安装方法为:双击可执行程序,启动安装操作,随后根据安装提示完成安装。

说明:某些时候,如果双击可执行文件不能启动程序的安装过程,则可通过右击该软件,选择"以管理员身份运行"选项尝试解决。

2. 卸载工具软件

不同工具软件有不同的卸载方法,常见的卸载方法有:通过控制面板卸载、通过"开始"菜单卸载、使用第三方软件(如 360 安全卫士等)卸载、使用专门的卸载软件(如 Ashampoo Uninstaller、Revo Uninstaller 等)卸载。

5.2　文件阅读与管理工具

Windows 操作系统的多数任务是以文件和文件夹的形式存储的。文件是信息的载体,是信息的基本存储单位,是完整且有名称的信息集合。用户通过文件可以方便快捷地对信息实施操作。

不同类型的文件需要使用不同的文件阅读工具进行阅读和编辑,如 docx 类型的文件可以使用 Word 软件打开,pptx 类型的文件可以使用 PowerPoint 软件打开。同一类型的文件可以使用不同厂家开发的具有此功能的软件打开,例如 docx 类型的文件可以使用 Microsoft Word 软件阅读,也可以使用金山 WPS 打开。

5.2.1　PDF 阅读编辑软件

PDF(Portable Document Format,可携带文档格式)文件是 Adobe 公司开发的用于文件交换的文件格式,其文件类型为.pdf。目前,市面上可用的 PDF 文件阅读工具软件名目繁多,使用较多的工具软件有 Adobe Acrobat Reader、Adobe Acrobat Pro、金山 PDF、福昕 PDF、迅捷 PDF 等。目前大部分浏览器也提供 PDF 文件的阅读查看功能。

不同 PDF 文件阅读器拥有的文件阅读功能相似,但在文件编辑功能方面差异较大。Adobe Acrobat Pro 除了具有 Adobe Acrobat Reader 的功能外,还具有丰富的文件编辑功能,下文以 Adobe Acrobat 9 Pro 的使用为例进行说明。

1. 打开与阅读文档

打开 PDF 文档的方法一般有两种。第一种方法为:启动 Adobe Acrobat 9 Pro 软件,在打开的"文件"窗口中选择"文件"→"打开"选项,选择待打开的文件即可打开。第二种方法为:定位待打开的 PDF 文档,右击该文档,在弹出的快捷菜单中选择 Adobe Acrobat9 Pro 选项,即可打开 PDF 文档。

2. 为文档添加标记与附注

(1) 为文本添加高亮标记

通过添加高亮标记的方法可以突出显示文本内容。具体添加方法为:拖曳鼠标选择待添加标记的文字后右击,在弹出的快捷菜单中选择"用高亮标记文本(注释)"选项,即可为文本添加高亮背景标注色。

除用高亮背景标识文本外,还可对有异议的文字内容添加替换标识符以进行替换标识,便于后续深入阅读,其基本操作方法与为文本添加高亮标记的方法类似。

（2）添加附注

附注用来为文档对象添加附录性说明内容，其添加方式与背景高亮的添加方式类似。首先选择要添加附注的对象，然后右击，选择"添加附注到文本（注释）"选项，如图 5-1 所示，在弹出的附注内容框中添加附注内容即可。

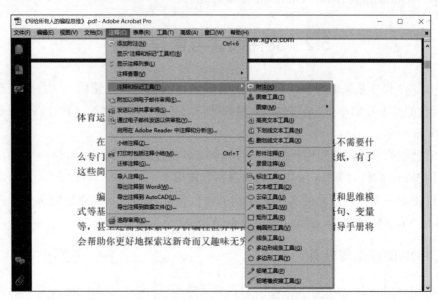

图 5-1　背景及附注高级属性设置

说明：以上添加背景高亮和附注的功能在一般的 PDF 阅读器中都可以实现，但是要对背景高亮和附注属性进行更多的设置，则需要通过 Adobe Acrobat Pro 等专业工具软件才能实现。

3. 文档另存为图片

如需将 PDF 文档中的每页文档以单个图片的形式进行存储，可通过选择 Adobe Acrobat Pro 菜单栏中的"文件"→"另存为"选项，在"保存类型"下拉列表中选择需要存储的图片文件类型。

4. 切拆文档

对于比较长且需要多人协作完成任务（如文章翻译等）的 PDF 文档来说，经常需要将其拆分为多部分后供多人查看，此时可通过 Adobe Acrobat Pro 的文档拆分功能实现。主要操作步骤为：选择 Adobe Acrobat Pro 菜单栏中的"文档"→"拆分文档"选项，在弹出的对话框中设置要拆分的文档大小。大小可以通过页码的方式计算，也可通过文件存储大小的方式衡量，图 5-2 所示为将 PDF 文档以每 27 页为单位拆分为多个 PDF 文档。

5. 合并文档

根据实际需要，可以将多个 PDF 文档以包或单个 PDF 文档的形式合并为一个 PDF 包或一个 PDF 文档，以便于管理。

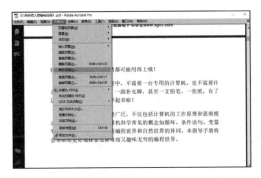

图 5-2　文档拆分

（1）组合 PDF 包

基本操作步骤如下。

第 1 步：选择 Adobe Acrobat Pro 常用工具栏中的"文件"→"创建 PDF 包"选项。

第 2 步：在弹出的"包"对话框下方，单击"添加文件"或"添加现有文件夹"或"新建文件夹"按钮，为包添加包含的 PDF 文档，添加完成后，选择"文件"→"保存包"选项即可完成 PDF 包的保存。

组合 PDF 包实现了将多个 PDF 文件合并到一个 PDF 包的功能。合并后的多个文件从外观上看是一个包文件，但双击打开该包可发现，包中的文件是独立存放的，双击包中任一文档，即可像单独打开一个 PDF 文档一样查阅和编辑。

（2）合并为单个 PDF 文档

如要将多个 PDF 文档合并为一个 PDF 文档，则可选择"文件"→"合并"→"合并文件到单个 PDF"选项，在弹出的"合并文件"对话框上方单击"添加文件"按钮，浏览待添加的 PDF 文档或拖曳目标文件到合并区域以添加待合并的 PDF 文档，添加完成后，单击"合并文件"按钮，即可完成文件合并操作。

除上述功能外，Adobe Acrobat Pro 还可实现添加水印、添加朗读、提取指定页面等功能，读者可根据实际需要自行尝试。

5.2.2　压缩与解压缩软件

对文件进行压缩不仅可以节省文件的占用磁盘空间，提高文件传输的速度，还可以增加数据传输和存储的安全性。

经压缩软件压缩后生成的文件称为压缩文件，用户要想查看压缩文件中的详细文件内容，则需进行解压缩，将文件还原为压缩之前的状态。压缩软件一般也具有解压缩功能。Windows 系统常用 WinRAR 作为文件压缩与解压缩软件。WinRAR 的基本使用方法如下。

1. 压缩文件

第 1 步：定位到待压缩的文件或文件夹，然后右击该文件或文件夹，在弹出的快捷菜单中选择"添加到压缩文件"选项。

第 2 步：在弹出的"压缩文件名和参数"对话框中设置并确认相关参数（如压缩文件的名称、保存路径等）后，单击"确定"按钮。

第 3 步：压缩完成后，打开压缩文件的保存位置，即可看到压缩后的文件，如图 5-3 所示。

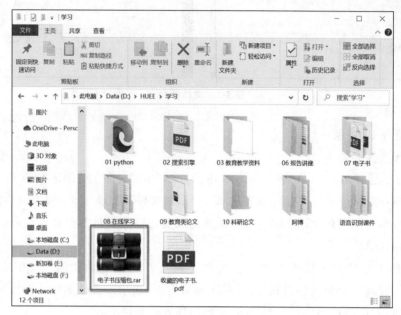

图 5-3　压缩文件

2. 解压缩文件

要想查看原始文件，就需要对压缩文件进行解压，解压文件的一般操作步骤如下。

第 1 步：定位待解压的压缩包后，双击该压缩包，在弹出的窗口中选择"解压到"选项，如图 5-4 所示。

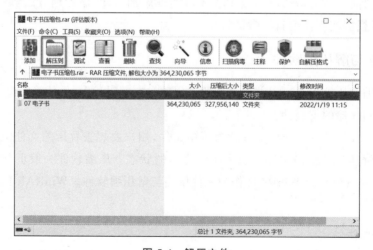

图 5-4　解压文件

第 2 步：在弹出的"解压路径和选项"对话框中选择"常规"选项卡，在"目标路径"中选择解压后的文件的存储位置，如图 5-5 所示，单击"确定"按钮，即可进入解压阶段。

图 5-5 解压文件的路径选择

第 3 步：定位解压文件的存储目录，即可看到解压后的文件，如图 5-6 所示。

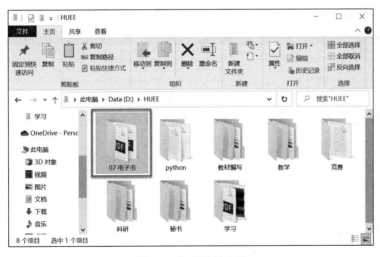

图 5-6 解压后的文件

3. 为压缩文件添加密码

为提高文件的安全性，可在压缩文件时为压缩文件添加密码，只有知道密码才能够解压文件，具体操作方法如下。

第 1 步：在弹出的"压缩文件名和参数"对话框中单击"设置密码"按钮，在弹出的"输入密码"对话框中输入密码和确认密码,如图 5-7 所示,单击"确认"按钮,即可进入文件压缩阶段。

图 5-7　为压缩文件添加密码

第 2 步:测试加密压缩文件。双击压缩后的文件,此时在文件列表中会显示"＊"的标识,说明该压缩文件已经被添加密码,如图 5-8 所示。

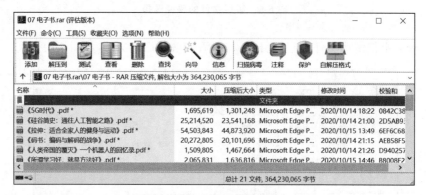

图 5-8　加密后的压缩文件

第 3 步:解压加密压缩文件。双击压缩文件,在弹出的窗口中选择"解压到"选项,在弹出的"输入密码"对话框中输入正确密码后,单击"确定"按钮,即可进入解压阶段;如果密码输入错误,则提示密码错误,且不再执行后续解压操作。

4. 分卷压缩

进行数据传输时,有的传输文件的软件对文件大小有限制,当传输文件的大小超过最大可传输容量时,则不能正常发送。此时可借助 WinRAR 软件的分卷压缩功能将文件拆分压缩为较小的多个文件,然后一并发送;对于接收方,当分卷压缩文件收齐时,即可分卷解压缩,还原原始文件,基本操作步骤如下。

第 1 步:右击待压缩的文件或文件夹,在弹出的快捷菜单中选择"添加到压缩文件"

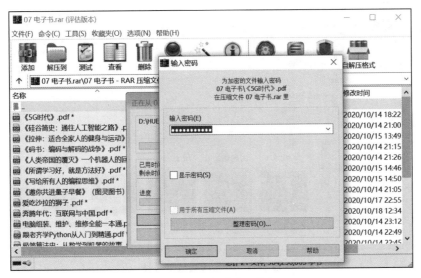

图 5-9　解压加密的压缩包

选项，在"压缩文件名和参数"对话框中，单击"切分为分卷，大小"下的下拉列表，选择或自定义分包大小，然后单击"确定"按钮，即可进入分卷压缩阶段，如图 5-10 所示。

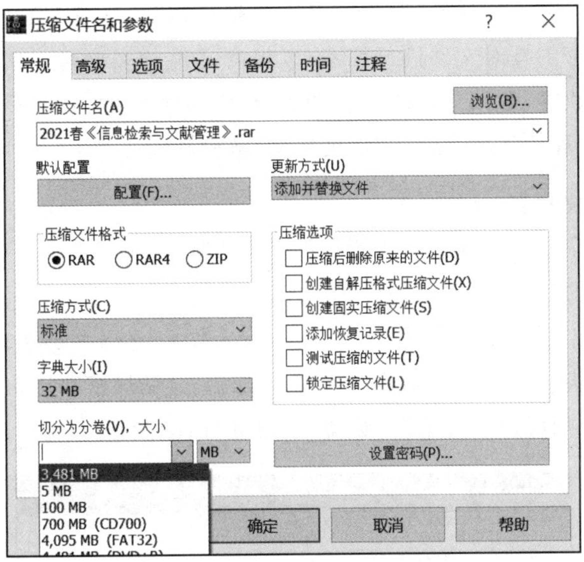

图 5-10　分卷压缩

第 2 步：定位目标压缩文件所在目录，即可看到压缩后的分卷文件，如图 5-11 所示。

注意：对于分卷生成的多个文件，多个分卷必须存储在同一个目录下且保持原始文件名，方可正常解压缩读取。

除 WinRAR 之外，7-Zip（7z 解压软件）、360 压缩、好压等多款压缩软件也可供读者使用，读者可以根据实际情况自行选择使用。

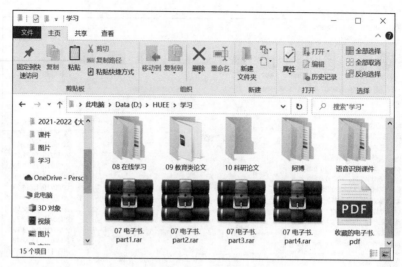

图 5-11　分卷压缩结果文件

5.2.3　文件加密/解密软件

计算机上经常会存储与用户的日常工作和生活密切相关的文件数据,其中的部分文件数据(如私人信件、聊天记录等)对于用户来说是私密的,通常不想被别人看到或复制,此时可使用文件加密工具对文件进行加密,以提高文件的安全性。文件夹加密超级大师是专业的文件加密软件,使用先进的加密算法,在没有密码的情况下无法查看、删除加密过的文件,具有超快和超强的文件/文件夹加密/解密功能。

1. 加密文件与文件夹

第 1 步:右击需要加密的文件或文件夹,在弹出的快捷菜单中选择"加密"选项,也可通过单击主窗口中的"文件夹加密"或"文件加密"按钮实现。

第 2 步:在弹出的"加密文件夹"对话框中输入加密密码并再次确认密码,然后选择加密类型。加密类型有闪电加密、隐藏加密、全面加密、金钻加密和移动加密 5 种,如图 5-12所示,每种类型的差别可以通过单击"必读"按钮进行查看。

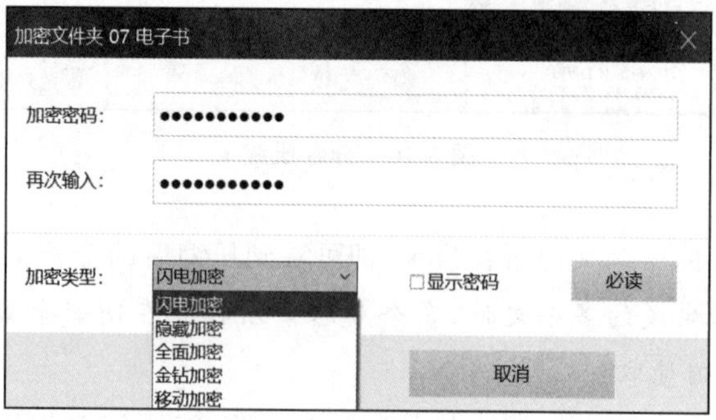

图 5-12　加密文件夹

第 3 步：单击"加密"按钮进入加密阶段，加密所需时长与待加密文件的大小有关，对于较小的文件，一般不会显示加密进度。

第 4 步：定位加密文件存储目录，此时可发现，加密后的文件或文件夹的外观发生了变化，加密文件的文件类型为 fse，其图标及文件属性如图 5-13 和图 5-14 所示。

图 5-13　加密后的文件图标　　　　　　　图 5-14　加密后的文件属性

此时，右击该加密文件，选择"删除"选项，发现不能删除该文件。

2. 解密文件

要想查看加密文件中的内容，需要先对其进行解密，具体操作如下。

第 1 步：定位待解密的加密文件，双击该文件，在弹出的"打开或解密文件夹"对话框中输入密码，然后单击"解密"按钮，即可进入解密阶段。如果密码输入正确，则弹出加密文件夹解密成功提示对话框，如图 5-15 所示。

图 5-15　解密成功的提示语句

第 2 步：定位解密后的文件路径，可以看到解密后的文件夹及其文档。

3. 高级设置

通过对文件夹加密超级大师进行高级属性设置,可以相应提高其对用户数据的保护。例如,勾选"使用本软件需要密码"复选框并设置相应的密码,可以避免恶意用户随意使用该软件加密文件,导致正常用户因无密码而无法打开原始文件,造成数据损失,如图 5-16 所示。

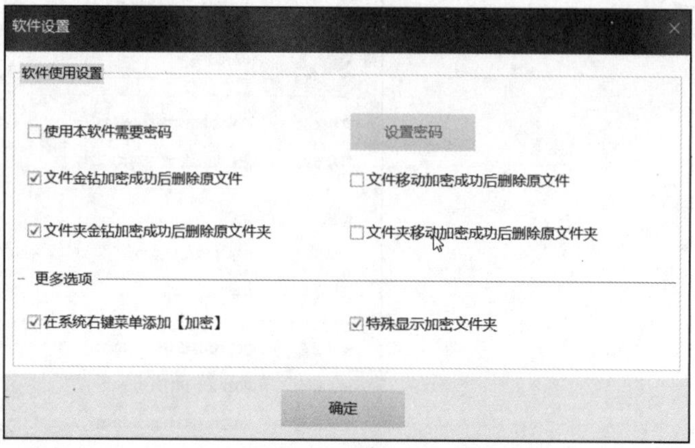

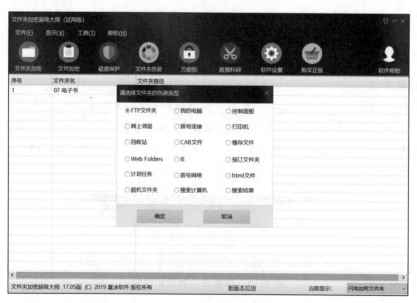

图 5-16　文件夹加密超级大师属性设置

此外,文件夹加密超级大师具有的文件夹伪装功能可将文件夹伪装为回收站、CAB 文件夹、打印机或其他类型的文件。打开伪装后的对象时,打开的将是伪装的系统对象或文件,而非伪装前的文件夹,从而起到保护文件的作用,如图 5-17 所示。

图 5-17　文件夹伪装功能

5.3　多媒体处理软件

　　Windows 操作系统自带的音视频及图像查看和编辑工具的功能越来越强大,已能满足大部分用户的实际需要,但如需进行更高级的处理,则可借助专用的音视频及图像处理软件实现。

5.3.1　图像浏览与编辑软件

　　ACDSee 是一款经典的图像浏览与编辑工具,其凭借友好的操作界面,简单、人性化的操作方式,优质、快速的图形解码方式,丰富的图形格式支持和强大的图形文件管理等功能受到人们的青睐。ACDSee 还具有强大的图片编辑和管理功能,下面以批量命名图片为例说明 ACDSee 的优势。

　　第 1 步:打开 ACDSee 应用程序,在"文件夹"窗口中展开图片所在的文件夹,在"缩略图"窗口中选择需要重命名的多张图片,如图 5-18 所示。

图 5-18　ACDSee 图片重命名操作(1)

　　第 2 步:在"缩略图"窗口中右击,在弹出的快捷菜单中选择"重命名"选项。

　　第 3 步:在弹出的"批量重命名"对话框中选择"模板"选项卡,在"模板"文本框中输入新的文件名格式,如图 5-19 所示,单击"开始重命名"按钮,进入"正在重命名文件"界面,重命名完成后会弹出"批量重命名结果"对话框。

　　第 4 步:进入重命名后的图片文件夹,查看重命名后的图片文件,如图 5-20 所示。

　　批量操作可以提升工作效率。ACDSee 除了可以对图片进行批量重命名外,还可以进行批量大小设置、批量格式转换等操作,对于更多相关操作,读者可通过官方网站的视频课程自行学习。

图 5-19　批量图片文件名设置（2）

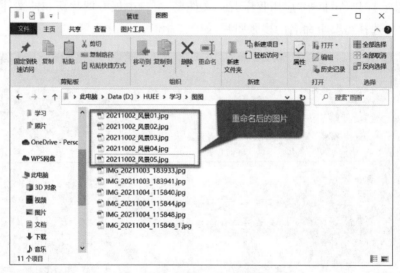

图 5-20　批量图片文件名设置（3）

5.3.2　格式转换软件——格式工厂

格式工厂是一款完全免费且支持多种文件类型格式转换的工具，其常用功能介绍如下。

1. 视频格式转换

第 1 步：打开格式工厂软件，如需将 ts 格式的视频转换为 MP4 格式，可单击左侧"视频"选项卡中的 MP4 图标，在打开的窗口中单击"输出配置"按钮进行输出属性设置，单击"添加文件"按钮进行待转换格式文件的添加，如图 5-21～图 5-25 所示。

属性设置完成后，单击"确定"按钮，进入格式工厂主界面，如图 5-26 所示。

图 5-21　视频格式转换步骤(1)

图 5-22　视频格式转换步骤(2)

图 5-23　视频格式转换步骤(3)

图 5-24　视频格式转换步骤（4）

图 5-25　视频格式转换步骤（5）

图 5-26　视频格式转换步骤（6）

第 2 步：单击常用工具栏中的"开始"按钮，即可进入"格式转换"阶段，待"输出/转换状态"下显示"完成"字样时，即表示格式转换完成，如图 5-27 和图 5-28 所示。

图 5-27　视频格式转换步骤（7）

图 5-28　视频格式转换步骤（8）

第 3 步：在格式工厂主界面右侧的文件预览窗口中，单击"打开输出文件夹"按钮，即可打开结果文件所在的目录，查看结果文件，如图 5-29 所示。

至此，格式工厂完成了将 ts 格式的视频文件转换为了 MP4 格式。其他格式文件（音频、文档等）的转换操作步骤类似，读者可根据实际需要自行尝试实现。

图 5-29　视频格式转换步骤（9）

图 5-30　视频格式转换步骤（10）

2. 视频分离

格式工厂除能实现格式转换外，还可实现视频图像和声音的分离、音频中左右声道的分离。下面以视频图像和声音的分离为例说明主要操作步骤。

第 1 步：在格式工厂主界面的"视频"选项卡下单击"分离器"图标。

第 2 步：在弹出的"分离器"对话框中单击"添加文件"按钮，添加待分离的视频文件。

第 3 步：在格式工厂主界面中单击常用工具栏中的"开始"按钮，即可进入分离阶段。

第 4 步：在"格式工厂"主界面右侧的文件预览窗口中单击"打开输出文件夹"按钮，即可打开结果文件所在的目录，查看结果文件，此时会看到一个视频文件和一个音频文件。打开视频文件后，发现视频已无声音；打开音频文件后，可听到原始视频文件中的声音。

3. 视频合并与混流

格式工厂提供视频文件和音频文件的合并和混流功能。合并是指将两个单独的文件按照前后顺序拼接为一个文件;混流是指将两个文件混合为一个文件,可用来为视频配音,主要操作步骤如下。

第 1 步:在格式工厂主界面的"视频"选项卡下单击"视频合并 & 混流"图标。

第 2 步:在弹出的"视频合并 & 混流"对话框的"视频"选项卡下,单击"添加文件"按钮添加视频文件。

第 3 步:在弹出的"视频合并 & 混流"对话框的"音频"选项卡下,单击"添加文件"按钮添加本地音频文件,或单击"从音乐库添加"按钮添加默认音乐库中的音频文件。

第 4 步:设置好后单击"确定"按钮,即可返回格式工厂主界面,单击常用工具栏中的"开始"按钮,即可进入混流阶段。

第 5 步:混流结束后,在格式工厂主界面右侧的文件预览窗口中,单击"打开输出文件夹"按钮,即可打开结果文件所在的目录,查看结果文件,打开结果文件即可发现该视频已有配音。

除以上功能外,格式工厂还具有快速剪辑、去水印、屏幕录像、PDF 文档合并等功能,读者可根据需要自行尝试查看。

5.3.3　屏幕截图及录制工具——Snagit

大部分操作系统自带的屏幕截图工具都能够满足一般用户的需求,但如需提升截图效果,则可使用专业截图工具。Snagit 是一款极其优秀的截屏/录屏工具软件,它不仅可以智能捕获指定区域的图像,还可以设置延时捕获,且其图像编辑功能可满足普通用户的基本需求。

1. 设置截图快捷键

第 1 步:启动 Snagit 应用程序,在菜单栏中选择 File→Capture Preference 选项,如图 5-31 所示。

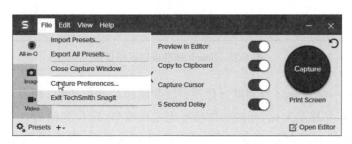

图 5-31　Snagit 主界面

第 2 步:在弹出的 Snagit Capture Preferences 对话框中选择 Hotkeys 选项卡,对操作快捷键进行设置,也可以通过单击 Snagit 主界面中 Capture 按钮下的快捷键输入框并按下待设置的快捷键的方式实现,如图 5-32 所示。

图 5-32　Snagit 快捷键设置

2. 捕获窗口区域图像

Snagit 默认提供了自动捕获屏幕中特定区域图像的功能,如需更高级的功能,可以在 Snagit Capture Preference 对话框中进行设置,一般操作步骤如下。

第 1 步:启动 Snagit 应用程序。单击 Image 按钮,在 Selection 右侧的下拉列表中选择 Windows 选项,即可将 Snagit 设置为只捕获窗口区域,如图 5-33 所示。

图 5-33　Snagit 捕获窗口区域设置

第 2 步:最小化 Snagit 管理器。打开预捕获图像的文件窗口,按下截图快捷键或单击 Capture 按钮,并移动光标,此时软件将智能定位窗口,定位到的窗口周围以高亮边框的形式显示。定位好要截取的窗口后,单击即可完成截屏,截取的图片将自动保存在 Snagit 编辑器中。

第 3 步:如需将截取的图片保存为图片文件,可以通过 Snagit 主界面菜单栏中的 File→Save 选项实现,如图 5-34 所示。

第 4 步:如需将所截图片复制粘贴到其他文档中,可右击该图片,在弹出的快捷菜单

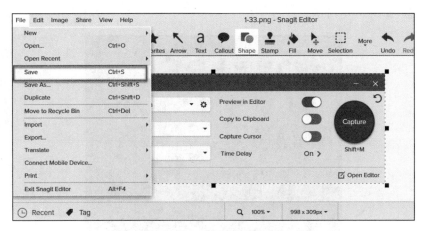

图 5-34　保存截屏的图片

中选择 Copy 选项,然后定位待插入图片的文档位置,执行粘贴操作即可实现。

3. 延时捕获设置

如需延时捕获图像,则可通过启动 Snagit 的延时功能实现,具体操作步骤如下。

第 1 步:单击 Snagit 主界面中 Time Delay 后的 Off 图标,在弹出的提示框中将开关
按钮拖至打开状态,如图 5-35 所示。

图 5-35　启用 Snagit 延时捕获功能操作(1)

第 2 步:选中 Delay 前的单选按钮,在其下的输入框中通过上下箭头设置延迟时间,
或通过直接输入时间的方式设置延时时间(单位为秒),如图 5-36 所示,单击其他位置,即
可完成延时捕获设置。

图 5-36　启用 Snagit 延时捕获功能(2)

第 3 步:单击 Capture 按钮,即可进行图形延时捕获测试,软件将以倒计时的方式进

入截屏状态,如图 5-37 所示。

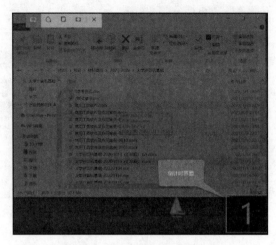

图 5-37　Snagit 延时捕获倒计时

延时捕获对于需要捕获光标实时移动等操作的场景非常有用。

4. 编辑管理捕获图像

Snagit 具有一定的图片编辑功能,在图片编辑窗口下,可通过选择菜单栏中 Image→Tools 选项下的选项调出具体编辑选项并使用,也可在常用工具栏中选择,如图 5-38所示。

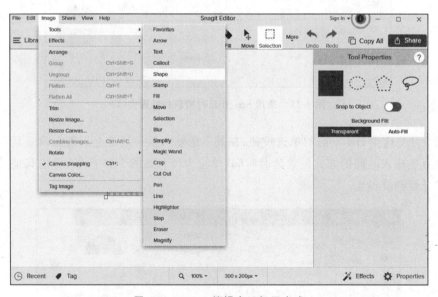

图 5-38　Snagit 编辑窗口打开方式

Snagit 除具有截图和图片编辑功能外,还具有视频捕获和视频编辑功能,使用方法与截图类似,读者可根据需要自行尝试。

5.4 文件传输与下载工具软件

计算机网络的主要功能是资源共享和数据通信。随着计算机软硬件技术和通信技术的快速发展,网络中的数据种类越来越丰富,用户可共享的资源越来越多,用户可以借助资源传输工具实现更快速高效的数据传输。下面介绍几款常见的文件传输和资源下载工具软件。

5.4.1 FTP 文件传输工具

FTP(File Transfer Protocol,文件传输协议)是一个用于实现计算机网络中客户端和服务器之间文件传输的应用层协议。FTP 允许用户(客户端)以文件操作的方式(如文件的增、删、改、查、传送等)远程访问网络中另一主机(服务器)的资源,从而实现文件的传输和管理。

要实现客户端与服务器之间的文件传输,必须先登录 FTP 服务器,以建立文件传输的通路。登录 FTP 服务器的方式有多种,常见的有命令行方式、浏览器方式、Windows窗口方式、FTP 工具软件方式。命令行方式建立在 DOS 命令的基础上,用户必须熟记命令才能正常、高效地操作;浏览器方式直观方便,但因其没有地址记忆功能,用户每次登录时都需要在浏览器地址栏中输入服务器地址,且某些时候的结果展示不太友好(如文件夹会以列表的形式展示,不便于操作);Windows 窗口方式相比浏览器方式,在结果展示方面更友好,但也没有地址记忆功能;FTP 工具软件(如 FlashFXP),界面友好,操作方便,通常具有地址记忆功能。

FlashFXP 具有目录比较功能,支持彩色文字显示,支持多目录选择文件和暂存目录功能,支持目录和子目录的文件传输,支持上传、下载、删除以及第三方文件续传功能,能够实现跳过指定类型的文件而只传送需要的文件的功能,可自定义不同文件类型的显示颜色,暂存远程目录列表,具有避免闲置断线以防被 FTP 平台踢出的功能,也可显示或隐藏具有"隐藏"属性的文档和目录等,基本操作步骤如下。

1. 站点基本设置

第 1 步:打开 FlashFXP 软件,在菜单中选择"站点"→"站点管理器"选项,在打开的"站点管理器"窗口中,单击"新建站点"按钮,输入站点名称,如图 5-39 所示。

第 2 步:输入要连接的 FTP 服务器的 IP 地址或域名、端口、用户名和密码等选项,输入完成后单击"应用"按钮,如图 5-40 所示。

2. 文件访问

第 1 步:打开 FlashFXP 软件,选择菜单栏中的"会话"选项,在弹出的选项中选择"快速连接"选项(或选择"已建立的站点"选项),在弹出的对话框中输入地址或 URL、用户名、密码等信息,如图 5-41 所示,输入完成后单击"连接"按钮,成功连接后可以获取服务提示信息。

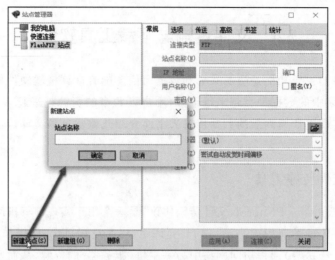

图 5-39   FTP 站点设置(1)

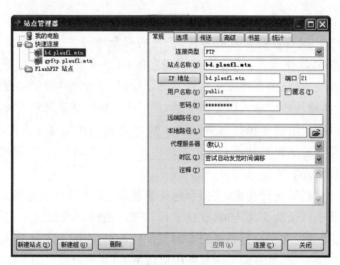

图 5-40   FTP 站点设置(2)

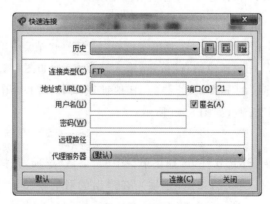

图 5-41   FTP 站点访问

第 2 步：连接成功后进入 FlashFXP 主界面，在软件右侧界面中找到要下载的文件，然后右击，在弹出的快捷菜单中选择"传输"选项，此时可以在主界面的右下角小窗口中看到下载提示信息，在左下角小窗口中看到下载的文件，如图 5-42 和图 5-43 所示。

图 5-42　FTP 站点访问（2）

图 5-43　FTP 站点访问（3）

5.4.2　网络资源下载工具

迅雷是一款多资源、超线程的下载工具，能够将网络上存在的服务器和计算机资源有效整合，以最快的速度向用户传送信息资源，其基本操作如下。

1. 设置默认下载路径

设置默认下载路径可以避免在每次下载资源时进行资源保存路径选择的重复操作，具体设置步骤如下。

第1步：打开迅雷软件，在主界面中单击"工具"按钮，在弹出的下拉列表中选择"设置"选项，打开"设置中心"，如图 5-44 所示。

图 5-44　迅雷默认下载路径设置(1)

第2步：在"设置中心"窗口左侧的"下载设置"选项卡的"下载到本地"中，单击"文件夹"图标进行路径设置，如图 5-45 所示。

图 5-45　迅雷默认下载路径设置(2)

第 3 步：设置完成后直接退出即可。

2. 搜索与下载文件

第 1 步：在迅雷主界面的搜索框中输入待搜索内容后按 Enter 键（或单击"搜索"图标），此时迅雷将自动连接百度搜索引擎进行资源搜索，并将结果展示出来（链接到百度搜索引擎上），如图 5-46 和图 5-47 所示。

图 5-46　在迅雷中搜索资源文件

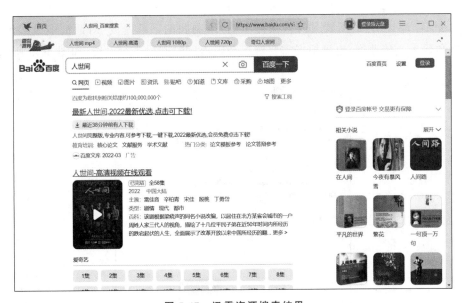

图 5-47　迅雷资源搜索结果

第 2 步：单击某地址链接，即可进入页面查看视频或下载视频。

3. 自定义限速下载

迅雷软件提供了自定义限速下载功能,以保证在下载文件的同时不影响其他工作,具体操作方法如下。

第1步:在"设置中心"窗口中选择左侧的"基本设置"选项,在"下载模式"下单击"限速下载"单选按钮,如图 5-48 所示。

图 5-48　迅雷限速设置(1)

第2步:单击"修改配置"按钮,在弹出的"限制我的下载速度"对话框中设置最大下载速度和最大上传速度,也可根据需要对下载限速的时间段进行设置,如图 5-49 所示。

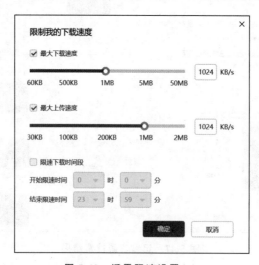

图 5-49　迅雷限速设置(2)

5.4.3　视频资源下载工具

XDM(Xtreme Download Manager)是一款提供浏览器视频等资源下载的工具软件，该软件和与其配套的浏览器插件一起使用，可自动捕捉下载大部分网页资源。

1. XDM 软件的下载及安装

第 1 步：在浏览器地址栏中输入 https://xtremedownloadmanager.com/，即可打开该软件官方网站的首页，如图 5-50 所示。

图 5-50　XDM 官网

第 2 步：在浏览器下方的软件下载部分，根据实际需要选择相应的平台版本进行下载。

第 3 步：下载完成后，可看到文件类型为 msi 的安装包，如图 5-51 所示，双击后以默认方式安装该软件。

第 4 步：安装完成后，可在 Windows"开始"菜单下找到安装的软件，如图 5-52 所示，单击 Xtreme Downloader Manager 软件，会在桌面右下角出现该软件的图标，表明软件已启动。

图 5-51　Windows 系统下的 XDM 安装包　　　图 5-52　XDM 软件在"开始"菜单中

此时,软件还不能自动捕获浏览器中的对象,必须在浏览器中安装配套的 XDM 插件后方可自动捕获。

2. 为浏览器安装 XDM 插件

第 1 步:打开浏览器(以 Microsoft Edge 为例),单击浏览器右上侧的"设置及其他"按钮,选择"扩展"选项,如图 5-53 所示。

图 5-53　Edge 浏览器下 XDM 插件的安装(1)

第 2 步:在弹出的"扩展"对话框中选择"打开 Microsoft Edge 加载项"选项,在"Edge 外接程序"窗口的搜索框中输入 XDM 后按 Enter 键,则会在窗口右侧弹出搜索结果,如图 5-54 所示。

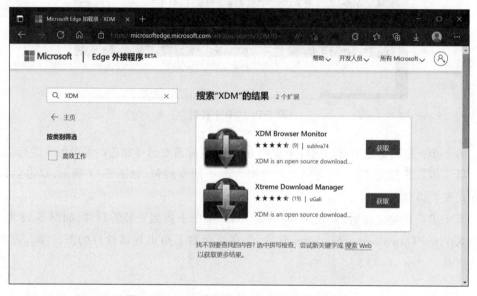

图 5-54　Edge 浏览器下 XDM 插件的安装(2)

第 3 步:单击搜索结果中的任意一个"获取"按钮,在弹出的提示框中单击"添加扩展"按钮,此时进入浏览器插件安装阶段,如图 5-55 所示。

第 4 步:安装完成后,浏览器常用工具栏中会出现 XDM BrowserMonitor 图标,如图 5-56 所示。

3. 使用 XDM 下载浏览器中的资源

安装 XDM 软件且启动浏览器中的 XDM 监视器后,即可使用其捕获浏览器中的视频等资源,基本步骤如下。

第 1 步:打开具有视频的网页,XDM 软件自动会弹出视频捕获器图标 DOWNLOAD VIDEO ×,单击该图标,会弹出 XDM 监视器捕捉到的所有可捕获的资源,如图 5-57 所示。

图 5-55　Edge 浏览器下 XDM 插件的安装（3）

图 5-56　Edge 浏览器下 XDM 插件的安装（4）

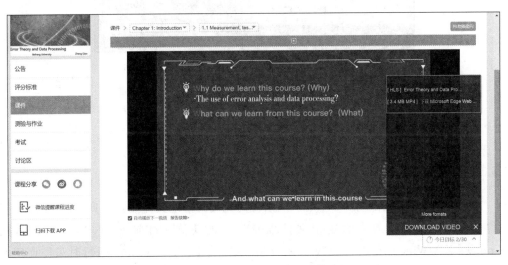

图 5-57　使用 XDM 下载浏览器中的资源（1）

第 2 步：单击视频捕获窗口中的某条资源，进入下载设置窗口，设置保存路径等其他属性后，单击 DOWNLOAD NOW 按钮，即可进入资源下载阶段，如图 5-58 所示。

第 3 步：下载完成后，会自动弹出 Download Complete 对话框，如图 5-58 所示，此时可以单击 OPEN FOLDER 按钮查看下载的视频文件。

图 5-58　使用 XDM 下载浏览器中的资源（2）　　图 5-59　使用 XDM 下载浏览器中的资源（3）

说明：XDM 不仅可以自动检测并下载视频资源，也可以自动检测并下载文件、音频等，可以通过软件设置实现，如图 5-59 所示。

图 5-60　XDM 自动捕获资源类别设置

5.5　效率管理工具软件

5.5.1　本地文件检索工具——Everything

Everything 是一款适用于 Windows 系统的免费的本地文件搜索工具，可以实现基于文件名称、内容、类型等实时定位文件以及目录的功能。目前 Everything 可运行在 Windows XP、Windows Vista、Windows 7/8/10 平台上。Everything 运行时只需使用非常少的系统资源，且检索速度非常快，全新安装的 Windows 10（大约 120000 个文件）仅需约 14MB 的内存及不到 9MB 的硬盘空间，仅需 1 秒即可索引完成。1000000 个文件需要大约 75MB 的内存和 45MB 的硬盘空间，索引需要大约 1 分钟。用户可通过 Everything 官方网站选择合适的版本下载，如图 5-61 所示。Everything 的常见操作如下。

1. 按照文件和文件夹名字进行搜索

Everything 的默认搜索方式是按照文件夹或文件名进行搜索。打开 Everything，软

图 5-61　Everything 下载网站

件会自动将系统的所有文件搜索显示出来。如需搜索具体的文件或文件夹,则可在搜索框中输入文件或文件夹名包含的文字,按 Enter 键即可启动搜索。

2. 按照文件内容进行搜索

有时需要搜索文件内容中包含特定词语的文件,此时可通过 Everything 的高级搜索功能实现。基本步骤为:单击菜单栏中的"搜索"按钮,在弹出的列表中选择"高级搜索"选项,在"高级搜索"对话框的"文件内容中包含的单词或短语"文本框中输入待检索文件中包含的关键词,可在下方的"搜索文件夹"中进一步定位待搜索的目录,设置完成后,单击"确定"按钮,即可开始文件搜索。图 5-62 所示为搜索设置,图 5-63 所示为搜索结果。

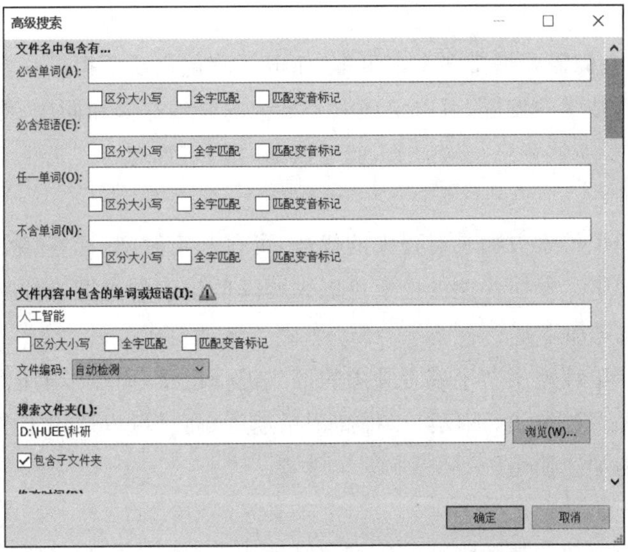

图 5-62　Everything 按照文件内容搜索设置

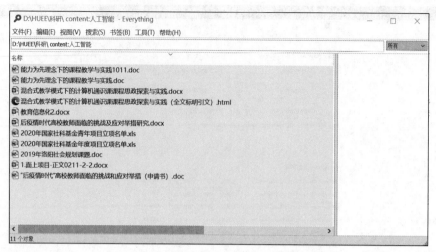

图 5-63　Everything 按照文件内容搜索结果

除以上搜索方法外,Everything 还可根据文件路径、文件类型、文件修改/创建时间、文件大小等进行搜索,此处不再一一详述。

5.5.2　电子笔记管理工具——OneNote

随着移动设备和云服务技术的发展,电子笔记的使用范围越来越广。相比传统纸质笔记,电子笔记的优势主要体现在以下几点。

（1）记录速度快

相对于纸质笔记单纯地用笔记录,电子笔记可以在计算机或者手机上进行文字输入,也可以通过语音输入记录。

（2）携带方便

纸质笔记时,人们需要携带多个记事本,而电子笔记只需要携带一台计算机或手机就可以。随着云计算技术的发展,可以实现电子笔记的云端存储和同步,使得用户不再局限于某一个终端,只要能够登录云端服务,就可以随时访问管理。

（3）检索便利

电子笔记在知识检索方面具有强大的优势,可以基于时间、标签、笔记本、关键词等多个维度进行辅助搜索。便捷快速的检索可以大幅降低检索的难度,提高检索的速度。

（4）内容形式更加丰富

纸质笔记只能单纯地用文字或者画图的形式进行记录,而电子笔记则通常支持图片、文字、音频、视频等多种方式,不仅可以提高记录速度,而且可以适用于多种环境(如录音、拍照等),方便后期加工使用。

（5）协同和分享功能

电子笔记的协同和分享功能可以使人们轻松地将笔记内容分享给他人或进行团队内部协同编辑。

目前,电子笔记种类多样,常见的有 OneNote、印象笔记、为知笔记、有道云笔记等。OneNote 是 Microsoft 旗下的一个多端笔记,对于 Windows 10 操作系统而言,安装操作系统时默认安装有 OneNote。如果没有安装该软件,用户可在网站"https://www.onenote.com/download/"上下载适当的版本进行安装。下面以 Windows 10 操作系统为例说明 OneNote 的主要操作。

1. 启动与配置

第 1 步:安装 OneNote 后,即可通过"开始"→"所有应用程序"→ OneNote for Windows 10 启动该程序。第一次启动程序时,软件会弹出"登录"对话框,用户需要输入账号以进行登录。输入正确的账号后单击"下一步"按钮,即可进入确认登录界面,如图 5-64 所示。

第 2 步:单击上图中的"下一步"按钮进行账号登录。登录后,会在主界面显示该用户添加的笔记本及笔记。

2. 创建笔记本、分区及笔记

第 1 步:OneNote 提供了分级管理功能,分级有利于文件的管理。最上层的一级是笔记本,在笔记本下可创建多个分区,每个分区下又可创建多个笔记。右击笔记本区,选择"新建笔记本"选项,即可创建笔记本。

图 5-64　OneNote 账号设置

第 2 步:类似地,可通过单击某笔记本,在右侧的"分区"窗口右击,选择"新建分区"选项或单击"分区"窗口右下角的"+分区"按钮创建另一个分区。

第 3 步:在"分区"窗口下选中某分区后,在"页面"窗口单击"+页面"按钮或右击选择"新建页面"选项,即可创建一个页面。创建页面后,即可在页面中创建内容。

3. 笔记内容的创建

打开页面,可以书写传统的文字内容,也可以通过菜单栏中的"插入"按钮插入表格、文件、音频、视频、会议详细信息等内容,也可以通过"绘图"菜单进行个性化图形的绘制。

5.5.3　思维导图工具——XMind

思维导图(The Mind Map)是一种表达发散性思维的图形思维手段,是一种简单却又很有效的实用性思维表达方式。思维导图运用图文并重的技巧把各级主题的关系用相互隶属与相关的层级图表现出来,将主题关键词与图像、颜色等建立记忆链接。思维导图充分运用了左右脑的机能,利用记忆、阅读、思维的规律协助人们在科学与艺术、逻辑与想象之间平衡发展,从而开启人类大脑的无限潜能。

常见的思维导图创作方式有两类,一类是手工绘制,另一类是借助思维导图工具软件绘制。手绘思维导图能够更充分地发挥个性创意,软件绘制思维导图更加快速,也更加便于人们共享交流。

随着思维导图使用范围的扩大,市场上的思维导图工具软件越来越多。常用的思维导图工具软件有 MindMaster、MindManager、XMind、亿图图示、iMindMap、FreeMind等。本书以 XMind2020 为例介绍思维导图的使用方法。

1. 基于模板创建思维导图

第1步:安装思维导图软件后,在"开始"菜单中选择 XMind 选项,即可启动思维导图软件,随后会弹出包含若干思维导图模板的对话框,如图 5-65 所示,读者可根据实际需要双击选择某模板使用。

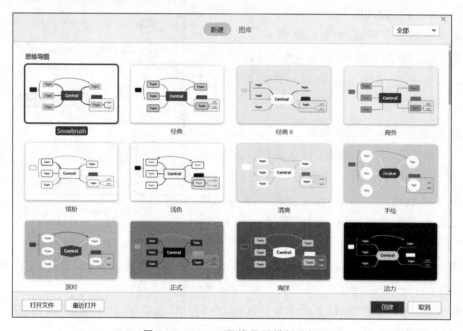

图 5-65　XMind 思维导图模板选择

第2步:进入思维导图编辑窗口后,用户可以通过双击主题框或子主题框输入相应文本,修改其中的文字内容。

第3步:用户也可以为主题或子主题添加下一级主题,方法为选中该主题,单击工具栏中的"子主题"按钮或单击 Tab 键,如图 5-66 所示。

第4步:用户也可以为子主题添加同一级的其他主题,方法为选中该主题,单击工具栏中的"主题"按钮或按 Enter 键,如图 5-67 所示。

2. 修改主题的样式、边框和背景填充

通过修改主题背景色、边框形状、添加图标图片等方式可以美化思维导图,提高内容的表达效果。

第1步:单击待修改背景或边框的主题,在右侧弹出的"样式"选项卡下选择"形状"

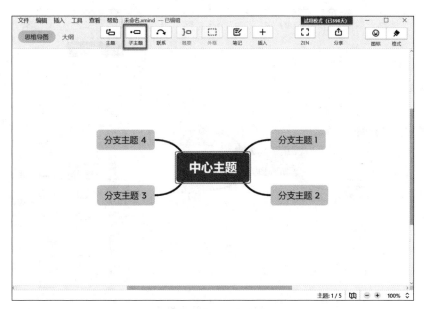

图 5-66　XMind 添加子主题

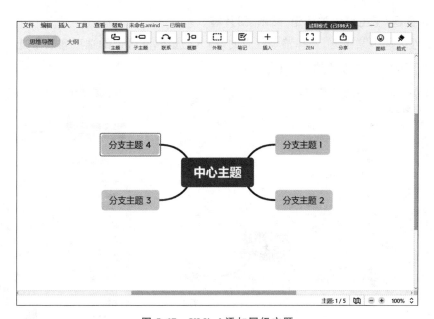

图 5-67　XMind 添加同级主题

下拉列表中的选项,进行形状修改,如图 5-68 所示。

　　第 2 步:在"样式"选项卡下勾选"填充"复选框,并单击右侧的颜色框进行填充颜色的修改。

　　第 3 步:在"样式"选项卡下勾选"边框"复选框,并在下方"设置边框粗细"下拉列表中选择边框粗细,在颜色框中选择相应的颜色。

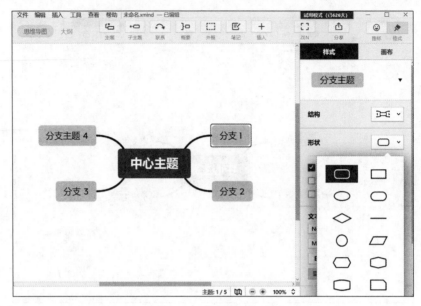

图 5-68　节点边框修改

3. 为主题/子主题添加标记、贴纸、图片等

第 1 步：选中某主题，选择菜单栏中的"插入"选项，在弹出的选项列表中选择"标记""贴纸"或"本地图片"等选项，如图 5-69 所示。

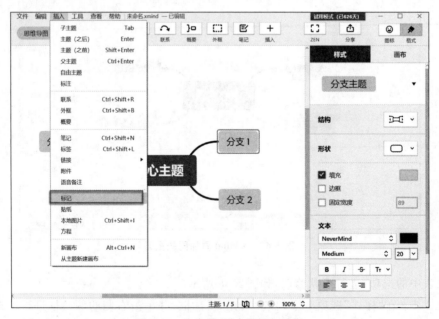

图 5-69　为主题/子主题添加贴纸

第 2 步：选中待添加标记的主题，在弹出的"标记"选项卡中选择欲添加的标记，即可为该主题添加该标记，如图 5-70 所示。

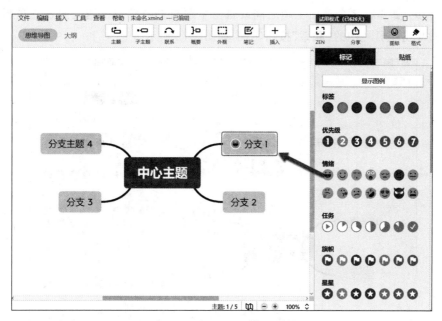

图 5-70　为主题/子主题添加贴纸

添加贴纸、图片、公式等的方式与此类似,不再赘述,请读者自行尝试。

4. 添加自由主题并建立主题之间的联系

第 1 步：双击思维导图空白处,即可添加自由主题,如图 5-71 所示。默认自由主题与主题之间没有逻辑连线。

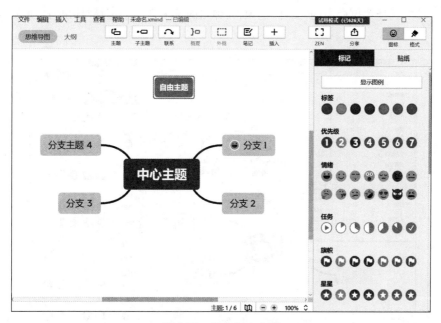

图 5-71　添加自由主题

第 2 步：如需在多个自由主题之间或自由主题与思维导图主题之间建立逻辑连线，可以通过单击工具栏中的"联系"按钮实现，如图 5-72 所示。

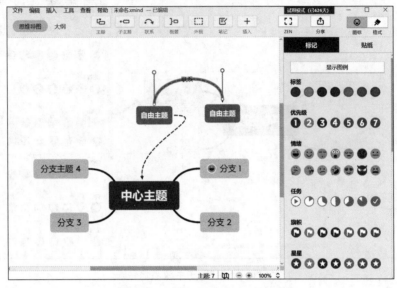

图 5-72　为自由主题添加逻辑连线

5. 导出思维导图

绘制好的思维导图可以导出为图片、PPT、PDF 等多种格式的文件，供用户便捷使用，基本操作方法如下。

第 1 步：选择菜单栏中的"文件"选项，在弹出的选项列表中选择"导出"选项，如图 5-73 所示。

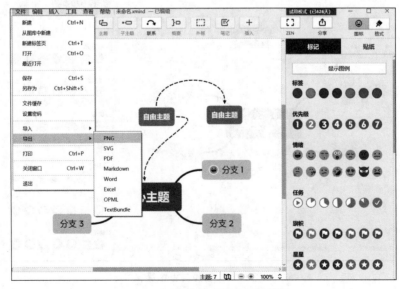

图 5-73　以图片格式导出思维导图

第2步：根据需要选择导出的文件类型(如 PNG 格式)，在弹出的对话框中进行导出文件的属性设置，设置完成后，单击"导出"按钮，如图 5-74 所示。

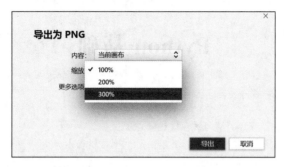

图 5-74 导出图片属性设置

第3步：在弹出的对话框中设置导出文件的存储位置和文件名称等属性，然后单击"保存"按钮，即可完成文件导出操作。

除以上功能外，XMind 还具有导入其他思维导图文件进行二次编辑、放映模式观看等功能，读者可根据实际需要自行使用。

习　　题

一、填空题

1. 压缩文件时，如果不希望他人看到压缩文件中的内容，可使用 WinRAR 的_____功能为压缩文件添加密码。

2. 给照片添加_____，既可以保护作品的版权，又可以使照片更加美观。

3. 迅雷软件提供的_____功能保证了在下载文件的同时不影响其他工作。

4. 格式工厂是一款_____工具软件。

5. Snagit 是一款功能强大的_____工具软件。

6. FlashFXP 强大的_____功能使得用户不必每次登录都要输入要登录的 FTP 站点地址信息。

7. Everything 是一款 Windows 版本的_____工具软件。

8. XDM 是一款优秀的资源下载软件，客户端软件和_____结合使用，可以自动捕获浏览器中的媒体资源，便于用户下载。

二、思考题

1. 如何在迅雷中搜索与下载文件？

2. 如何使用 Snagit 的延时捕获功能捕捉屏幕？

3. 如何使用 XMind 制作读书笔记思维导图？

4. 如何使用格式工厂将从 MOOC 平台下载的视频资源由 ts 格式转换为 MP4 格式？

5. 如何安装 XDM 浏览器插件？

第 6 章

Python 基础

【学习目标】

- 了解 Python 的主要特点和编程环境
- 掌握 Python 程序的常用语法与基本控制结构
- 掌握 Python 的基本数据类型与组合数据类型
- 掌握结构化程序设计方法

6.1 初识 Python

6.1.1 Python 概述

Python 是一种跨平台的、开源免费的解释型编程语言,它具有丰富和强大的内置库和第三方库,能够把其他语言制作的各种模块轻松地联结在一起,所以 Python 常被称为胶水语言。

① Python 是解释型语言,开发过程中没有编译环节,类似于 PHP 和 Perl 语言。

② Python 是交互式语言,可以在一个 Python 提示符">>>"后直接执行代码。

③ Python 是面向对象语言,支持面向对象编程机制,能够对代码进行高层次的封装。

④ Python 是初学者的语言,语法简洁、容易上手,支持广泛的应用程序开发,特别适合非计算机类专业学生学习。

1. Python 发展历史

Python 是由 Guido van Rossum 在 20 世纪 80 年代末至 90 年代初于荷兰国家数学和计算机科学研究所设计出来的。

Python 本身也是由诸多其他语言发展而来,包括 ABC、Modula-3、C、C++、Algol-68、SmallTalk、UNIX shell 和其他的脚本语言等。像 Perl 语言一样,Python 源代码同样遵循 GPL(GNU General Public License)协议。

目前,Python 由一个核心开发团队维护,Guido van Rossum 仍然占据着至关重要的作用，指导 Python 的进展。

2. Python 特点

Python 拥有自己独特的优点，它不仅具有解释型语言简单易用的特点，同时能够像编译型语言一样通用、强大。

① 简单易学。Python 不仅结构简单、语法清晰，且关键字少，这样就使得阅读一个良好的 Python 程序像阅读英语一样轻松，使你可以专注如何解决问题，而不是晦涩难懂的语法。同时，Python 提供丰富的开发说明文档，有助于学习和使用 Python 语言。

② 面向对象。面向对象的特点是 Python 与生俱来的。然而，Python 不单纯是一门面向对象的语言，它的编程方式既可以是面向对象的，也可以是面向过程的。其中，采用面向过程的编程方式，程序是由可重用代码的函数或过程组合而成。采用面向对象的编程方式，程序是由对象构建起来的，而对象又是由数据和功能组合而成。Python 还融合了 Lisp 和 Haskell 等函数语言的特点。

③ 可扩展性。Python 具有可扩展性，可以用 C 或者 C++ 编写部分程序，从而使某些关键代码的运行速度更快，或者使某些重要算法不被公开，再把这部分程序放在 Python 中使用。Python 的类库不仅强大，而且十分丰富，可以轻松地联结使用其他语言（尤其是 C 或 C++）制作的各类模块，Python 的功能得以扩展。

④ 丰富的库。Python 拥有庞大的标准库，它可以处理正则表达式、线程、文档生成、单元测试、网页浏览器、FTP、数据库、WAV 文件、XML、HTML、GUI、电子邮件和其他与系统相关的操作。除了标准库外，Python 还有大量的第三方库。

除以上四个主要优点之外，Python 的优点还包括免费开源、代码规范和可移植性强等。由于 Python 是解释型语言，相比而言，它的运行速度显得较慢，这也是 Python 的缺点所在。但随着硬件性能的不断提升，这个问题也将迎刃而解。

3. Python 的应用领域

Python 作为一种功能强大的编程语言，因其简单易学而备受青睐，其应用领域主要如下。

① Web 应用开发。Python 跨平台和开源的特性使其在 Web 应用程序开发中有很大优势。基于 Python 开发的 Web 框架非常多，其中以 Flask 和 Django 最为典型。Flask 是一个使用 Python 编写的轻量级 Web 应用框架，用户可以主动选择实现方式以实现更多灵活、简单且细致的订制；Django 是一个使用 Python 编写的基于 MVC 构造的开放源代码的 Web 应用框架，它注重代码的复用，能够既简便又快速地设计数据库驱动的网站，Django 的第三方插件不仅多，而且功能强大，还可以开发自己的工具包。

② 网络爬虫。网络爬虫可以通过自动化程序对网络资源进行有针对性的数据采集和处理。爬虫主要包括通用爬虫和聚焦爬虫两种。通用爬虫是指传统的通用搜索引擎，提供按照关键字进行的搜索，无法实现针对具体语义信息提出的查询，类似于无差别的收集并存储数据；聚焦爬虫是面向主题的爬虫，可以对某些特定类别的数据进行爬取，利用

网页分析算法筛选出与主题相关的信息,将相关信息保留并放入 URL 池等待被抓取,然后采取一定的搜索策略在 URL 池中选择 URL 等待下一步的抓取,重复上述过程,直到完成需求时停止。

③ 数据分析。随着 SciPy、NumPy、Matplotlib 等程序库的开发和完善,Python 在科学计算和数据分析领域的应用越来越广泛。鉴于用 C 语言设计的底层算法模式较为固定,因此对其进行封装后用 Python 进行调用既方便又灵活,可以针对数据分析与统计的需求灵活使用。Python 不仅支持各种数学运算,还可以绘制高质量的 2D 和 3D 图像,与科学计算领域最流行的软件 MATLAB 相比,Python 能够处理的文件和数据类型更多,比 MATLAB 的应用范围更广泛。

④ 人工智能。在人工智能领域,Python 同样占据一定的市场。人工智能需要的是即时性,Python 的 SimpleAI、pyDatalog、EasyAI 和 AIMA 等 AI 库为即时性提供了强大支持。Python 还提供了许多机器学习库,其中有 PyBrain、PyML、scikit-learn 和 MDP-Toolkit 等。Python 简单易学的语法、优质的文档、可扩展和可移植的特性都使得其当之无愧地成为人工智能领域的首要选择。像 Facebook 的 PyTorch 和 Google 的 TensorFlow 等当下流行的神经网络框架就是采用 Python 编制的。

除了上述四个主要的应用领域之外,Python 还可以应对众多方向的技术编程,Python 中都有相应的库提供支持。应用前景非常广泛的其他领域包括常规软件开发、自动化运维、云计算等。

常规软件开发:由于 Python 支持函数式面向过程和面向对象的编程,可以承担众多种类的软件开发工作,因此编写脚本、网络编程和常规软件的开发等都属于基本能力。自动化运维:在自动化运维方面,Python 已经深入人心,成为运维工程师首选的编程语言,例如 Ansible 和 Saltstack 都是十分流行的自动化平台。云计算:Python 的强大之处在于其灵活性和模块化,云计算平台的 IasS 服务的 OpenStack 就是基于 Python 构建的,而云计算的其他服务也都是基于 IasS 服务之上的。

6.1.2　开发环境配置

1. 安装 Python

由于 Python 是解释型编程语言,所以它需要一个解释器,这样才能运行编写的代码。

打开 Python 的官网 https://www.python.org,如图 6-1 所示。

选择合适的 Python 版本进行下载,如图 6-2 和图 6-3 所示。

双击安装文件,在安装向导对话框中勾选 Add Python 3.9 to PATH 复选框,表示将自动配置环境变量,如图 6-4 所示。

单击 Customize installation 按钮进行自定义安装,在弹出的安装选项对话框中采用默认设置,如图 6-5 所示。

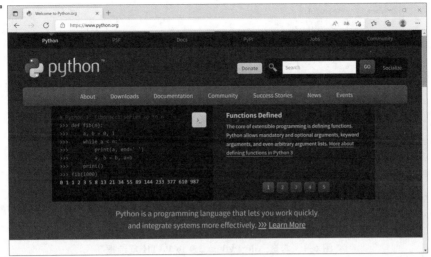

图 6-1　Python 官网

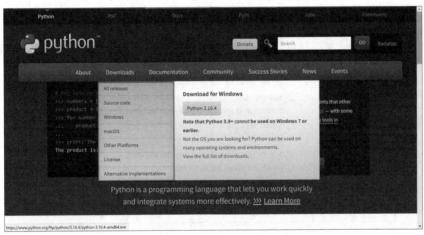

图 6-2　选择安装平台

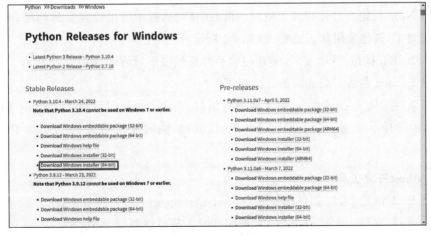

图 6-3　选择合适的版本

图 6-4　勾选 Add Python 3.9 to PATH 复选框

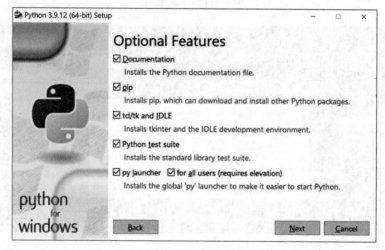

图 6-5　自定义安装

　　单击 Next 按钮将打开高级选项对话框,在该对话框中可以设置安装路径,建议安装到非系统盘下,其他采用默认设置,如图 6-6 所示。

　　单击 Install 按钮,开始安装,安装完成后将显示以下对话框,如图 6-7 所示。

　　测试 Python 是否安装成功的方法如下。

　　在搜索栏中输入 cmd 命令,启动命令行窗口,在命令提示行后输入 python,如果出现图 6-8 所示的提示信息,则说明 Python 安装成功,同时系统将进入交互式 Python 解释器。

2. Python 开发工具

　　安装 Python 后,系统会自动安装一个 IDLE(Integrated Development and Learning Environment),它是一个 PythonShell,程序开发人员可以利用 PythonShell 与 Python 进行交互。

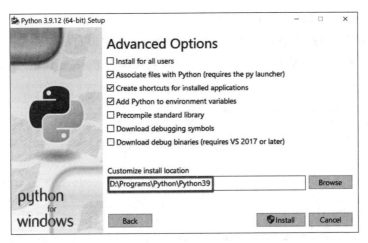

图 6-6　高级选项

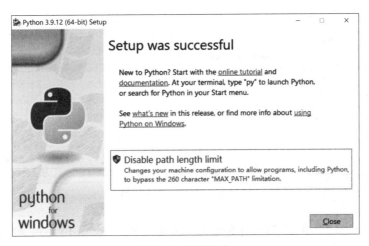

图 6-7　安装完成

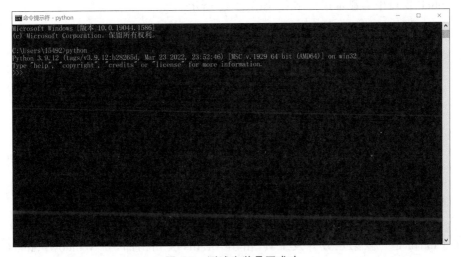

图 6-8　测试安装是否成功

下面简单介绍 IDLE 的使用方法。

通过"开始"菜单打开 IDLE 窗口，如图 6-9 所示，在主窗口的菜单栏上，选择 File→NewFile 选项，打开一个新窗口，在该窗口中可以直接编写 Python 代码，如图 6-10 所示。

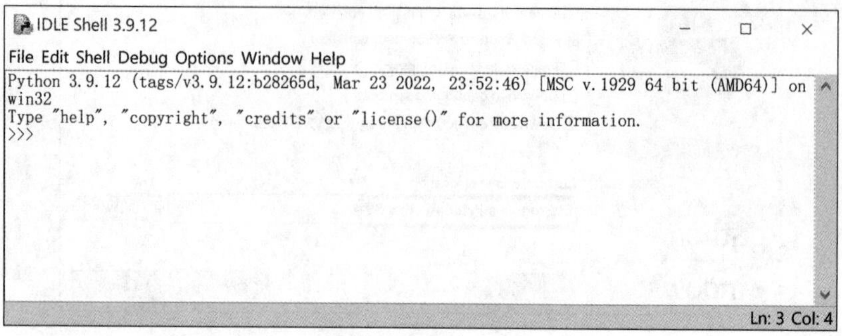

图 6-9　IDLE 窗口

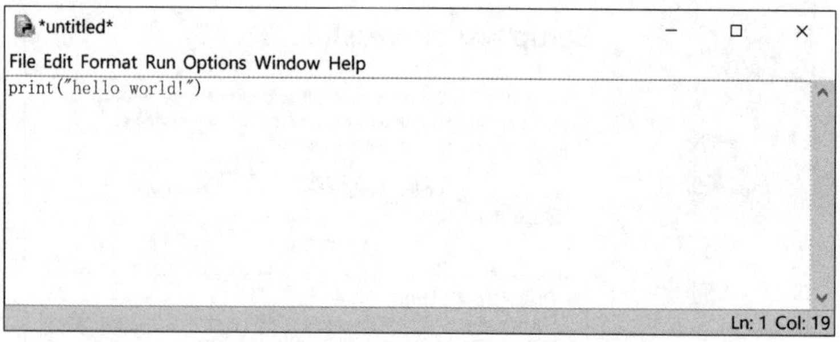

图 6-10　编写 Python 代码

按快捷键 Ctrl＋S 保存文件，保存的同时给文件命名，py 是 Python 文件的扩展名。

在菜单栏中选择 Run→RunModule 选项，或按 F5 键运行程序。运行程序后，打开的 PythonShell 窗口中会显示运行结果，如图 6-11 所示。

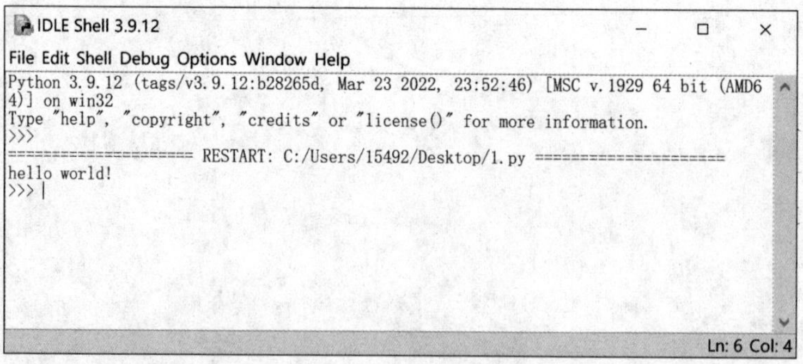

图 6-11　显示运行结果

PyCharm 是一款第三方开发工具，由 JetBrains 公司出品，在 Windows、macOS 和 Linux 操作系统中都可以使用，具有语法高亮显示、项目管理、代码跳转、智能提示、自动完成、调试、单元测试和版本控制等功能。

PyCharm 的官方网站为 https://www.jetbrains.com/pycharm/，提供两个版本的 PyCharm，即社区版（免费并提供源程序）和专业版（免费试用）。作为初学者，建议下载社区版。

6.1.3　基本语法元素

Python 的语法简单，容易学习和掌握，下面结合示例代码说明 Python 的基本语法。

1. 注释

注释是指在程序代码中添加的标注性文字，注释不是程序代码，不会被执行。在 Python 中，注释通常有两种：单行注释和多行注释。

单行注释：使用"♯"符号，从"♯"开始到换行为止，中间的内容都作为注释的内容，将被 Python 解释器忽略。在 PyCharm 中可使用快捷键（Ctrl＋/）实现批量注释（添加"♯"）或取消注释（删除"♯"）。

多行注释：可使用多行字符串（三引号字符串）表示多行注释。

```
"""
注释是指在程序代码中添加的标注性的文字
单行注释：使用"#"符号
多行注释：使用三引号(三双引号或三单引号)
"""
#打印输出 Hello Python!
print('Hello Python!')
```

上述代码执行结果如下：

```
Hello Python!
```

2. 代码缩进

代码缩进是指在每行代码的左端空出一定长度的空白，从而可以更加清晰地从外观上看出程序的逻辑结构。Python 通过强制缩进表示代码逻辑结构，这也是 Python 的特色。缩进的空格数是可变的，但是同一个代码块的语句必须包含相同的缩进空格数。通常情况下，一个缩进可以由 Tab 键或 4 个空格实现，尽量不要混用。

```
if True:
    print ("True")
else:
    print ("False")
```

以下代码最后一行语句的缩进空格数不一致，会导致运行错误。

```
if True:
    print ("Answer")
    print ("True")
else:
    print ("Answer")
  print ("False")          #缩进不一致,会导致运行错误
```

错误信息如图 6-12 所示。

```
File "D:/教学/Python/2021大基/jc1.py", line 6
    print ("False")     # 缩进不一致,会导致运行错误
                  ^
IndentationError: unindent does not match any outer indentation level
```

图 6-12   程序报错

3. 变量

变量是保存和表示数值的一种语法元素,在程序中十分常见。顾名思义,变量的值是可以改变的量,能够通过赋值的方式修改。Python 将标识符作为变量名,并使用赋值号(=)将变量名和值关联起来。如:

```
age = 18
```

就是将 18 这个整数赋值给变量 age。另外,变量名不变,值可以变,又如:

```
age = 24
```

此时,变量 age 的值为 24。

4. 赋值

Python 中,"="表示赋值,即对等号右侧的值进行计算后将结果值赋给左侧变量,包含等号(=)的语句称为赋值语句。除了上面讲到的可以将一个数字赋值给变量外,还可以将表达式赋值给变量,格式为

```
变量 = 表达式
sum = 24+12
print(sum)
```

上述代码的执行结果如下:

```
36
```

同步赋值语句可以同时给多个变量赋值,格式为

```
变量 1,…,变量 N = 表达式 1,…,表达式 N
a,b,c,d = 1+2,2+4,3+6,4+8
sum = a+b+c+d
print(sum)
```

上述代码的执行结果如下：

```
30
```

5. 命名

Python 允许采用大写字母、小写字母、数字、下画线和汉字等字符及其组合给变量命名，但名字的首字符不能是数字，中间不能出现空格，长度没有限制。

注意：标识符对大小写敏感，python 和 Python 是两个不同的名字。

在符合变量命名规则的前提下，变量名最好简短、易懂，即从变量名就能看出其代表的意思。例如，my_name 肯定比 a 更好理解。

当变量需要用两个以上的单词表示时，常用的命名方法有以下两种。

第一种命名方法：驼峰式大小写，即第一个单词的首字母小写，第二个单词的首字母大写，例如 firstName。每个单词的首字母也可以都采用大写，例如 FirstName，它也被称为 Pascal 命名法。

第二种命名方法：使用下画线连接，例如 first_name。

6. 关键字

关键字也称为保留字，是 Python 中已经被赋予特定意义的一些单词（表 6-1）。开发程序时，关键字不可以作为变量、函数、类、模块和其他对象的名称使用。

表 6-1　Python 3.x 保留字列表（33 个）

and	as	assert	break	class	continue
def	del	elif	else	except	finally
for	from	False	global	if	import
in	is	lambda	nonlocal	not	None
or	pass	raise	return	try	True
while	with	yield			

7. 引用其他功能模块

Python 程序会经常使用当前程序之外已有的功能模块，这个过程称为引用。Python 使用 import 保留字引用当前程序以外的功能模块，语法格式如下：

```
import modulename
```

引用功能模块之后,采用 modulename.functionname()方式调用具体功能。

采用如下方式可以引用模块中的指定函数,调用该函数时,不需要再写功能模块的名称。

```
from modulename import functionname
```

例 6-1 在 Python 代码中导入并使用 math 库的功能。

第一种引用方式:

```
import math
x=math.pi/2          #通过模块名访问
y=math.sin(x)        #同上一行
print(y)             #输出结果为 1.0
```

第二种引用方式:

```
from math import *
x=pi/2               #不必再指定模块名(math.)
y=sin(x)             #同上一行
print(y)             #输出结果为 1.0
```

6.1.4 基本输入/输出函数

1. input()函数

获得用户输入之前,input()函数可以包含一些提示性文字,语法格式如下:

```
变量 = input(<提示性文字>)
```

这里不得不提到经常与 input()函数一同使用的 eval()函数。

eval()函数是 Python 中十分重要的函数,它能够以 Python 表达式的方式解析并执行字符串,将返回结果输出。简单地说,eval()函数的作用是将输入的字符串转换成 Python 语句并执行该语句。eval()函数能使字符串本身的引号去掉,保留字符的原本属性。

```
a=eval(input('请输入加法算式: '))
print(a)
print(type(a))        #type()为查看对象类型的函数
```

上述代码的执行结果如下:

```
请输入加法算式: 1+2
3
<class'int'>
```

2. print()函数

print()函数用于输出运算结果,根据输出内容的不同,有以下 3 种用法。

① 仅用于输出字符串,语法格式如下:

print(<待输出字符串>)

② 仅用于输出一个或多个变量,语法格式如下:

print(变量 1,变量 2,…,变量 n)

③ 用于混合输出字符串与变量值,语法格式如下:

print(输出字符串模板.format(变量 1,变量 2,…,变量 n))

> **例 6-2**　通过键盘输入大学名称和建校年份,输出"今年是××大学建校××周年,愿母校永远朝气蓬勃,桃李满天下!"。

```
import datetime
#datetime 模块提供了处理日期和时间的函数和方法
name=input("请输入大学名称: ")
year=eval(input("请输入建校年份: "))
age=datetime.datetime.now().year-year
print("今年是{}建校{}周年,愿母校永远朝气蓬勃,桃李满天下!".format(name,age))
```

上述代码的执行结果如下:

```
请输入大学名称: 清华大学
请输入建校年份: 1911
今年是清华大学建校 111 周年,愿母校永远朝气蓬勃,桃李满天下!
```

format 的使用方法详见字符串类型常用方法。

6.2　基本数据类型

6.2.1　数字类型

1. 整数类型

整数类型与数学中的整数概念一致,从理论上讲没有取值范围的限制。整数类型有 4 种进制表示:二进制、八进制、十进制和十六进制。默认情况下,整数采用十进制,其他进制需要增加引导符号(表 6-2)。

表 6-2   各进制的表示方法

进制类型	引导符	描　　述
十进制	无	默认情况,例如:1010,-1010
二进制	0b 或 0B	由字符 0 和 1 组成,例如:0b1010,0B1010
八进制	0o 或 0O	由字符 0~7 组成,例如:0o5016,0O7777
十六进制	0x 或 0X	由字符 0~9、a~f 或 A~F 组成,例如:0x1F4B

进制是整数的外在表现形式,计算机内部都是采用二进制进行存储的。在程序中,不同进制形式的整数之间可以直接运算,使用 print() 函数输出时,整数默认以十进制表示,也可通过格式控制输出其他进制形式。

例 6-3   各种进制整数的运行与输出。

```
a=0x1A                    #十六进制 1A,表示整数 26
b=0b1010                  #二进制 1010,表示整数 10
c=a+b+22
print(c)                  #默认以十进制形式输出
print("{:x}".format(c))   #指定以十六进制形式输出
```

上述代码的执行结果如下:

```
58
3a
```

2. 浮点数类型

浮点数类型与数学中实数的概念一致,表示带有小数的数字。Python 中的浮点数类型必须带有小数部分,小数部分可以是 0。例如,35 是整数,35.0 是浮点数。

浮点数有两种表示方法:十进制形式的一般表示和科学计数法表示。例如:

```
1010.0,-1010.0,1.01e3,-1.01E-3
```

科学计数法使用字母 e 或者 E 作为幂的符号,以 10 为基数,含义如下:

```
<a>e<b>=a * 10ᵇ
```

例 6-4   查看数字对象的类型(int 为整型,float 为浮点型)。

```
a=123
b=-1.01E-3
c=5.2e2
print(type(a))
print(type(b))
print(type(c))
```

上述代码的执行结果如下:

```
<class 'int'>
<class 'float'>
<class 'float'>
```

3. 算术运算

算术运算是指通过算术运算符实现数学运算,Python 提供了 7 个基本的算术运算操作符(表 6-3)。

表 6-3　算术运算操作符

运算符	描　　　述	实　　　例
+	加,x 与 y 之和	10+20 的结果为 30
-	减,x 与 y 之差	10-20 的结果为-10
*	乘,x 与 y 之积	10*20 的结果为 200
/	除,x 与 y 之商	15/10 的结果为 1.5
%	取模,返回除法的余数	20%6 的结果为 2
**	幂,返回 x 的 y 次幂	10**3 的结果为 1000
//	取整除,返回商的整数部分(向下取整)	9//2 的结果为 4

Python 解释器提供了一些内置函数,在这些内置函数之中,有 6 个函数与算术运算相关(表 6-4)。

表 6-4　与算术运算相关的内置函数

函　　　数	描　　　述
abs(x)	x 的绝对值
divmod(x,y)	(x//y,x%y),输出为二元组形式(也称元组类型)
pow(x,y[,z])	(x**y)%z,[..]表示该参数可以省略,pow(x,y)即为 x**y
round(x[,ndigits])	对 x 四舍五入,保留 ndigits 位小数
max(x1,x2,…,xn)	x1,x2,…,xn 中的最大值,n 没有限定
min(x1,x2,…,xn)	x1,x2,…,xn 中的最小值,n 没有限定

4. 赋值运算

赋值运算可以将右侧表达式的值赋给左侧的变量,右侧表达式的运算结果将被左侧的变量引用(表 6-5)。在 Python 中,赋值不是数据单元的复制,而是引用指向的改变。

表 6-5　赋值运算符

运算符	描　述	实　例
=	简单的赋值运算符	c＝a＋b 将 a＋b 的运算结果赋给 c
+=	加法赋值运算符	c＋＝a 等效于 c＝c＋a
－=	减法赋值运算符	c－＝a 等效于 c＝c－a
* =	乘法赋值运算符	c＊＝a 等效于 c＝c＊a
/=	除法赋值运算符	c/＝a 等效于 c＝c/a
%=	取模赋值运算符	c%＝a 等效于 c＝c%a
**=	幂赋值运算符	c＊＊＝a 等效于 c＝c＊＊a
//=	取整除赋值运算符	c//＝a 等效于 c＝c//a

6.2.2　布尔类型

布尔类型主要用来表示真或假的值。在 Python 中，标识符 True 和 False 被解释为布尔型；另外，Python 中的布尔值可以转换为数值，其中，True 对应 1，False 对应 0；数值向布尔值转换时，0 对应 False，非 0 对应 True。

在 Python 中，所有的对象都可以进行真值测试，其中，只有下面几种情况的值为假：

- False 和 None；
- 数值中的 0，包括 0、0.0；
- 空序列，包括字符串、空元组、空列表、空字典。

6.2.3　字符串类型

Python 中没有字符常量和变量的概念，只有字符串类型的常量和变量，单个字符也是字符串。

1. 字符串类型的表示

字符串是字符的序列表示，可以由一对单引号(')、双引号(")或三单引号(''')作为边界进行表示，三者作用相同。其中，三单引号可以表示跨行字符串，也可用于多行注释。

例 6-5　字符串的 3 种表示形式。

```
s1='登鹳雀楼'
s2="王之涣"
s3='''白日依山尽,黄河入海流。
欲穷千里目,更上一层楼。'''
print(s1)
print(s2)
print(s3)
```

上述代码的输出结果如下：

```
登鹳雀楼
王之涣
白日依山尽,黄河入海流。
欲穷千里目,更上一层楼。
```

2. 转义字符

Python 中的字符串还支持转义字符。转义字符是指使用反斜杠"\"对一些特殊字符进行转义（表 6-6）。

表 6-6　常用转义字符及其说明

转义字符	说　　明	转义字符	说　　明
\	续行符	\"	双引号
\n	换行符	\'	单引号
\0	空	\\	一个反斜杠
\t	水平制表符,用于横向跳到下一制表位	\f	换页

例 6-6　转义字符的使用,例 6-5 中的古诗还可以利用转义字符进行输出。

```
s3='\t 登鹳雀楼\n\t\t 王之涣\n 白日依山尽,黄河入海流。\n 欲穷千里目,更上一层楼。'
print(s3)
```

上述代码的输出结果如下：

```
	登鹳雀楼
		王之涣
白日依山尽,黄河入海流。
欲穷千里目,更上一层楼。
```

3. 字符串常用操作

为了实现某些功能,经常需要对字符串进行特殊处理,如拼接字符串、截取字符串、格式化字符串等,下面对 Python 中常用的字符串操作方法进行简要介绍（表 6-7）。

表 6-7　常用的字符串操作方法

函数或方法	功　　能	函数或方法	功　　能
len(s)	计算字符串的长度	s.count() s.find() s.index()	字符串检索
x in s	判断 x 是否是 s 的子串		
s[i]	字符串索引		
s[i:j:k]	字符串切片	s.lower() s.upper()	转换大小写
x+y	字符串 x 和 y 拼接		
s.split()	字符串分隔	s.format()	字符串格式化

（1）字符串索引

字符串是字符的有序集合，可以通过其位置获得具体的字符。在 Python 中，字符串中的字符是通过索引提取的，索引从 0 开始，依次加 1。也可以取负值，表示从末尾提取，最后一个为−1，倒数第二个为−2，即程序认为可以从结束处反向计数，字符串中的每个字符均有正负两个索引值。

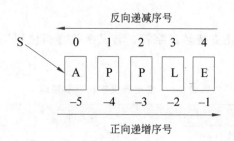

若要得到字符串"APPLE"中的"L"，则使用 s[3]或者 s[−2]。

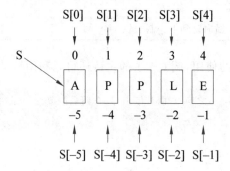

例 6-7   身份证号码中的倒数第 2 位为性别标识位，奇数表示男性，偶数表示女性，请通过键盘任意输入一个 18 位的身份证号码，并取出它的性别标识位。

```
s=input('请输入 18 位身份证号码：')
print('性别标识位为：',s[16])
```

上述代码的输出结果如下：

```
请输入 18 位身份证号码：410305199903053521
性别标识位为：2
```

（2）字符串切片

Python 访问子字符串可以使用方括号"[]"截取子字符串，称为字符串切片，语法格式如下：

```
s[i:j:k]
```

其中，i 和 j 为截取的子字符串的开始和结束的索引值，但不包括 j 表示的字符，k 为步长，表示每次索引值加的值，i 和 j 可以正负值混合使用。如果 i 在 j 的左侧，则 k 为正数，子字符串为正向输出；如果 i 在 j 的右侧，则 k 为负数，子字符串为反向输出。

若要在字符串"APPLE"中得到子串"PPL"，则使用切片 s[1:4]、s[−4:−1]、s[−4:4] 或者 s[1:−1]都可以得到。

注意：使用索引值得到单个字符和使用切片得到子字符串都是字符串类型。

例 6-8　身份证号码中的第 6～13 位为出生日期的信息，请通过键盘输入一个身份证号码，并打印其出生日期。

```
s=input('请输入身份证号码：')
syear=s[6:10]
smonth=s[10:12]
sdate=s[12:14]
print('出生日期为{}年{}月{}日。'.format(syear,smonth,sdate))
```

上述代码的输出结果如下：

```
请输入身份证号码：410305199903053521
出生日期为 1999 年 03 月 05 日
```

（3）计算字符串长度

不同的字符所占的字节数不同，因此要计算字符串的长度，需要先了解各字符所占的字节数。在 Python 中，数字、英文、小数点、下画线和空格占 1 字节，一个汉字根据编码的不同占 2～4 字节。Python 中的 len()函数可以计算字符串的长度，语法格式如下：

```
len(s)
```

例 6-9　请通过键盘输入一个身份证号码，验证其位数。

```
s=input('请输入身份证号码：')
length=len(s)
print(length)
```

上述代码的输出结果如下：

```
请输入身份证号码：410305199903053521
18
```

（4）字符串拼接

使用"+"运算符可以完成多个字符串的拼接，"+"运算符可以连接多个字符串并产生一个字符串对象。

```
p="河南"
c="洛阳"
m="龙门石窟"
print(p+c+m)
```

上述代码的输出结果如下：

河南洛阳龙门石窟

字符串不允许直接与其他类型的数据拼接。例如，将字符串与数值拼接在一起将产生异常。解决该问题的方法是将整数转换为字符串，然后使用拼接字符串的方法输出该内容，将整数转换为字符串可以使用 str()函数。如例 6-9 中，若想在输出时加上提示语"该身份证号的位数是："，由于 length 是一个整数，则需要先将其转换为字符串类型后再进行拼接。

```
s=input('请输入身份证号码：')
length=len(s)
print("该身份证号的位数是:"+str(length))
```

上述代码的输出结果如下：

请输入身份证号码：410305199003053521
该身份证号的位数是：18

(5) 字符串分割与合并

在 Python 中，字符串对象提供了分割和合并的方法。字符串分割是指把字符串分割成列表，而字符串合并是指把列表合并为字符串。两者可以看作互逆操作。split()方法可以实现字符串分割，也就是把一个字符串按照指定的分隔符切分为字符串列表，该列表中的元素不包含分隔符，语法格式如下：

str.split(sep,maxsplit)

参数说明：
- sep：分隔符，默认为所有的空字符，包括空格、换行(\n)、制表符(\t)等。
- maxsplit：分割次数。默认为 −1，即分割所有。

例 6-10　将字符串中的每个单词分别存放。

```
s = "happy new year"
ls = s.split()
print(ls)
```

上述代码的输出结果如下：

```
['happy', 'new', 'year']
```

字符串合并与字符串分割相反,它可以将多个字符串用固定的分隔符连接在一起,join()方法用于将序列中的元素以指定的字符连接生成一个新的字符串,语法格式如下:

str.join(sequence)

参数说明:

- str:用于拼接的字符。
- sequence:要连接的元素序列。

例 6-11　文件 A.txt 所在文件夹的路径为 D:\files\Python,请写出 A.txt 的完整路径。

```
url = 'D:/files/Python'
txt = 'A.txt'
u = '/'.join([url,txt])
print(u)
```

上述代码的输出结果如下:

```
D:/files/Python/A.txt
```

这里需要说明的是,在 Python 中,由于反斜杠"\"被用作转义符,因此当使用反斜杠表示路径时,可以替换使用斜杠"/",Python 中允许使用"/"作为路径分隔符号。

(6) 字符串检索

在 Python 中,字符串对象提供了多种查找字符串的方法,主要介绍以下两种方法。

① count()方法用于统计字符串中某个字符或子字符串出现的次数,可选参数为字符串检索的开始与结束位置,语法格式如下:

str.count(sub[,start[,end]])

参数说明:

- sub:检索的子字符串。
- start:字符串开始检索的位置,默认为第一个字符,第一个字符的索引值为 0。
- end:字符串结束检索的位置,默认为字符串的最后一个位置。

例 6-12　输入一个字符串,统计其中字母 a 出现的次数。

```
s = input()
print('a 出现了{}次'.format(s.count('a')))
```

上述代码的输出结果如下:

```
I have a dream
a 出现了 3 次
```

② find()方法用于检测字符串中是否包含子字符串 str。如果指定 beg(开始)和 end (结束)范围,则检查是否包含在指定范围内;如果包含子字符串,则返回开始的索引值,否则返回−1,语法格式如下:

```
str.find(str, start, end)
```

参数说明:

- str:指定检索的字符串。
- start:开始索引,默认为 0。
- end:结束索引,默认为字符串的长度。

例 6-13　输入一个字符串,找出其中字母 a 和字母 i 首次出现的位置。

```
s = input()
print('a 首次出现的位置是{}'.format(s.find('a')))
print('i 首次出现的位置是{}'.format(s.find('i')))
```

上述代码的输出结果如下:

```
I have a dream
a 首次出现的位置是 3
i 首次出现的位置是−1
```

位置−1 表示字符串中不存在字母 i,但是输入字符串中明明存在字母 i,这是因为字符串中的字母是区分大小写的。

（7）大小写转换

在 Python 中,字符串对象提供了 lower()方法和 upper()方法用于字母的大小写转换。

lower()方法用于将字符串中的大写字母转换成小写字母,如果字符串中没有需要进行转换的字符,则返回原字符;否则返回一个新的字符串,将原字符串中的每个大写字母都转换成相应的小写字母,字符长度与原字符串长度相同,语法格式如下:

```
str.lower()
```

该方法无参数。

upper()方法与 lower()方法为互逆操作,这里不再赘述,语法格式如下:

```
str.upper()
```

例 6-14　　输入一个字符串,找出其中字母 a 和字母 i 首次出现的位置。

```
s = input()
s = s.lower()
print('a首次出现的位置是{}'.format(s.find('a')))
print('i首次出现的位置是{}'.format(s.find('i')))
```

上述代码的输出结果如下:

```
I have a dream
a首次出现的位置是 3
i首次出现的位置是 0
```

(8) 字符串格式化

字符串格式化是指先制定一个模板,在这个模板中预留几个空位,然后根据需要填上相应的内容,这些空位需要使用占位符。在 Python 中,字符串对象提供了 format()方法用于字符串格式化,语法格式如下:

str.format(args)

参数说明:

- str:指定字符串的显示样式,即模板字符串,其中,空位(槽)用一对大括号"{}"表示。
- args:指定空位(槽)内要填写的值,如果是多项,则用逗号进行分隔。

format()方法中模板字符串的槽内除了包含参数序号,还可以包含格式控制信息,语法格式如下:

{<参数序号>:<格式控制标记>}

其中,格式控制标记用来控制参数显示时的格式。格式控制标记包括<填充>、<对齐>、<宽度>、<,>、<.精度>、<类型>六个字段,可以随意选择其中的一个或多个组合使用;组合使用时,各字段的位置顺序排列如表 6-8 所示。

表 6-8　format()方法格式控制标记

:	<填充>	<对齐>	<宽度>	,	<.精度>	<类型>
引导符号	用于填充的单个字符	<左对齐 >右对齐 ^居中对齐	槽的设定输出宽度	数字的千位分隔符,适用于整数和浮点数	浮点数小数部分的精度或字符串的最大输出长度	整数类型 b,cd,oxX 浮点数类型 e,E,f,%

这 6 个格式控制标记可以分为两组。第一组是<填充>、<对齐>、<宽度>,它们

是相关字段,主要用于对显示格式的规范。

<填充>字段可以修改默认填充字符,填充字符只能有一个。

<宽度>字段指当前槽的设定输出字符宽度。如果该槽的参数实际值比宽度设定值大,则使用参数实际长度。如果该值的实际值小于指定宽度,则按照对齐指定方式在宽度内对齐,默认以空格字符补充。

<对齐>字段分别使用"<"">"和"^"三个符号表示左对齐、右对齐和居中对齐。

第二组是<,>、<.精度>、<类型>,主要用于对数值本身的规范。

对于浮点数,精度表示小数部分输出的有效位数。对于字符串,精度表示输出的最大长度,小数点可以理解为对数值的有效截断。

对于浮点数类型,输出格式包括以下 4 种。

- e:输出浮点数对应的小写字母 e 的指数形式。
- E:输出浮点数对应的大写字母 E 的指数形式。
- f:输出浮点数的标准浮点形式。
- %:输出浮点数的百分形式。

例 6-15　输出保留两位小数的圆周率 π。

```
import math
print('圆周率 π 的值(保留两位小数):{:.2f}'.format(math.pi))
```

上述代码的执行结果如下:

```
圆周率 π 的值(保留两位小数):3.14
```

6.2.4　数据类型的转换

在 Python 中,可以通过内置的函数进行数据类型的转换,函数返回一个新的对象,表示转换后的值(表 6-9)。

表 6-9　数据类型转换函数

函　数	描　述
int(x[,base])	将 x 转换为整数,base 表示进制数,默认为十进制
float(x)	将 x 转换为浮点数
complex(real[,imag])	创建复数
str(x)	将对象 x 转换为字符串
repr(x)	将对象 x 转换为表达式字符串
eval(str)	计算字符串中的有效 Python 表达式,并返回一个对象
tuple(s)	将序列 s 转换为元组

续表

函　　数	描　　述
list(s)	将序列 s 转换为列表
set(s)	转换为可变集合
dict(d)	创建字典,d 必须是(key,value)元组序列
frozenset(s)	转换为不可变集合
chr(x)	将整数转换为字符
ord(x)	将字符转换为它的整数值
hex(x)	将整数转换为十六进制字符串
oct(x)	将整数转换为八进制字符串

6.3　程序控制结构

6.3.1　程序的控制流程

1. 程序流程图

程序流程图(简称流程图)用一系列图形、流向线和文字说明描述程序的基本操作和控制流程,它是程序分析和过程描述的基本方式。

程序流程图的基本元素包括 7 种,如图 6-13 所示。

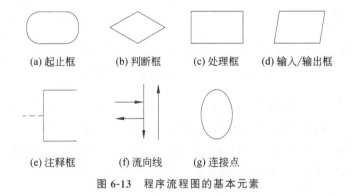

(a) 起止框　　(b) 判断框　　(c) 处理框　　(d) 输入/输出框

(e) 注释框　　(f) 流向线　　(g) 连接点

图 6-13　程序流程图的基本元素

起止框:表示程序逻辑的开始或结束。

判断框:表示一个判断条件,并根据判断结果选择不同的执行路径。

处理框:表示一组处理过程,对应于顺序执行的程序逻辑。

输入/输出框:表示程序中的数据输入或结果输出。

注释框:表示程序的注释。

流向线:表示程序的控制流,用带箭头的直线或曲线表达程序的执行路径。

连接点:表示多个流程图的连接方式,常用于将多个较小的流程图组织成较大的流程图。

2. 程序的基本结构

程序由三种基本结构组成：顺序结构、分支结构和循环结构。这些基本结构都有一个入口和一个出口。任何程序都由这三种基本结构组合而成。

顺序结构是程序按照线性顺序依次执行的一种运行方式。

分支结构是程序根据条件判断结果选择不同执行路径的一种运行方式，基本的分支结构是二分支结构，二分支结构可以组合形成多分支结构。

循环结构是程序根据条件判断结果向后反复执行的一种运行方式，根据循环体触发条件的不同，分为遍历循环结构和条件循环结构。

在 3 种基本控制逻辑的基础上，Python 进行了以下必要且适当的扩展。

① 在分支结构原理的基础上，Python 增加了异常处理，使用 try-except 保留字处理异常，以程序异常为判断条件，根据代码执行的正确性进行程序逻辑选择。

② 在循环结构原理的基础上，Python 提供两个循环保留字 break 和 continue，对循环的执行过程进行控制，break 用来结束当前循环，continue 用来结束当前循环的当次循环。

6.3.2 分支结构

1. 单分支结构

Python 的单分支结构使用 if 保留字对条件进行判断，如图 6-14 所示。

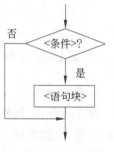

图 6-14 单分支结构

语法格式如下：

```
if 判断条件：
    语句块
```

其中，"if"":"和语句块前的缩进都是语法的一部分。语句块是满足 if 条件后执行的一个或多个语句序列，缩进表示语句块与 if 的包含关系。判断条件是一个产生 True 或 False 结果的语句块，当结果为 True 时，执行该语句块，否则跳过该语句块。

形成判断条件的常见方式是采用关系运算符（表 6-10）。

表 6-10 关系运算符

运算符	描 述	实例：a=10，b=20
==	等于，比较对象是否相等	(a==b)返回 False
!=	不等于，比较两个对象是否不相等	(a!=b)返回 True
>	大于，返回 x 是否大于 y	(a>b)返回 False
<	小于，返回 x 是否小于 y	(a<b)返回 True
>=	大于或等于，返回 x 是否大于或等于 y	(a>=b)返回 False
<=	小于等于，返回 x 是否小于等于 y	(a<=b)返回 True

例 6-16　输出某个数的绝对值。

```
x=eval(input('x:'))
if x<0:
    x=-x
print("x的绝对值为:{}".format(x))
```

上述代码的执行结果如下：

```
x:-35
x的绝对值为:35
```

注意：if 语句的条件表达式通常为关系表达式，结果为布尔类型，True(真)表示条件成立，False(假)表示条件不成立；若条件表达式为数值类型，则 0 为假，非 0 为真；对于其他类型，则认为空串、空列表、空元组或 None 值等为假，否则为真。

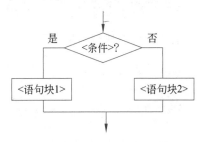

图 6-15　双分支结构

2. 二分支结构

Python 的二分支结构使用 if-else 保留字对条件进行判断，如图 6-15 所示。

语法格式如下：

```
if 判断条件:
    语句块 1
else:
    语句块 2
```

其中，if、else、冒号(:)以及语句块前的缩进都是语法的一部分。

语句块 1 在 if 中的判断条件满足(为 True)时执行，语句块 2 在 if 中的判断条件不满足(为 False)时执行。简单地说，二分支结构可以根据条件的 True 或 False 结果产生两条执行路径。

例 6-17　输入某人的身份证号码，判断其性别。

```
s=input('请输入 18 位身份证号码: ')
sex = int(s[16])
if sex%2==0:
    print('女性')
else:
    print('男性')
```

上述代码的输出结果如下：

```
请输入 18 位身份证号码:410305199903053521
女性
```

例 6-18   匹配关键词:输入一段文本,再输入一个关键词,判断该关键词是否在文本中出现过。若出现过,则输出"包含",否则输出"不包含"。

```
text=input('text:').lower()
key=input('key:').lower()
if key in text:
    print('包含')
else:
    print('不包含')
```

上述代码的执行结果如下:

```
text:I love you.
key:love
包含
```

Python 可以使用保留字 and、or 和 not 对多个条件进行逻辑运算(表 6-11)。编写代码时要注意多个逻辑运算的优先级:not>and>or,也可以通过加括号的方式调整优先级。

表 6-11   逻辑运算结果列举

x	y	x and y	x or y	not x
False	False	False	False	True
False	True	False	True	True
True	False	False	True	False
True	True	True	True	False

例 6-19   闰年判断(输出是不是闰年或这一年有多少天)。

```
year=int(input('year:'))
if year%4==0 and year%100!=0 or year%400==0:
    print('{}年是闰年'.format(year))
else:
    print('{}年不是闰年'.format(year))
```

上述代码的执行结果如下:

```
year: 2000
2000 年是闰年
```

3. 多分支结构

Python 使用 if-elif-else 描述多分支结构,如图 6-16 所示。

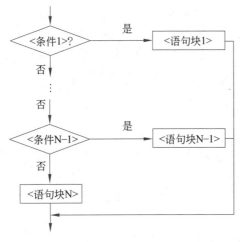

图 6-16 多分支结构

语法格式如下:

```
if 判断条件 1:
    语句块 1
elif 判断条件 2:
    语句块 2
...
else:
    语句块 N
```

多分支结构通常用于判断同一个条件或同一类条件的多个执行路径。

注意:Python 会按照多分支结构的代码顺序依次评估判断条件,寻找并执行第一个结果为 True 的条件对应的语句块,执行当前语句块后,跳出整个 if-elif-else 结构。

例 6-20 输入身高和体重,根据 BMI 指标输出其体型分类。BMI 计算公式为

$$BMI = 体重(kg) \div 身高^2(m^2)$$

体型	BMI 值/kg · m^2	体型	BMI 值/kg · m^2
偏瘦	18.5 以下	偏胖	24(含)~28
正常	18.5(含)~24	肥胖	28(含)以上

```
h=eval(input('身高(米): '))
w=eval(input('体重(千克): '))
bmi=w/(h * h)
if bmi<18.5:
```

```
    print('偏瘦')
elif bmi<24:
    print('正常')
elif bmi<28:
    print('偏胖')
else:
    print('肥胖')
```

上述代码的执行结果如下：

```
身高(米): 1.65
体重(千克): 63
正常
```

4. 分支嵌套

分支嵌套是指在 if 语句中嵌套使用 if 语句，也就是说，可以在基础条件满足的情况下，再在基础条件下增加额外的判断条件。

例 6-21   输入性别和年龄，判断员工是否退休(男性 60 岁退休，女性 55 岁退休)。

```
sex=input("sex: ")
age=int(input("age: "))
if sex=="男":
    if age>=60:
        print("退休")
    else:
        print("未退休")
else:
    if age>=55:
        print("退休")
    else:
        print("未退休")
```

上述代码的执行结果如下：

```
sex: 男
age: 58
未退休
```

6.3.3   循环结构

不断的重复就是循环。循环结构可以在一定条件下反复执行某部分代码，是 Python 程序中使用率最高的结构。

Python 提供了两种循环结构：遍历循环和条件循环。遍历循环使用保留字 for-in 对遍历结构中各元素进行依次提取；条件循环使用保留字 while 根据判断条件执行程序。

1. 遍历循环

遍历循环也称 for 循环，它是一种迭代循环，可以理解为从遍历结构中逐一提取元素并放在循环变量中，对于提取的每个元素执行一次循环体。for-in 语句的循环执行次数是根据遍历结构中的元素个数决定的，如图 6-17 所示。

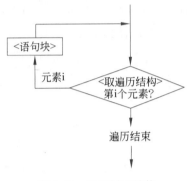

图 6-17　遍历循环结构

语法格式如下：

```
for 循环变量 in 遍历结构：
    语句块
```

例 6-22　求整数 1～10 的总和并输出。

```
result=0
for i in [1,2,3,4,5,6,7,8,9,10]:
    result+=i
print(result)
```

上述代码的执行结果如下：

```
55
```

上例中，将需要求和的数值存放在列表中，依次进入变量 i，并在循环体中完成累加的过程，最后将结果输出。如果求和的数值为 1～1000 的所有整数，难道也要将这 1000 个数依次写入列表吗？

答案是否定的，Python 提供了 range() 函数用于创建一个整数序列，一般用在 for 循环中（表 6-12 和表 6-13）。

表 6-12　range()函数的参数说明

range(start,stop[,step])		
start：起始值（包含）	end：终值（不包含）	step：步长（不能为 0）
可省略（默认为 0）	不可省略	可省略（默认为 1）

表 6-13　range()函数应用举例

代　　　码	含　　　义	生　成　数　列
range(10)	从 0 开始到 10（不包含 10）	[0,1,2,3,4,5,6,7,8,9]
range(1,11)	从 1 开始到 11（不包含 11）	[1,2,3,4,5,6,7,8,9,10]
range(0,30,5)	步长为 5	[0,5,10,15,20,25]
range(0,10,3)	步长为 3	[0,3,6,9]
range(0,−10,−1)	负数	[0,−1,−2,−3,−4,−5,−6,−7,−8,−9]
range(0)	空	[]
range(1,0)	空	[]

例 6-23　计算 1～n（包含 n）所有 7 的倍数的乘积并输出。

```python
n = int(input())
product = 1
for i in range(7,n+1,7):
    product *= i
print(product)
```

上述代码的执行结果如下：

```
21
2058
```

除了 range()函数，遍历结构还可以是字符串、列表等组合数据类型。对于字符串，for 循环可以遍历字符串的每个字符，语法格式如下：

```
for 循环变量 in 字符串变量：
    循环体
```

例 6-24　通过键盘输入一个字符串，统计字符串中空格、数字、英文、中文以及其他字符的个数（中文汉字 Unicode 编码的范围为'\u4e00'～'\u9fff'）。

```python
numCount=0          #记录数字个数的变量
cnCount=0           #记录中文汉字个数的变量
spaceCount=0        #记录空格个数的变量
```

```
enCount=0                          #记录英文字符个数的变量
otherCount=0                       #记录其他字符个数的变量
s=input("请输入一段文本：")
for i in s:
    if '0'<=i and i<='9':
        numCount+=1
    elif '\u4e00'<i<'\u9fff':      #汉字的 Unicode 编码范围
        cnCount+=1
    elif i==" ":
        spaceCount+=1
    elif 'a'<i<'z' or 'A'<i<'Z':
        enCount+=1
    else:
        otherCount+=1
print( "数字{},汉字{},空格{},英文字母{},其他字符{}"\
    .format (numCount,cnCount,spaceCount,enCount,otherCount))
```

上述代码的执行结果如下：

请输入一段文本：I am 18 years old,我已经成年了。
数字 2,汉字 6,空格 4,英文字母 9,其他字符 4

2. 条件循环

条件循环也称 while 循环，它不需要指定循环次数，可以一直执行，直到不满足指定条件为止，如图 6-18 所示。

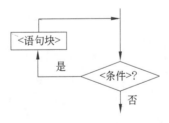

图 6-18　条件循环结构

语法格式如下：

while 判断条件：
　　语句块

当程序执行到 while 语句时，判断条件如果为 True，则执行循环体语句，执行完毕后再次判断循环条件；当条件为 False 时，循环结束。

例 6-25　一张纸的厚度为 0.1mm，对折多少次可以超过珠峰的高度（8848m）？

```
x=0.0001
y=8848
count=0
while x<=y:
    x*=2
    count+=1
print('对折{1}次,高度为{0:.2f}米。'.format(x,count)) #高度保留 2 位小数
```

上述代码的执行结果如下：

```
对折 27 次,高度为 13421.77 米。
```

相比之下,for 循环常用于循环次数固定的情况,while 循环常用于循环次数不固定的情况。若 while 循环的条件永远成立,就变成了无限循环(也称死循环),通常情况下要避免程序陷入死循环。

例 6-26　防盗门密码锁以其安全性与便捷性备受人们的青睐,请为其编写一个程序。假设开门密码是 816。当密码输入错误时,提示“请再次输入密码：”,直到密码输入正确,提示“欢迎回家!”。

```
code="816"
s=input("请输入密码: ")
while s!=code:
    s=input("请再次输入密码: ")
print("欢迎回家!")
```

上述代码的执行结果如下：

```
请输入密码: 618
请再次输入密码: 168
请再次输入密码: 886
请再次输入密码: 816
欢迎回家!
```

例 6-27　猜数字游戏：随机生成一个 1～1000 的整数,用户可以连续猜测多次,如果猜错了,就提示“高了”或“低了”；如果猜对了,就根据次数给出评价。

```
import random
n=random.randint(1,1000)
x=int(input('输入要猜的数字:'))
count=1
while x!=n:
    if x>n:
```

```
        print('高了')
    else:
        print('低了')
    x=int(input('输入要猜的数字:'))
    count+=1
print('答对了!')
if count>=12:
    print('水平很一般~')
elif count>8:
    print('还不错哟~')
else:
    print('太棒了!你真是个天才!')
```

上述代码的执行结果如下：

```
输入要猜的数字: 500
高了
输入要猜的数字: 250
高了
输入要猜的数字: 125
低了
输入要猜的数字: 187
低了
输入要猜的数字: 235
答对了!
太棒了!你真是个天才!
```

random 库是 Python 标准库,主要用于生成随机数。random 库包括基本随机数函数和扩展随机数函数。其中,基本随机数函数有 seed()、random();扩展随机数函数有randint()、getrandbits()、uniform()、randrange()、choice()、shuffle()(表 6-14)。

表 6-14　random 库常用函数

函　　数	功能及示例
seed(a＝None)	初始化给定的随机数种子,默认为当前系统时间 random.seed(10)
random()	生成一个[0.0,1.0]的随机小数 random.random()
randint(a,b)	生成一个[a,b]的整数 random.randint(10,100)
randrange(m,n[,k])	生成一个[m,n]以 k 为步长的随机整数 random.randrange(10,100,10)
getrandbits(k)	生成一个 k 比特长的随机整数 random.getrandbits(16)
uniform(a,b)	生成一个[a,b]的随机小数 random.uniform(10,100)

函　　数	功能及示例
choice(seq)	从序列 seq 中随机选择一个元素 random.choice([1,2,3,4,5,6,7,8,9])
shuffle(seq)	将序列 seq 中的元素随机排列,返回打乱后的序列 random.shuffle([1,2,3,4,5,6,7,8,9])

随机数函数能够利用随机数种子产生"确定"伪随机数,能够产生随机整数,能够对序列类型进行随机操作。

例 6-28　教室有 8 行 8 列共计 64 个座位,其中,行号为 1~8,列号为 A~H。随机抽取 n 个座位,并将编号打印出来。

```
import random
n = int(input("请输入抽取的数量:"))
for m in range(n):
    column = random.randint(65,72)    #字母 A 的 ASCII 码值为 65,字母 H 的 ASCII 码
                                       值为 72
    row = random.randint(1,8)
    cr = chr(column)+str(row)          #chr()用于得到整数对应的 ASCII 字符
    m = m+1
    print("随机抽中第{}个为{}。".format(m,cr))
```

上述代码的执行结果如下:

```
请输入抽取的数量: 6
随机抽中第 1 个为 E1。
随机抽中第 2 个为 H7。
随机抽中第 3 个为 A5。
随机抽中第 4 个为 E3。
随机抽中第 5 个为 G3。
随机抽中第 6 个为 D7。
```

3. 循环嵌套

循环嵌套是指在一个循环语句中又包含另一个循环语句。如果在内嵌的循环中再嵌套循环,则称为多层循环。通常可以通过循环嵌套实现更加复杂的功能。

例 6-29　打印九九乘法表。

```
for i in range(1,10):
    for j in range(1,i+1):
        print("{} * {}={}".format(j,i,i * j),end="\t")
    print()
```

上述代码的执行结果如下:

```
1 * 1=1
1 * 2=2   2 * 2=4
1 * 3=3   2 * 3=6    3 * 3=9
1 * 4=4   2 * 4=8    3 * 4=12   4 * 4=16
1 * 5=5   2 * 5=10   3 * 5=15   4 * 5=20   5 * 5=25
1 * 6=6   2 * 6=12   3 * 6=18   4 * 6=24   5 * 6=30   6 * 6=36
1 * 7=7   2 * 7=14   3 * 7=21   4 * 7=28   5 * 7=35   6 * 7=42   7 * 7=49
1 * 8=8   2 * 8=16   3 * 8=24   4 * 8=32   5 * 8=40   6 * 8=48   7 * 8=56   8 * 8=64
1 * 9=9   2 * 9=18   3 * 9=27   4 * 9=36   5 * 9=45   6 * 9=54   7 * 9=63   8 * 9=72   9 * 9=81
```

4. 循环保留字

循环结构有两个辅助循环控制的保留字：break 和 continue。它们可以用在 for 或 while 循环语句中，两者的区别在于：continue 语句只跳出本次循环，进入下一次循环；break 语句会结束整个循环，执行循环之后的代码。

注意：如果 break 和 continue 包含在多重循环中，则只能跳出被直接包含的最内层循环；在实际编程中，break 和 continue 必须存在于某一个条件语句下，无条件执行的 break 和 continue 是没有意义的。

例 6-30 输入任意字符串（至少包含数字），分别打印除数字以外的所有字符和第一个数字之前的所有字符。

```
s=input("输入任意字符串: ")
for i in s:
    if "0"<=i<="9":
        continue              #continue 语句只结束本次循环
    print(i, end="")
print()                       #另起一行
for i in s:
    if "0"<=i<="9":
        break                 #break 语句结束整个循环
    print(i, end="")
```

上述代码的执行结果如下：

```
输入任意字符串: In 2021, sales increased by 30%.
In, sales increased by %.
In
```

例 6-31 判断一个整数是否为素数（素数指除了 1 和该数本身外不能被其他自然数整除的数）。

```
n=int(input('n:'))
for i in range(2,n):
```

```
    if n%i==0:
        print('不是素数')
        break
else:                        #循环正常退出
    print('是素数')
```

上述代码的执行结果如下：

```
n:17
是素数
```

注意：循环语句也是可以跟 else 子句的，对于 for 循环，全部遍历后会执行 else 子句；对于 while 循环，当循环条件不成立时会执行 else 子句；只有循环正常结束，才会执行 else 子句，因 break 而提前退出循环不会执行 else 子句。

例 6-32   接例 6-26，当密码输入错误时，提示"请再次输入密码："，为了加强密码锁的安全性，若错误次数达到 3 次，则提示"锁定，24 小时后解锁"；若在 3 次以内输入正确密码，则提示"欢迎回家！"。

```
code="816"
s=input("请输入密码：")
count = 1
while s!=code:
    if count >= 3:
        print("锁定,24 小时后解锁")
        break
    else:
        s = input("请再次输入密码：")
        count += 1
else:
    print("欢迎回家！")
```

上述代码的执行结果如下：

```
请输入密码：618
请再次输入密码：886
请再次输入密码：866
锁定,24 小时后解锁
```

6.4　组合数据类型

Python 中最常用的组合数据类型有 3 大类，分别是序列类型、集合类型和映射类型（图 6-19）。序列类型是一维元素向量，元素之间存在先后关系，通过序号访问，元素之间允许重复,典型代表是字符串和列表;集合类型是一个元素集合,元素之间无序,相同元素在集合中唯一存在;映射类型是"键-值"数据项的组合,每个元素是一个键值对,表示为(key,value),典型代表是字典。

由于序列类型的元素之间存在顺序关系,所以序列中可以存在数值相同但位置不同的元素。Python 中的很多数据类型都是序列类型,其中比较重要的是字符串、列表和元组(表 6-15)。

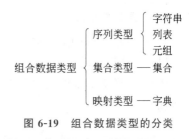

图 6-19　组合数据类型的分类

表 6-15　序列类型通用操作符及函数

操作符	功　　能
x in s	如果 x 是 s 的元素,则返回 True,否则返回 False
x not in s	如果 x 不是 s 的元素,则返回 True,否则返回 False
s＋t	连接 s 和 t
s＊n 或 n＊s	将序列 s 复制 n 次
s[i]	索引,返回第 i 个元素
s[i:j]	切片,返回序列 s 中第 i~j 个的元素的子序列(不包含第 j 个元素)
s[i:j:k]	步长切片,返回序列 s 中第 i~j 个元素以 k 为步数的子序列
len(s)	序列 s 的元素个数(长度)
min(s)	序列 s 中的最小元素
max(s)	序列 s 中的最大元素
s.index(x)	序列 s 中第一次出现元素 x 的位置(不存在会报错)
s.count(x)	序列 s 中出现 x 的总次数

6.4.1　列表

1. 列表的概念

在 Python 中,列表是由一系列按特定顺序排列的元素组成的可变序列,属于序列类型。列表用中括号"[]"表示,用逗号分隔其中的元素,这些元素的类型可以不同,列表没有长度限制,也不需要预定义长度。

列表的主要特点包括:

- 列表可以包含任意类型的对象,如数字、字符串、列表、元组或其他对象;
- 列表是有序的,列表中的元素按照从左到右的顺序,通过位置偏移量进行索引和切片;
- 列表是可变的,既可以添加和删除列表元素,也可以对列表中的对象进行直接修改。

2. 列表基本操作

列表的基本操作包括列表的创建、删除、索引、更新、切片、合并、复制以及嵌套等。

（1）列表的创建与删除

Python 提供了多种创建列表的方法，可以使用赋值号"＝"将列表赋值给变量，语法格式如下：

```
listname = [element1,element2,…, elementN]
```

也可以使用 list() 函数创建列表。

例 6-33 创建一个包含 20 以内所有奇数的列表，并打印输出。

```
lst = list(range(1,20,2))
print(lst)
```

上述代码的执行结果如下：

```
[1, 3, 5, 7, 9, 11, 13, 15, 17, 19]
```

当列表不再使用时，可以使用 del 语句将其删除，语法格式为：

```
del listname
```

del 语句也可以删除列表中的指定元素，语法格式为：

```
del listname[x]
```

例 6-34 接例 6-33，删除列表中的第 3 个元素，并打印输出。

```
lst = list(range(1,20,2))
del lst[2]
print(lst)
```

上述代码的执行结果如下：

```
[1, 3, 7, 9, 11, 13, 15, 17, 19]
```

（2）列表元素的索引与更新

列表是有序的，与字符串索引类似，每个列表元素都自带位置信息，可以通过下标索引该元素。在程序语言中，下标都是从 0 开始的，如下标为 0 的元素表示第 1 个元素；也可以用负整数表示下标，如下标为 −1 的元素表示最后一个元素。

更新列表元素与访问列表元素的语法类似，首先索引要更新的元素，然后将新的值赋给该元素，即完成了列表元素的更新。

例 6-35　将例 6-34 中的奇数列表的第 2 个元素和倒数第 2 个元素改为 0，并输出更新后的列表。

```
lst[1] = 0
lst[-2] = 0
print(lst)
```

上述代码的执行结果如下：

```
[1, 0, 5, 7, 9, 11, 13, 15, 0, 19]
```

（3）列表切片

列表切片与字符串切片类似，用于获得列表的一个片段，即获得一个或多个元素。切片后的结果也是列表类型，语法格式如下：

listname[N:M:K]

以上语句表示切片获取列表类型从 N 到 M（不包含 M）以 K 为步长所对应元素组成的列表；K 可以省略，省略则默认步长为 1。

例 6-36　将例 6-35 中的列表的两个“0”之间的元素以列表形式输出。

```
print(lst[2:- 2])
```

上述代码的执行结果如下：

```
[5, 7, 9, 11, 13, 15]
```

（4）列表的合并与复制

在列表中，“＋”运算符用于合并列表，“＊”运算符用于复制列表。

例 6-37　将 ls1 和 ls2 合并，再将 ls2 复制 3 遍。

```
lst1 = ["你好",2022,"Python"]
lst2 = ["加油","Python"]
print(lst1+lst2)
print(lst2 * 3)
```

上述代码的执行结果如下：

```
['你好', 2022, 'Python', '加油', 'Python']
['加油', 'Python', '加油', 'Python', '加油', 'Python']
```

（5）列表嵌套

列表中的元素可以是任意类型的数据，如果列表中的元素也是列表类型，则该列表就是一个二维列表。二维列表中的信息以行和列的形式表示,第一个下标代表元素所在的行,第二个下标代表元素所在的列。

例 6-38　　将二十四节气按照春、夏、秋、冬四季分类存放在二维列表中,并输出夏季的第 4 个节气。

```
jqlst = [['立春','雨水','惊蛰','春分','清明','谷雨'],['立夏','小满','芒种','夏至','小暑','大暑'],['立秋','处暑','白露','秋分','寒露','霜降'],['立冬','小雪','大雪','冬至','小寒','大寒']]
print(jqlst[1][3])
```

上述代码的执行结果如下:

```
夏至
```

3. 列表常用方法

Python 为列表对象提供了一系列处理方法,下面介绍一些列表的常用方法。

(1) 列表的添加

append()方法用于向列表末尾追加一个元素,属于原地操作。原地操作是指该方法不产生返回值(返回值为 None),同时改变作用对象本身,语法格式如下:

list.append(obj)

参数说明:

obj: 待添加到列表末尾的元素,可以是字符串、列表、元组、字典等任意数据类型。

例 6-39　　向列表[1,2,3]追加所有元素的和,并输出该列表。

```
lst = [1,2,3]
sum = 0
for i in lst:
    sum+=i
lst.append(sum)        #append()方法可以直接改变 lst 列表的值
print(lst)
```

上述代码的执行结果如下:

```
[1, 2, 3, 6]
```

insert()方法用于向列表指定位置插入一个元素,属于原地操作,语法格式如下:

list.insert(index,obj)

参数说明:

- index：元素 obj 待插入位置的索引值。
- obj：待插入列表的元素，可以是任意数据类型。

例 6-40　向列表[4,5,6]的首位插入所有元素的和，并输出该列表。

```
lst = [4,5,6]
lst.insert(0,sum(lst))    #利用 sum()函数对列表中的所有元素求和后,放入列表首位
print(lst)
```

上述代码的执行结果如下：

```
[15, 4, 5, 6]
```

（2）列表的删除

clear()方法用于清空列表中的所有元素，属于原地操作，语法格式如下：

list.clear()

例 6-41　将列表[4,5,6]清空后，追加原列表中所有元素的和，并打印该列表。

```
lst = [4,5,6]
sumls = sum(lst)
lst.clear()
lst.append(sumls)
print(lst)
```

上述代码的执行结果如下：

```
[15]
```

pop()方法用于删除列表任意位置的元素，属于原地操作，与前面几种原地操作不同的是，pop()方法会产生返回值，即被删除的元素，这也是它与 del 语句的区别，语法格式如下：

list.pop(index)

参数说明：

index：列表中待删除元素的索引值，默认为−1，即删除最后一个元素。

例 6-42　将列表[4,5,6]中的最后一个元素删除，并打印该列表和删除的这个元素。

```
lst = [4,5,6]
delmt = lst.pop()
print("当前列表为{},删除的元素是{}".format(lst,delmt))
```

上述代码的执行结果如下：

当前列表为[4,5],删除的元素是 6

有时并不清楚待删除列表元素在列表中的位置,可以使用 remove()方法指定待删除元素,并删除列表中第一个与指定值相等的元素;若该列表中没有指定待删除元素,则抛出异常,属于原地操作,语法格式如下：

list.remove(obj)

参数说明：

obj：列表中待删除的元素。

例 6-43   删除列表[6,5,4,5,6,5,7,8,5]中所有的"5",并打印该列表。

```
lst = [6,5,4,5,6,5,7,8,5]
while 5 in lst:       #remove()方法只能删除当前列表中的第一个 5,因此通过循环逐一删除
                        所有 5
    lst.remove(5)
print("当前列表为{}".format(lst))
```

上述代码的执行结果如下：

当前列表为[6, 4, 6, 7, 8]

(3) 列表的统计查找

count()方法用于统计列表中指定元素的出现次数,并返回该统计值,语法格式如下：

list.count(obj)

参数说明：

obj：列表中待统计的元素。

例 6-44   统计列表[6,5,4,5,6,5,7,8,5]中元素"5"的数量,并打印输出。

```
lst = [6,5,4,5,6,5,7,8,5]
print("列表中有{}个 5".format(lst.count(5)))
```

上述代码的执行结果如下：

列表中有 4 个 5

index()方法用于获取指定元素在列表中首次出现的位置,若该元素在列表中不存在,则抛出异常,语法格式如下：

list.index(obj)

参数说明：

obj：待查找的列表元素。

例 6-45　　春季节气列表['立春','雨水','惊蛰','清明','谷雨']中缺少"春分"，将"春分"插入该列表，并按照时间顺序放在"惊蛰"的后面。

```
lst = ['立春','雨水','惊蛰','清明','谷雨']
idx = lst.index("惊蛰")              #获取"惊蛰"在列表中的索引值
lst.insert(idx+1,"春分")            #将"春分"插入该索引值+1的位置
print(lst)
```

上述代码的执行结果如下：

```
['立春', '雨水', '惊蛰', '春分', '清明', '谷雨']
```

（4）列表的排序

sort()方法用于按照指定规则对列表元素进行排序，属于原地操作，语法格式如下：

list.sort(key, reverse)

参数说明：

- key：从列表中提取用于排序的键。
- reverse：排序规则默认为升序，即 reverse=False，若改为降序，则 reverse=True。

例 6-46　　将列表[6,5,4,1,7,3,9,8,2]中的元素降序排序，并打印输出。

```
lst= [6,5,4,1,7,3,9,8,2]
lst.sort(reverse=True)            #降序
print(lst)
```

上述代码的执行结果如下：

```
[9, 8, 7, 6, 5, 4, 3, 2, 1]
```

对于列表元素排序，除了可以对数值型数据进行排序，还可以对文本元素进行排序。

例 6-47　　将列表['China','USA','Japan','UK']中的元素降序排序，并打印输出。

```
lst = ['China','USA','Japan','UK']
lst.sort()
print(lst)
```

上述代码的执行结果如下：

```
['China', 'Japan', 'UK', 'USA']
```

例 6-48 将列表[(2,2),(3,4),(4,1),(1,3)]按照列表元素(元组)中的第二个值
升序排序,并打印输出。

```
lst= [(2, 2), (3, 4), (4, 1), (1, 3)]
lst.sort(key=lambda x:x[1])
print(lst)
```

上述代码的执行结果如下:

```
[(4, 1), (2, 2), (1, 3), (3, 4)]
```

下面简单介绍一下 lambda()函数,该函数可以将函数名作为函数结果返回,语法格
式如下:

<函数名>= lambda <参数列表>:<表达式>

lambda()函数常用于定义简单的、能够在一行内表示的函数,最终返回一个函数
类型。

reverse()方法用于将列表中的所有元素反转,而不是按照某种规则进行排序,属于
原地操作,语法格式如下:

list.reverse()

例 6-49 将书逐本地放在桌上,如下图所示,若取书时只能逐本拿取,请打印输出
拿书的顺序。

```
lst = ['python','History','English']        #桌上已有 3 本书
lst.append('Physics')                       #又放置 2 本
lst.append('Music')
lst.reverse()                               #将书籍列表倒置,即为取书的顺序
print('取书的顺序为: ',lst)
```

上述代码的执行结果如下:

```
取书的顺序为: ['Music', 'Physics', 'English', 'History', 'python']
```

列表是一个十分灵活的数据结构,它具有处理任意长度、混合数据类型的能力,并提供了丰富的基础操作符和方法。当程序需要使用组合数据类型管理批量数据时,应尽量使用列表类型。

6.4.2　元组

元组是序列类型中比较特殊的元素,一旦创建,就不能修改。元组用圆括号"()"表示,用逗号分隔其中的元素,元组类型常用于表达固定数据项、函数多返回值、多变量同步赋值、循环遍历结构等情况。

元组与列表的相同点是它们都是序列类型的容器对象,可以存放任意类型的数据,并且支持切片、迭代等操作。而元组与列表最大的区别是元组不可变,而列表是可变的,这个区别决定了两者提供的方法、应用场景以及性能差异,例如,只有列表才能用 append()函数增加更多的元素,而元组不能;另外,元组也没有修改和删除元素的权限。对于同样大小的数据,元组比列表占用的内存空间更少,操作速度也比列表快,如果需要一个常量集合,并且需要做的仅仅是不断遍历它的元素值,就可以使用元组类型。

元组和列表之间可以相互转换,tuple()函数可以将一个列表转换为具有相同元素的元组,list()函数则可以将元组转换为列表。

例 6-50　通过键盘根据提示输入个人信息,如姓名、性别、出生年月、籍贯等,出于数据安全性的考虑,禁止修改数据。

```
ls = []
infolst= ['姓名','性别','出生年月','籍贯信息']
for i in infolst:
    info = input('请输入你的{}:'.format(i))
    ls.append(info)
lt = tuple(ls)                #列表转换为元组,不可再修改
print(lt)
lt[3] = "河南洛阳"            #修改籍贯信息为"河南洛阳"
```

上述代码的执行结果如下:

```
请输入你的姓名: 李丽
请输入你的性别: 女
请输入你的出生年月: 1998 年 4 月
请输入你的籍贯: 河南郑州
('李丽', '女', '1998 年 4 月', '河南郑州')
Traceback (most recent call last):
  File "D:/教学/Python/jc2.py", line 177, in <module>
    lt[3] = "河南洛阳"
TypeError: 'tuple' object does not support item assignment
```

例 6-51   接例 6-50，补充个人信息，增加学历和毕业院校。

```
lt1 = ('本科','郑州大学')
lt = lt+lt1        #可以通过拼接再赋值的方法,改变元组
print(lt)
```

上述代码的执行结果如下：

```
('李丽', '女', '1998 年 4 月', '河南郑州','本科','郑州大学')
```

6.4.3 字典

1. 字典的概念

在 Python 中，字典是由一系列无序的"键-值"对组成的可变的组合数据结构，属于映射类型。字典用大括号"{}"表示，键与值之间用冒号（:）分隔，键值对之间用逗号分隔。键值对的基本思想是将"键"信息与"值"信息相关联，以通过"键"查找对应的"值"，这个过程称为映射。

字典的主要特点包括：

- 字典的值可以包含任意类型的对象，如数字、字符串、列表、元组或其他对象；但是字典的键不能是列表类型；
- 字典的键是唯一的，不能重复，若字典中有同一键出现了两次，则后出现的键值对将覆盖前面的键值对；
- 字典是无序的，它通过键索引映射的值，而不是通过位置偏移量进行索引；
- 字典是可变的，既可以添加和删除键值对，也可以对键值对中的值进行修改，但是字典中的键是不可修改的。

字典的表示方式如下：

```
{key1:value1, key2: value2,…, keyN: valueN}
```

2. 字典基本操作

字典的基本操作包括字典的创建与删除、索引与更新、嵌套及遍历等。

（1）字典的创建与删除

Python 提供了多种创建字典的方法，可以使用赋值号"="将字典赋值给变量，语法格式如下：

```
dictname = {key1:value1, key2: value2,…, keyN: valueN}
```

也可以使用 dict()函数创建空字典，或者使用 zip()函数将多个列表或元组对应位置的元素组合后转换为字典。

例 6-52　某班级的学生名单存放在列表 lst['姜丛萱','王子嘉','张秋月','郭明行','李楠玉']中。这些同学对应的语文成绩存放在 lst1[95,88,92,79,67]中,将语文成绩与学生名单一一对应后存入字典。

```
lst0 = ['姜丛萱','王子嘉','张秋月','郭明行','李楠玉']
lst1 = [95,88,92,79,67]
d = dict(zip(lst0,lst1))
print(d)
```

上述代码的执行结果如下:

```
{'姜丛萱': 95, '王子嘉': 88, '张秋月': 92, '郭明行': 79, '李楠玉': 67}
```

例 6-53　接例 6-52,将对应的数学成绩[78,90,83,77,96]和英语成绩[97,81,89,73,69]都存入该字典。

```
lst0 = ['姜丛萱','王子嘉','张秋月','郭明行','李楠玉']
lst1 = [95,88,92,79,67]
lst2 = [78,90,83,77,96]
lst3 = [97,81,89,73,69]
lst = list(zip(lst1,lst2,lst3))
d = dict(zip(lst0,lst))
print(d)
```

上述代码的执行结果如下:

```
{'姜丛萱': (95, 78, 97), '王子嘉': (88, 90, 81), '张秋月': (92, 83, 89), '郭明行':
(79, 77, 73),李楠玉': (67, 96, 69)}
```

当字典不再使用时,可以使用 del 语句将其删除,语法格式为:

del dictname

del 语句也可以删除字典中的指定键值对,语法格式为:

del dictname[keyX]

例 6-54　张秋月从该班级退学,将她连同其三门课程成绩一起从班级字典中删除。

```
del d['张秋月']
print(d)
```

上述代码的执行结果如下:

```
{'姜丛萱': (95, 78, 97), '王子嘉': (88, 90, 81), '郭明行': (79, 77, 73), '李楠玉':
(67, 96, 69)}
```

（2）字典的索引与更新

字典的索引与列表和元组不同，并不是通过下标索引，而是通过键索引对应的值，若字典中不存在该键，则抛出异常。

例 6-55　接例 5-54，在班级成绩字典中查询"郭明行"和"张雪儿"的三门课程成绩，并打印输出。

```
d={'姜丛萱': (95, 78, 97), '王子嘉': (88, 90, 81), '郭明行': (79, 77, 73), '李楠玉':
(67, 96, 69)}
print('郭明行的三门课成绩为：',d['郭明行'])
print('张雪儿的三门课成绩为：',d['张雪儿'])
```

上述代码的执行结果如下：

```
郭明行的三门课成绩为：(79, 77, 73)
Traceback (most recent call last):
  File " D:/教学/Python/jc2.py", line 193, in <module>
    print('张雪儿的三门课成绩为：',d['张雪儿'])
KeyError: '张雪儿'
```

现实中，在对字典进行索引时，可能并不清楚字典中存在哪些键。为了避免产生异常，通常使用字典对象的 get() 方法获取指定键的值，语法格式如下：

dictname.get(key,[default])

其中，default 为可选项，当索引"键"不存在时，返回该值；若不指定，则返回 None。

```
d={'姜丛萱': (95, 78, 97), '王子嘉': (88, 90, 81), '郭明行': (79, 77, 73), '李楠玉':
(67, 96, 69)}
print('郭明行的三门课成绩为：',d.get('郭明行','字典中无此人'))
print('张雪儿的三门课成绩为：',d.get('张雪儿','字典中无此人'))
```

上述代码的执行结果如下：

```
郭明行的三门课成绩为：(79, 77, 73)
张雪儿的三门课成绩为：字典中无此人
```

由于字典是可变序列，因此可以增加或修改字典中的"键值对"，语法格式为：

dictname[key]=value

若键已存在,则该语句为修改此键对应的值,反之则为增加新的键值对。

例 6-56　　在班级成绩字典中修改"郭明行"的三门课程成绩为(89,87,83),增加"张雪儿"的三门课程成绩(100,98,92),并打印输出。

```
d={'姜丛萱':(95, 78, 97),'王子嘉':(88, 90, 81),'郭明行':(79, 77, 73),'李楠玉':
(67, 96, 69)}
d['郭明行']=(89,87,83)
d['张雪儿']=(100,98,92)
print(d)
```

上述代码的执行结果如下:

```
{'姜丛萱':(95, 78, 97),'王子嘉':(88, 90, 81),'郭明行':(89, 87, 83),'李楠玉':
(67, 96, 69),'张雪儿':(100, 98, 92)}
```

（3）字典的嵌套

字典中键值对的值可以是任意类型的数据。如果值也是字典类型,则该字典就是一个二维字典。访问时,需要通过索引每层字典的键访问其对应的值。

例 6-57　　接例例 6-56,将当前班里的五名同学分为三组,生成一个新的班级成绩字典,打印输出二班所有同学的姓名及成绩和一班"王子嘉"的成绩。

```
dnew = {'一班':{'姜丛萱':(95, 78, 97),'王子嘉':(88, 90, 81)},
        '二班':{'郭明行':(89, 87, 83),'李楠玉':(67, 96, 69)},
        '三班':{'张雪儿':(100, 98, 92)}}
print('二班所有同学的成绩:',dnew['二班'])
print('一班王子嘉的成绩:',dnew['一班']['王子嘉'])
```

上述代码的执行结果如下:

```
二班所有同学的成绩:{'郭明行':(89, 87, 83),'李楠玉':(67, 96, 69)}
一班王子嘉的成绩:(88, 90, 81)
```

（4）字典的遍历

Python 支持对字典进行遍历,由于字典是以"键值对"的形式存储数据的,因此在遍历时可以获取所有的"键值对",也可以仅获取字典所有的"键"或"值"。

例 6-58　　通过班级成绩字典获取每个同学的姓名以及语文成绩(第一个)。

```
d={'姜丛萱':(95, 78, 97),'王子嘉':(88, 90, 81),'郭明行':(89, 87, 83),'李楠玉':
(67, 96, 69),'张雪儿':(100, 98, 92)}
for i in d:
    print('{}的语文成绩是:{}'.format(i,d[i][0]))
```

上述代码的执行结果如下:

姜丛萱的语文成绩是：95
王子嘉的语文成绩是：88
郭明行的语文成绩是：89
李楠玉的语文成绩是：67
张雪儿的语文成绩是：100

从例 6-58 中可以看出，遍历字典名默认遍历字典的所有键。若想获取键值对，则可以使用字典对象的 items() 方法。每个键值对以元组类型被打印输出。

```
for i in d.items():
    print(i)
```

若仅想获取字典中的值，则可以使用字典对象的 values() 方法。

例 6-59   通过班级成绩字典，分别统计三门课程的平均分。

```
d={'姜丛萱': (95, 78, 97), '王子嘉': (88, 90, 81), '郭明行': (89, 87, 83), '李楠玉':
(67, 96, 69), '张雪儿': (100, 98, 92)}
Yw = 0
Sx = 0
Yy = 0
for i in d.values():
    Yw+=i[0]
    Sx+=i[1]
    Yy+=i[2]
print('语文平均分为{}\n 数学平均分为{}\n 英语平均分为{}'.format(Yw/len(d), Sx/
len(d),Yy/len(d)))
```

上述代码的执行结果如下：

语文平均分为 87.8
数学平均分为 89.8
英语平均分为 84.4

3. 字典常用方法

Python 为字典对象提供了一系列处理方法，语法格式如下：

dictname.方法名称(方法参数)

下面介绍一些字典的常用方法。

(1) keys()、values()、items()方法

前面已经讲了，keys()、values()、items()方法分别用于返回字典的键、值以及键值对。

（2）update()方法

update()方法用于把一个字典追加到另一个字典中，属于原地操作。

例 6-60　现有黑龙江、吉林、辽宁三省的城市区号字典，将它们组合成东北地区区号字典。

```
hlj = {'哈尔滨':'0451','齐齐哈尔':'0452','鸡西':'0467'}    #黑龙江省各市区号
jl = {'长春':'0431','吉林':'0432','延边':'0433'}            #吉林省各市区号
ln = {'沈阳':'024','大连':'0411','鞍山':'0412'}             #辽宁省各市区号
db = {}                                                     #东北地区各市区号
db.update(hlj)
db.update(jl)
db.update(ln)
print('东北地区区号为{}'.format(db))
```

上述代码的执行结果如下：

```
东北地区区号为{'哈尔滨': '0451', '齐齐哈尔': '0452', '鸡西': '0467', '长春': '0431', '
吉林': '0432', '延边': '0433', '沈阳': '024', '大连': '0411', '鞍山': '0412'}
```

（3）pop()方法

pop 方法用于删除字典中的键对应的键值对，属于原地操作。pop()方法会产生返回值，即被删除的键值对对应的值，如果字典中查无此键，则返回默认值。

例 6-61　接例 6-60，在东北地区区号中删除齐齐哈尔和抚顺的区号。

```
n=input('输入要删除的城市：')
m = db.pop(n,'无此城市')
print('已删除的{}的区号：{}'.format(n,m))
```

上述代码的执行结果如下：

```
输入要删除的城市：齐齐哈尔
已删除的齐齐哈尔的区号：0452
输入要删除的城市：抚顺
已删除的抚顺的区号：无此城市
```

（4）clear()方法

clear()方法用于删除字典中的所有键值对，属于原地操作。

例 6-62　接例 6-61，清空东北地区区号字典。

```
db.clear()
print('当前东北地区区号字典里还有{}个城市区号。'.format(len(db)))
```

上述代码的执行结果如下：

当前东北地区区号字典里还有 0 个城市区号。

6.4.4　集合

集合与数学中的集合的概念一致,指包含 0 个或多个数据项的无序组合。集合中的元素不可重复,类型只能是固定数据类型,如整型、浮点型、字符串、元组等。列表、字典和集合都是可变数据类型,不能作为集合元素出现。

集合使用大括号"{}"或 set()函数创建,空集合必须使用 set()函数创建。集合是无序组合,没有索引和位置的概念,不能切片。

由于集合中的元素独一无二,因此使用集合类型能够过滤重复元素。

例 6-63　删除列表[1,2,3,4,3,5,3,2,8]中重复的数字,并打印输出。

```python
ls = [1,2,3,4,3,5,3,2,8]
ls1 = list(set(ls))
print(ls1)
```

上述代码的执行结果如下:

```
[1, 2, 3, 4, 5, 8]
```

例 6-3 中,由于列表没有去重的特性,因此将列表转换为集合(set()),利用集合的去重特性即可删除重复元素,再将其转换为列表(list())打印输出。

向集合添加元素可以使用集合对象的 add()方法,属于原地操作,语法格式如下:

setname.add(x)

例 6-64　通过键盘输入,向空集合中增加任意 3 个元素。

```python
st = set()
for i in range(3):
    n = input('输入第{}个元素: '.format(i+1))
    st.add(n)
print(st)
```

上述代码的执行结果如下:

```
输入第 1 个元素: 你好
输入第 2 个元素: Python
输入第 3 个元素: 123
{'Python', '123', '你好'}
```

由于集合是无序的,因此集合中的元素顺序与元素的添加顺序并不一致,且顺序随机。

　　删除集合元素可以使用 del 语句、pop()方法、remove()方法、clear()方法,具体用法
与前述相关方法类似,这里不再赘述。

6.5　函数与模块

　　如果说前面学习的循环是减少代码重复的一种手段,那么函数则是 Python 中增强
代码重用性的有力工具。函数是组织好的、可以重复使用的、用来实现单一功能的代码,
用函数名表示,通过函数名进行功能调用。将函数比作一个盒子,盒子内部的代码都是封
装好的,用来实现特定的功能;使用函数时,可以提供不同的参数作为输入,以实现对不同
数据的处理;函数执行后,会返回相应的处理结果。

　　函数能够完成特定的功能,使用函数不需要了解函数内部的实现过程,只要了解函数
的"入口"和"出口"即可。用户自己编写的函数称为自定义函数。Python 内置了一些函
数,这些内置函数都可以直接使用(表 6-16)。

表 6-16　Python 内置函数

abs()	divmod()	input()	open()	staticmethod()
all()	enumerate()	int()	ord()	str()
any()	eval()	isinstance()	pow()	sum()
basestring()	execfile()	issubclass()	print()	super()
bin()	file()	iter()	property()	tuple()
bool()	filter()	len()	range()	type()
bytearray()	float()	list()	raw_input()	unichr()
callable()	format()	locals()	reduce()	unicode()
chr()	frozenset()	long()	reload()	vars()
classmethod()	getattr()	map()	repr()	xrange()
cmp()	globals()	max()	reverse()	zip()
compile()	hasattr()	memoryview()	round()	__import__()
complex()	hash()	min()	set()	
delattr()	help()	next()	setattr()	
dict()	hex()	object()	slice()	
dir()	id()	oct()	sorted()	

　　函数的优势主要体现在以下两个方面。

　　① 代码复用。将一段重复使用的代码封装为函数后,只需要在使用该功能的地方调

用函数,即可实现代码复用,更重要的是可以保证代码的一致性;若修改函数的代码,则所有调用该函数的位置都会同步更新。

② 功能拆解。可以将要实现的一个复杂的功能拆解为多个子功能,分而治之,为每个子功能编写程序,并通过函数封装,然后将所有子功能函数按照一定的逻辑进行组织,即可实现复杂功能,这种分而治之的方式更适用于多人协作。

6.5.1　函数的定义和调用

1. 函数的定义

Python 定义函数使用 def 关键字,语法格式如下:

```
def functionname([参数列表]):
    函数体
    return 返回值列表
```

函数名可以是任意有效的 Python 标识符;参数列表是指定向函数中传递的参数,可以有 0 个、1 个或多个。当传递多个参数时,各参数用逗号分隔;当没有参数时,也要保留圆括号。函数体是指每次函数被调用时要执行的代码,由一行或多行语句组成。return 语句表示有返回,指定函数执行完毕后返回什么值或表达式;若函数没有 return 语句,则函数体执行结束后会将控制权返回给调用者。

例 6-65　　定义校庆祝福函数。指定校名和建校年份,打印输出"今年是××大学建校××周年,祝母校桃李满天下!"(要求周年数随年份动态更新)。

```
def Congratulation(UniName,UniBirth):
    import datetime
    Uniyear = datetime.datetime.now().year - int(UniBirth)
    print('今年是{}建校{}周年,祝母校桃李满天下!'.format(UniName,Uniyear))
```

例 6-66　　定义阶乘函数。计算某个数的阶乘。

```
def fact(n):
    result = 1
    for i in range(1,int(n)+1):
        result *= i
    return result
```

定义函数的语法并不难,但有以下需要注意的地方:

- 函数名最好能体现函数的功能,一般用小写字母、单下画线、数字等组合;
- 不可与内置函数重名(内置函数不需要定义,可直接使用);
- 括号是英文括号,后面的冒号不能丢;
- 根据函数功能,括号内可以是多参数,也可以无参数;

- 函数体是表示函数功能的语句,要缩进,一般缩进 4 个空格;
- return 后面可以接多种数据类型,如果函数不需要返回值,可以省略。

2. 函数的调用

定义后的函数需要经过调用才能被执行。换句话说,如果把定义的函数理解为一个具有特定功能的工具,那么只有使用它,才能让该工具发挥其功能。

例 6-67　通过键盘输入校名和建校年份,调用校庆祝福函数 Congratulation()。

```
n = input('请输入校名:')
y = input('请输入建校年份:')
Congratulation(n,y)
```

上述代码的执行结果如下:

```
请输入校名:信息工程大学
请输入建校年份:1931
今年是信息工程大学建校 91 周年,祝母校桃李满天下!
```

例 6-68　通过键盘输入两个数,计算这两个数的阶乘之和,并打印输出。

```
a = input('第一个数是: ')
b = input('第二个数是: ')
print('两个数的阶乘之和是: {}'.format(fact(a)+fact(b)))
```

上述代码的执行结果如下:

```
第一个数是: 5
第二个数是: 8
两个数的阶乘之和是: 40440
```

6.5.2　参数与返回值

从上面的例子中可以发现,在定义和调用函数时,参数列表中的变量名不一致,这是因为在定义函数时,参数列表中是形式参数,简称形参。当函数被调用时,参数列表中是要传入函数内部的参数,也就是实际参数,简称实参。

1. 函数的参数

在 Python 中,函数的参数传递类型包括位置参数、关键字参数和默认参数等。

（1）位置参数

位置参数的参数传递必须按照正确的顺序传入函数,即函数调用时参数的数量和位置必须和定义时是一样的。

例 6-69　定义一个函数,用于打印英文全名。

```
def PrintFullName(fName,mName,sName):
    name=fName+''+mName+''+sName
    print(name)
```

调用该函数：

```
f='George'
m='Herbert'
s='Bush'
PrintFullName(f,m,s)
```

上述代码的执行结果如下：

```
George Herbert Bush
```

（2）关键字参数

关键字参数使用形式参数名确定传入的参数值。通过该方式指定实际参数时，不再需要与形式参数的位置完全一致，只要将参数名写正确即可，这样可以避免牢记参数位置的麻烦，使得函数调用和参数传递更加灵活。

采用关键字参数调用例 6-69 中的 PrintFullName()函数的代码如下

```
f='George'
m='Herbert'
s='Bush'
PrintFullName(mName=m,fName=f,sName=s)
```

输出结果如下：

```
George Herbert Bush
```

（3）默认参数

默认参数在定义函数时直接指定形式参数的默认值，当调用函数时，即使没有指定实参，也可以使用定义函数时设置的默认值。

例 6-70   将 PrintFullName()函数的最后一个参数设为默认参数。

```
def PrintFullName(fName,mName,sName='Bush'):
    name=fName+''+mName+''+sName
    print(name)
f='George'
m='Herbert'
PrintFullName(f,m)
```

上述代码的执行结果如下：

```
George Herbert Bush
```

若为默认参数赋值,则以实际赋值为准。若执行以下调用代码:

```
f='George'
m='Herbert'
s='Green'
PrintFullName(f,m,s)
```

则输出结果如下:

```
George Herbert Green
```

2. 函数返回值

在 Python 中,可以在函数体内使用 return 语句为函数指定返回值,一旦执行 return 语句,就意味着退出函数并返回函数被调用的位置。函数可以没有 return 语句,即没有返回值,也可以通过元组的形式返回多个值。换句话说,有些函数需要的是它的执行过程(如打印内容),有些函数需要的则是执行后的返回结果。

例 6-71　定义函数,返回数列的总和与均值。

```
def fun(a):
    result=0
    for i in a:
        result+=i
    return result,result/len(a)
```

调用该函数:

```
a=[3,2,4,5,6,7,10,8]
x,y=fun(a)              #多返回值为元组
print('总和: {},均值: {}'.format(x,y))
```

上述代码的执行结果如下:

```
总和: 45,均值: 5.625
```

6.5.3　变量的作用域

变量的作用域是指程序能够访问该变量的区域,如果超出该区域,访问时就会报错。在程序中,一般会根据变量的有效范围将变量分为局部变量和全局变量。

局部变量是指在函数内部赋值的变量,仅能在该函数内部使用(局部作用域)。与局部变量相对应,全局变量是指在所有函数之外赋值的变量,可以在程序的任何位置使用

（全局作用域）。当局部变量与外部变量同名时，局部变量优先于全局变量。

例 6-72   函数内优先使用局部变量。

```
x=100
def fun():
    x=10
    print('fun:',x)
fun()
print('global:',x)
```

上述代码的执行结果如下：

```
fun:10
global:100
```

例 6-73   饭店成本核算。假设餐馆的成本是由固定成本（租金）和变动成本（水电费＋食材费）构成的，分别编写计算变动成本的函数和计算总成本的函数。

```
rent = 3000
def cost():                #计算变动成本
    utilities = int(input('请输入本月的水电费'))
    food_cost = int(input('请输入本月的食材费'))
    variable_cost = utilities +food_cost
    print('本月的变动成本是' +str(variable_cost))
def sum_cost():            #计算总成本
    sum = rent +variable_cost
    print('本月的总成本是' +str(sum))
cost()
sum_cost()
```

上述代码在运行时抛出异常：

```
File "D:/教学/Python/jc2.py", line 8, in sum_cost
    sum = rent +variable_cost
NameError: name 'variable_cost' is not defined
```

这个异常就是变量作用域的问题导致的，程序中的变量并不是在任意位置都可以被使用的，使用权限取决于这个变量是在哪里赋值的。变量 rent 是在函数外赋值的，所以它是全局变量，能被 sum_cost() 函数直接使用；而变量 variable_cost 是在 cost() 函数内定义的，属于局部变量，其余函数内部（如 sum_cost()）无法访问。事实上，当 cost() 函数执行完毕时，在这个函数内定义的变量都会消失。

解决局部变量和全局变量之间的矛盾有以下两种方法：

● 第一种方法，把局部变量都放在函数外，变成全局变量；

- 第二种方法,在函数内部的变量前加上 global 关键字,声明它为全局变量,即可在函数外部读取该变量的值。

```
rent = 3000
def cost():                          #计算变动成本
    global variable_cost             #声明为全局变量
utilities = int(input('请输入本月的水电费: '))
    food_cost = int(input('请输入本月的食材费: '))
    variable_cost = utilities + food_cost
    print('本月的变动成本: ' + str(variable_cost))
def sum_cost():                      #计算总成本
    sum = rent + variable_cost
    print('本月的总成本: ' + str(sum))
cost()
sum_cost()
```

上述代码的执行结果如下:

```
请输入本月的水电费: 2000
请输入本月的食材费: 3500
本月的变动成本: 5500
本月的总成本: 8500
```

6.5.4　模块

在计算生态思想的指导下,编写程序的起点不再是探究每个具体算法的逻辑功能和设计,而是尽可能利用第三方库进行代码复用,探究运用库的系统方法。这种像搭积木一样的编程方式称为模块编程。每个模块可能是标准库、第三方库、用户编写的其他程序或对程序运行有帮助的资源等。模块编程与模块化设计不同,模块化设计主张采用自顶向下的设计思想,主要开展耦合度低的单一程序的设计与开发,而模块编程则主张利用开源代码和第三方库作为程序的部分或全部模块,像搭积木一样编写程序。

之前讲到,定义变量需要用到赋值语句,封装函数需要用到 def 语句,但封装模块不需要使用任何语句,因为一个模块就是一个单独的 Python 代码文件(后缀名是 py 的文件)。

封装模块的目的是把程序代码和数据存放起来,以便再次利用。如果说封装成函数主要是便于内部调用,那么封装成模块不仅能内部调用,代码文件也便于共享。

创建模块后,可以在其他程序中使用。使用前需要先导入该模块,也称引用。常用的引用方法有以下两种。

(1) import 语句

引用当前程序以外的功能模块,语法格式为

```
import modulename
```

引用功能模块之后,采用 modulename.functionname()方式调用具体功能。

(2) from-import 语句

也可以引用模块中指定的函数,语法格式为

```
from modulename import functionname()
```

当调用该函数时,不需要再写功能模块的名称。

例 6-74　　定义 3 个文本预处理函数,并将其封装到 TextProcess 模块中。

① ClearPunc()函数:清洗文本中的中英文标点符号。

② CountChar()函数:统计文本中各类字符(英文、中文、数字、其他字符)的个数。

③ CountEnWord()函数:统计英文文本的单词总数。

提示:获取所有英文标点符号可引用 string 模块中的 punctuation()函数,获取所有中文标点符号可引用 zhon 模块中的 zhon.hanzi.punctuation()函数。

```python
#TextProcess.py
def ClearPunc(s):
    import string
    from zhon.hanzi import punctuation
    for i in (string.punctuation +punctuation):
        s = s.replace(i, ' ')
    return s


def CountChar(s):
    numCount = 0
    enCount = 0
    cnCount = 0
    spaceCount = 0
    otherCount = 0
    for i in s:
        if i == ' ':
            spaceCount+=1
        elif '0'<=i<='9':
            numCount+=1
        elif 'a'<=i<='z' or 'A'<=i<='Z':
            enCount+=1
        elif '\u4e00'<i<'\u9fff':
            cnCount+=1
        else:
            otherCount+=1
    return {'空格': spaceCount, '数字': numCount, '英文字符': enCount, '中文字符': cnCount, '其他字符': otherCount}
```

```
def CountEnWordTotal(s):
    ls = s.split()
    num = len(ls)
    return num
```

除了自定义模块以外,Python 作为一门胶水语言,最强大优势就是它拥有众多的第三方模块可以使用。若想使用这些第三方模块,需要先在 Python 的资源管理库下载和安装相关的模块文件。安装的方式是打开终端,输入 pip install＋模块名。

例 6-75　将一段中文文本进行分词。

```
import jieba
import TextProcess
from datetime import datetime
s = input('输入中文文本: ')
s = TextProcess.ClearPunc(s)
ls = jieba.lcut(s)
print(ls)
print('分词时间:',datetime.now().today())
```

上述代码的执行结果如下:

```
输入中文文本: 2021 年是中国共产党建党 100 周年,奋斗百年路,启航新征程!
Building prefix dict from the default dictionary ...
Loading model from cache C:\Users\Ting\AppData\Local\Temp\jieba.cache
['2021', '年', '是', '中国共产党', '建党', '100', '周年', '奋斗', '百年', '路', '启航', '新', '征程']
分词时间: 2022-01-18 10:10:09.022777
Loading model cost 0.621 seconds.
Prefix dict has been built successfully.
```

jieba 是优秀的中文分词第三方库,其分词的原理是利用一个中文词库确定中文字符之间的关联概率,中文字符之间关联概率大的组成词组,形成分词结果。除了分词,用户还可以添加自定义的词组。

jieba 库的 3 种分词模式为精确模式、全模式、搜索引擎模式(表 6-17)。

- 精确模式:把文本精确地切分开,不存在冗余单词。
- 全模式:把文本中所有可能的词语都扫描出来,有冗余。
- 搜索引擎模式:在精确模式的基础上,对长词再次切分。

表 6-17　jieba 库的三种分词模式

函　　数	功　　能
jieba.lcut(s)	精确模式,返回一个列表类型的分词结果 jieba.lcut("中国是一个伟大的国家") ['中国','是','一个','伟大','的','国家']

函　　数	功　　能
jieba.lcut(s,cut_all=True)	全模式,返回一个列表类型的分词结果,存在冗余 jieba.lcut("中国是一个伟大的国家",cut_all=True) ['中国','国是','一个','伟大','的','国家']
jieba.lcut_for_search(s)	搜索引擎模式,返回一个列表类型的分词结果,存在冗余 jieba.lcut_for_search("中华人民共和国是伟大的") ['中华','华人','人民','共和','共和国','中华人民共和国','是','伟大','的']
jieba.add_word(w)	向分词词典增加新词 w jieba.add_word("蟒蛇语言")

6.6　文　　件

数据存储在变量、序列和对象中都是暂时的,程序结束后就会消失,如果要长时间地保存程序中的数据,可以将数据保存在磁盘文件中。

6.6.1　文件概述

文件包括两种类型:文本文件和二进制文件。

文本文件一般由特定编码的字符串组成,可以通过文本编辑器显示和编辑。事实上,文本文件在磁盘中也是以二进制形式存储的,只是在读取或查看时需要通过正确的编码方式进行解码,如 UTF-8 编码,从而还原字符串信息,因此人类可以直接阅读和理解。

二进制文件由 0 和 1 组成,没有统一的字符编码,把信息按照字节流进行存储,无法用文本编辑器查看和编辑,也无法直接阅读和理解,需要使用正确的软件进行解码或反序列化之后才能显示,如图形图像文件、音视频文件、可执行文件等。

文本文件和二进制文件最主要的区别在于是否有统一的字符编码,二进制文件由于没有统一的字符编码,它只能当作字节流,不能看作字符串。

6.6.2　文件操作

无论是文本文件还是二进制文件,操作流程基本都是一致的。首先打开文件并创建文件对象,然后通过该文件对象对文件内容进行读取、写入等操作,最后保存文件内容并关闭文件。简言之,Python 中文件操作的基本步骤为打开-读写-关闭。

1. 文件的打开

在 Python 中,打开文件可以使用内置的 open()函数,语法格式如下:

```
file = open(filename[,mode[,buffering]])
```

open()函数有 3 个常用参数：文件名、打开模式和编码方式。文件名可以是文件的实际名字，也可以是包含路径的名字。若要打开的文件不存在，则创建新文件，但打开模式需要变为写模式或追加模式。

打开模式用于控制使用何种方式打开文件，open()函数提供了 7 种基本打开模式（表 6-18）。

表 6-18　open()函数基本打开模式

打开模式	含　　义
'r'	默认值，只读模式，如果文件不存在，则返回异常 FileNotFoundError
'w'	覆盖写模式，文件不存在则创建，存在则完全覆盖原文件
'x'	创建写模式，文件不存在则创建，存在则返回异常 FileExistsError
'a'	追加写模式，文件不存在则创建，存在则在原文件的最后追加内容
'b'	二进制文件模式
't'	默认值，文本文件模式
'+'	与 r/w/x/a 一同使用，在原功能的基础上增加同时读写功能

编码方式默认采用 GBK 编码，当被打开的文件不是 GBK 编码时，则抛出异常，需要指定文件实际的编码方式。

例 6-76　创建 test0.txt 文件，打开 pic1.png 图片，打开编码格式为 UTF-8 的 test1.txt 文件。

```
f1 = open("test0.txt","w")          #以"覆盖写模式"方式创建 test0.txt 文件
f2=open("pic1.png","rb")            #以"只读二进制"方式打开 pic1.png 图片
f3 = open("test1.txt","a+",encoding="utf-8")
#以"追加读写文本"方式打开 test1.txt 文件，并指定编码格式
```

open()函数将返回一个文件对象，也称文件柄，可使用文件对象的方法执行该文件的相关操作。

2. 文件的读取

读取文件内容主要分为以下 3 种情况。

（1）读取指定字符

文件对象提供了 read()方法，用于读取指定个数的字符，语法格式如下：

```
file.read(size)
```

size 为可选参数，用于指定要读取数据的长度，若不指定，则一次性读取所有数据。

例 6-77　分别读取文本文件 test1.txt 的全部内容和前三个字符，并打印输出。

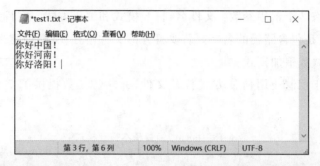

```
f3 = open("test1.txt","r",encoding="utf-8")     #以只读方式打开文本文件
s = f3.read()                                    #读取所有字符
print(s)
f3.seek(0)                                        #从头开始读取
s1 = f3.read(3)                                    #读取 3 个字符
print(s1)
```

上述代码的执行结果如下：

```
你好中国！
你好河南！
你好洛阳！
你好中
```

使用 read()方法读取文件时，默认是从文件开头读取的。如果要读取部分数据，则可以先使用文件对象的 seek()方法将文件的指针移动到新的位置，再使用 read()方法读取。

seek(offset[,whence])方法用于移动文件读取指针到指定位置。参数 offset：开始的偏移量，代表需要移动偏移的字节数。参数 whence：可选，表示要从哪个位置开始偏移，默认值为 0；0 代表从文件开头算起，1 代表从当前位置算起，2 代表从文件末尾算起。返回值：若操作成功，则返回新的指针位置，否则返回−1。

（2）读取一行

使用 read()方法读取文件可以将文本数据一次性全部读取到内存中，若文件很大，则会增加内存负担，通常采用逐行读取的方法。文件对象提供了 readline()方法，用于每次读取一行数据，语法格式如下：

```
file.readline()
```

例 6-78　仅读取 test1.txt 文件中第一行第三个字（含）之后的内容。

```
f3=open("test1.txt","r",encoding="utf-8")
f3.seek(6)                    #每个中文字符占 3 字节,定位到第 3 个字符
print(f3.readline())          #仅读取当前行
```

上述代码的执行结果如下：

中国！

（3）读取全部行

读取全部行的作用与调用 read()方法时不指定 size 类似，只不过在读取全部行时，返回的是字符串列表，文件的每行数据均作为字符串列表中的一个元素。文件对象提供了 readlines()方法，用于读取全部行，语法结构如下：

file.readlines()

例 6-79　仅读取 test1.txt 文件中第二行的内容。

```
f3=open("test1.txt","r",encoding="utf-8")
fls = f3.readlines()          #文件的每行均作为列表中的一个元素
print(fls[1])                 #读取列表中的第二个元素，即第二行内容
```

上述代码的执行结果如下：

你好河南！

3. 文件的写入

在向文件写入内容时，如果打开文件采用"w"（写入）模式，则先清空原文件中的内容，再写入新的内容；如果采用"a"（追加）模式，则不覆盖原文件的内容，而是在文件的结尾处增加新的内容。

文件写入主要分为以下两种情况。

（1）写入数据

文件对象提供了 write()方法，用于写入数据，语法格式如下：

file.write(s)

例 6-80　在 test1.txt 文件末尾另起一行，追加写入"你好某某某"。

```
f4 = open("test1.txt","a",encoding="utf-8")
name = input("输入你的名字: ")
f4.write('\n你好'+name +'!')
```

上述代码的执行结果如下：

输入你的名字：张三

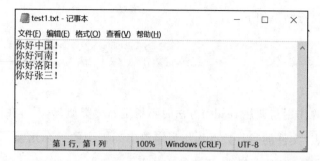

（2）写入字符串列表

文件对象提供了 writelines()方法，用于逐行写入数据，语法格式如下：

```
file.writelines(list)
```

需要说明的是，利用 writelines()方法将列表逐行写入文件，这里的列表元素只能是字符串类型，不能是其他数据类型。

例 6-81　　通过程序新建文件，并向文件写入内容。

① 通过键盘输入"联合国安理会常任理事国"，并写入文件。

② 将列表['中国','俄罗斯','英国','法国','美国'] 中的国家写入文件，每个国家占一行。

```python
f5 = open("P5.txt","w",encoding="utf-8")
title = input('请输入标题: ')
f5.write(title)
ls = ['中国','俄罗斯','英国','法国','美国']
ls1 = []
for i in ls:
    ls1.append('\n'+i)
f5.writelines(ls1)
```

上述代码的执行结果如下：

请输入标题: 联合国安理会常任理事国

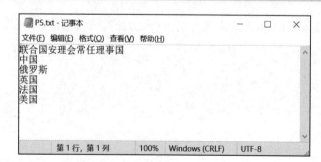

注意：利用 writelines()方法直接向文件写入列表中的各元素，元素之间没有换行。

4. 文件的关闭

关闭文件可以使用文件对象的 close() 方法实现,语法格式如下:

```
file.close()
```

为什么要关闭文件呢? 首先,计算机能够打开的文件数量是有限制的,如果打开过多文件而不关闭,就不能再打开文件了;其次,确保写入的内容在文件中保存完毕。文件关闭之后,就不能再对该文件进行读写了,如果还需要读写文件,就要再次打开该文件。

习　题

1. 整词匹配:判断某文本字符串中是否包含某个单词。

2. 为深入贯彻习近平强军思想和体育强国重要论述的重大举措,请根据某类人员的考核科目及标准编写考核评价程序。

××人员训练课目及考核标准

序号	课　目	单位	标　准					
			男子			女子		
			优秀	良好	及格	优秀	良好	及格
1	引体向上/曲臂悬垂	次/秒	15	10	5	45*	30	20″
2	臂屈伸/支撑前移	次/米	18	12	6	3.4	2.8	1.5
3	仰卧起坐	次	70	62	45	60	50	40
4	3000 米跑	分秒	1240	13′30″	14′20″	15′30	16′00″	17′00*

3. 文本去重:将文本中不重复的单词输出。

4. 从互联网上爬取一些你比较关注的网站网址,想保存在已有的"好用的网站链接地址"文本中,但不确定要保存的地址以前是否保存过,如果保存过则不保存,否则保存。

5. 设计竞赛评分程序:记录 10 个评委的打分,去掉最高分和最低分,加上一个观众的打分,对 9 个有效分取平均值。

6. 身份证信息提取:通过某人的身份证信息查询其省份,若查询不到,则提示"未查到对应的省份信息"。

11 北京市	21 辽宁省	31 上海市	41 河南省	50 重庆市	61 陕西省	71 台湾省
12 天津市	22 吉林省	32 江苏省	42 湖北省	51 四川省	62 甘肃省	81 香港特别行政区
13 河北省	23 黑龙江省	33 浙江省	43 湖南省	52 贵州省	63 青海省	82 澳门特别行政区

续表

14 山西省		34 安徽省	44 广东省	53 云南省	64 宁夏回族自治区
15 内蒙古自治区		35 福建省	45 广西壮族自治区	54 西藏自治区	65 新疆维吾尔族自治区
		36 江西省	46 海南省		
		37 山东省			

7. 简易点餐系统：饭店菜单 Menuds＝{"麻婆豆腐":18,"宫保鸡丁":30,"回锅肉":35,"夫妻肺片":28,"鱼香肉丝":32,"毛血旺":45}。顾客通过键盘输入点菜,若菜单中没有顾客所需的菜品,则提示"对不起,菜单没有××这道菜",并计算总额。

8. 通过键盘输入一段英文文本,统计所有单词的词频。

9. 验证"生日悖论"：生日悖论的本质是计算"N 个人生日各不相同的概率"。实际上,当 N 为 30 时,此概率就高达 70％以上;当 N 为 50 时,此概率就会超过 95％;但由于一年有 365 天,因此这与人们的直觉差别很大,因此称之为悖论。

10. 中文词频统计：对"2021 中央一号文件"进行词频统计,并将词频前 20 的高频词及其词频写入新建文件。

第 **7** 章

数据库技术应用基础

【学习目标】

- 了解数据管理技术的发展历程
- 理解数据概念模型、逻辑模型及 SQL 语句
- 掌握使用数据库管理工具(SQLyog)管理 MySQL 数据库的基本方法
- 掌握使用 Python 操作 MySQL 数据库的基本方法

7.1　数据库概述

数据库是数据管理的技术,是依照某种数据模型组织起来并存放于外部存储器中的数据集合。数据库技术是计算机应用的一个里程碑,它使计算机应用从以科学计算为主转向以数据处理为主,从而使计算机在各行各业得以普遍应用。数据库的建设规模、信息量和使用频度已经成为衡量一个国家信息化程度的重要标志。

7.1.1　数据库基本概念

1. 数据库

数据库(Database,DB)就是存放数据的仓库,其本质是长期存储在计算机内部、有组织、可共享的数据集合。数据库按照数据模型组织、描述数据,不仅支持各种数据操作,更强调数据操作的完备性、准确性和高效性。数据库的数据独立性高、冗余度低、共享性好。

2. 数据库管理系统

数据库管理系统(Database Management System,DBMS)是位于用户和操作系统之间的数据管理软件,用于建立、使用和维护数据库,它对数据库进行统一的管理和控制,以保证数据库的安全性和完整性。用户通过 DBMS 访问数据库中的数据,数据库管理员通过 DBMS 进行数据库的维护。DBMS 提供创建、删除、修改和查询等多种功能,允许多个应用程序或用户并发访问数据库。Oracle、SQL Server、MySQL、Access 等都是数据库管理系统。

3. 数据库管理员

数据库管理员(Database Administrator,DBA)是管理和维护数据库管理系统的相关

工作人员的统称,其主要工作如下。

① 设计数据库。DBA 的主要任务之一是设计数据库,具体地说就是进行数据模型的设计。由于数据库具有集成性与共享性,因此需要专门人员(DBA)对多个应用的数据需求进行全面的规划、设计与集成。

② 维护数据库。DBA 必须对数据库中的数据安全性、完整性、并发控制及系统恢复、数据定期转存等进行维护。

③ 改善系统性能,提高系统效率。DBA 必须随时监视数据库的运行状态,不断调整数据库的内部结构,使系统保持最佳状态与最高效率。当效率下降时,DBA 需要采取适当的措施,如进行数据库的重组、重构等。

4. 数据库系统

数据库系统(Database System,DBS)是为适应数据处理的需要而发展起来的,通常涉及存储介质、处理对象和数据库管理系统等方面。一个完整的数据库系统包括为实现特定功能而开发的应用程序、数据库、数据库管理系统和数据库管理员等部分。

7.1.2 数据管理的发展

数据管理是利用计算机软硬件技术对数据进行有效的收集、存储、加工和应用等的一系列活动,其核心是数据管理技术。随着计算机技术的发展,数据管理技术经历了人工管理、文件系统和数据库系统 3 个阶段。

1. 人工管理阶段

这个阶段的计算机主要用于科学计算,数据处理采用批处理方式。计算机硬件、软件都处于发展初期,没有磁盘等直接存储设备,也没有操作系统和相关的数据管理软件。

这个阶段数据管理的特点如下。

① 数据处理的目的仅仅是得到一个科学运算结果,数据不需要长期保存以供查询分析。

② 没有相应的软件系统对数据进行管理,数据的组织方式是由程序员自行设计的。程序员不仅要描述数据的逻辑结构,还需要设计数据的物理结构,包括存储结构、存取方法等。

③ 一组数据对应一组程序,数据不能共享,如图 7-1所示。当多个应用程序涉及某些相同的数据时,必须各自分别定义、冗余存储,无法相互利用和参照,因此应用程序之间会形成大量的冗余数据,并可能存在数据不一致的潜在危机。

图 7-1　人工管理阶段应用程序
　　　　和数据的对应关系

④ 数据不具有独立性。数据的逻辑结构和物理结构与应用程序的耦合性强,一旦需要调整,势必要引起程序的变动,加重程序员的负担。

2. 文件系统阶段

这个时期的计算机不仅用于科学计算,还用于管理数据和处理数据,其复杂度大幅提高,处理方式上也逐渐支持联机实时处理。硬件方面出现了磁盘、磁鼓等可直接存取的存储设备,保证了数据的长期存储需求。软件方面形成了专门的数据管理软件,即文件系统。

这个阶段数据管理的特点如下。

① 由于外部存储器的出现,数据可以长期保存,使得对数据进行重复的查询、插入、删除、修改等操作变成可能。

② 由文件系统进行数据管理,使得应用程序与数据之间有了一定的独立性,程序员不必过多考虑数据的物理存储细节,减轻了负担。

③ 数据共享差、冗余度大。文件系统中,文件仍然是面向应用的,即一个文件只对应一个应用程序,如图 7-2 所示,因此数据冗余度大,占用的存储空间过多,数据重复存储带来潜在的不一致性,给数据处理和维护增加难度。

④ 系统独立性差。文件与应用程序的一一对应关系决定了文件的逻辑结构对该应用程序而言是优化的,一旦应用程序的功能发生变化,必然会导致文件结构的变化。

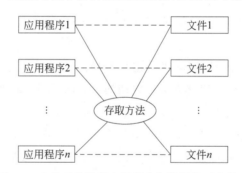

图 7-2　文件系统阶段应用程序和数据的对应关系

3. 数据库系统阶段

这个阶段数据管理的特点如下。

① 计算机用于管理数据的规模更为庞大,应用更为广泛,数据量急剧增长,数据共享的需求越来越强。

② 有了大容量的磁盘。

③ 联机实时处理的需求更多。

④ 软件价格上升,硬件价格下降。

在这样的背景下,文件系统已经不能满足数据管理的需求,数据库系统应运而生。在数据库系统管理数据的方式中,数据不是由程序员组织和维护,而是由数据库系统按照某种原则组织在若干物理文件中,如图 7-3 所示。

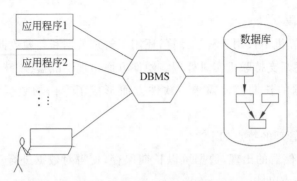

图 7-3　数据库系统阶段应用程序与数据的对应关系

7.1.3　数据库技术的特点

数据库技术是在文件系统的基础上发展产生的,两者都以数据文件的形式组织数据,但由于数据库系统在文件系统之上加入了 DBMS 对数据进行管理,因此数据库系统具有以下特点。

1. 数据的集成性

① 数据库系统采用统一的数据结构方式,如关系数据库采用二维表作为统一的结构方式。

② 数据库系统按照多个应用的需要组织全局的、统一的数据结构,数据模式不仅可以建立全局的数据结构,还可以建立数据之间的语义联系,从而构成一个内在紧密联系的数据整体。

③ 数据库系统的数据模式是多个应用共同的、全局的数据结构,而每个应用的数据则是全局结构的一部分,这种全局与局部的结构模式构成了数据库系统数据集成性的主要特征。

2. 数据的高共享性与低冗余性

数据的集成性使得数据可为多个应用所共享,数据库与网络的结合扩大了数据的应用范围。数据的共享极大地减少了数据的冗余,不仅减少了不必要的存储空间,更重要的是可以避免数据的不一致性。

3. 数据独立性

数据独立性是指数据与应用程序之间的互不依赖性,即应用程序不因数据的改变而改变。也就是说,数据的逻辑结构、存储结构与存取方式的改变不会影响应用程序。数据独立性一般分为物理独立性与逻辑独立性。

（1）物理独立性

物理独立性是指数据的物理结构的改变,如存储设备的更换、存取方式的改变等都不影响数据库的逻辑结构。

（2）逻辑独立性

逻辑独立性是指数据库逻辑结构的改变不影响应用程序,如修改数据模式、增加新的数据类型、改变数据之间的联系等不需要相应地修改应用程序。

4. 数据统一管理与控制

数据库系统不仅为数据提供了高度集成的环境,还为数据提供了统一管理的手段,主要包含以下三个方面。

① 数据的完整性检查:检查数据库中数据的完整性,以保证数据的正确。

② 数据的安全性保护:检查数据库访问者,以防止非法访问。

③ 并发控制:控制多个应用的并发访问所产生的相互干扰,以保证数据的正确性。

7.2　数　据　模　型

7.2.1　数据模型概述

1. 数据模型三要素

模型是对现实世界的抽象,在数据库中,数据模型负责描述和说明数据,是数据库系统的核心和基础,其描述的内容有三部分,即数据结构、数据操作与数据约束。

（1）数据结构

数据结构是指对象之间的联系的描述和实现,是对系统静态特征的描述,主要描述数据的类型、内容、性质以及数据之间的联系等。数据结构是数据模型的基础,数据操作与数据约束均建立在数据结构上。不同的数据结构有不同的数据操作与数据约束,因此,数据模型的分类大多以数据结构的不同进行划分。

（2）数据操作

数据操作主要描述其相应数据结构上的操作类型与操作方式,是对系统动态特征的描述,主要指检索和更新两类操作。数据模型必须定义这些操作的确切含义、操作符、操作规则及实现操作的语言。

（3）数据约束

数据约束主要描述数据结构内部数据之间的语法、语义联系、制约关系以及数据动态变化的规则,以保证数据的正确性、有效性与相容性。

2. 数据模型分类

数据模型按不同的应用层次可以分成 3 种类型:概念数据模型、逻辑数据模型和物理数据模型。

（1）概念数据模型

概念数据模型简称概念模型,是一种既面向客观世界又面向用户的模型;它与具体的数据库管理系统无关,与具体的计算机平台也无关。概念模型的重点在于对客观世界复杂事物的结构描述及对它们之间的内在联系的刻画,概念模型是数据模型的基础。目前,较为有名的概念模型有 E-R 模型、扩充 E-R 模型、面向对象模型及谓词模型等。

（2）逻辑数据模型

逻辑数据模型简称逻辑模型，是一种面向数据库系统的模型。概念模型只有在转换成逻辑模型后才能在数据库中得以表示。目前，逻辑模型也有多种，比较常用的有层次模型、网状模型、关系模型、面向对象模型等。

（3）物理数据模型

物理数据模型简称物理模型，是一种面向计算机物理存储的模型。它给出了数据模型在计算机上物理结构的表示。

一般的数据库设计工作都需要经过以下 3 个步骤：

- 建立概念数据模型；
- 将概念数据模型转换逻辑数据模型；
- 将逻辑数据模型转换物理数据模型。

7.2.2 概念数据模型

在概念数据模型中，最常用的是实体-联系（Entity-Relation，E-R）模型。E-R 模型认为世界是由实体的基本对象与其之间的关系构成，E-R 模型有助于将现实世界中的对象和相互关联映射到概念数据模型，即在理解了实际问题的需求之后，用概念数据模型表示这种需求。E-R 模型是由 Peter Chen 在 1976 年提出的，用于信息世界的建模，是建立概念数据模型的最典型的方法。

E-R 模型涉及的主要概念是实体、实体集、属性和关键字，E-R 模型一般用 E-R 图描述。

1. E-R 模型相关概念

（1）实体

现实世界中的事物可以抽象成实体，实体是概念世界中的基本单位，它们是客观存在且又能相互区别的事物。实体可以是一个客观存在的个体（如一名学生、一本图书），也可以是一个概念（如班级、部门）。

（2）实体集

实体集是具有相同类型和相同属性的实体的集合，全体学生就是一个实体集。在 E-R 图中，实体集用矩形表示，在矩形中标上该实体集的名字，一般情况下，实体集可以简称为实体。

（3）属性

属性用来描述实体或联系的特征。例如，学生实体具有学号、姓名、性别、专业等属性，每个属性都有其取值范围，称为域。在 E-R 图中，属性用椭圆形表示，并用无向线段与实体或联系关联，如图 7-4 所示。

（4）关键字

关键字是能够唯一标识一个实体的属性或者属性组合。例如，学生实体的关键字是

图 7-4　学生实体及其属性

学号,通常在关键字下面画一条下画线。

2. E-R 模型实体之间的联系

联系用来描述实体之间的关联,用菱形表示,在菱形框内标注联系的名字,并用无向线段与相关实体连接,同时注明联系的类型(1∶1、1∶n 或 m∶n)。

(1) 一对一联系

若对于实体集 A 中的每个实体,实体集 B 中至多有一个实体与之联系,反之亦然,则称实体集 A 与实体集 B 具有一对一(1∶1)联系。例如,学校和校长之间存在一对一联系,利用 E-R 图表示如图 7-5 所示。

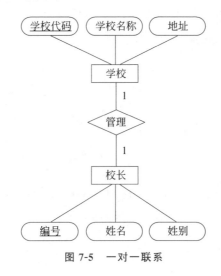

图 7-5　一对一联系

(2) 一对多联系

若对于实体集 A 中的每个实体,实体集 B 中有多个实体与之联系;反之,对于实体集 B 中的每个实体,实体集 A 中至多有一个实体与之联系,则称实体集 A 与实体集 B 具有一对多联系(1∶n)。例如,学校和学生之间存在一对多联系,利用 E-R 图表示如图 7-6 所示。

(3) 多对多联系

若对于实体集 A 中的每个实体,实体集 B 中有多个实体与之联系;反之,对于实体集 B 中的每个实体,实体集 A 中有多个实体与之联系,则称实体集 A 与实体集 B 具有多对多联系(m∶n)。例如,学生和课程之间存在多对多联系,利用 E-R 图表示如图 7-7 所示。

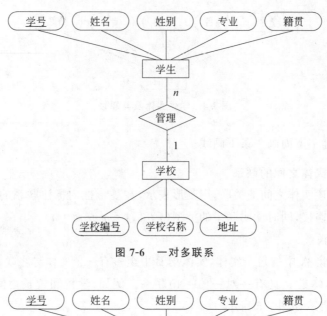

图 7-6   一对多联系

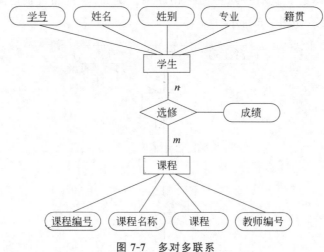

图 7-7   多对多联系

3. E-R 模型图示法

为了更好地说明 E-R 模型的概念,以简化的学生选课系统为例建立 E-R 模型,该系统涉及学生、课程和教师等实体。该系统管理的相关信息如下:

- 学生的学生编号、姓名、性别、专业和籍贯;
- 课程的课程编号、课程名称、学时和授课教师;
- 教师的教师编号、教师姓名、职称和办公地址;
- 每个学生可以选修多门课程,每门课程可以被多个学生选修;
- 每个教师可以开设多门课程,每门课程只能由一个教师开设。

为了使 E-R 图更加简洁明了,通常将图中的实体属性省略,只着重反映实体之间的联系,如图 7-8 所示。

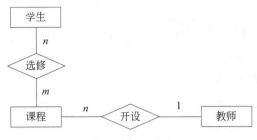

图 7-8　学生选课系统的 E-R 图

7.2.3　逻辑模型

在逻辑数据模型中,最常用的是层次模型、网状模型和关系模型。本节以关系模型为例进行讲解。

1. 关系模型的基本概念

关系数据库以关系模型为基础,可以看作是多个表的集合,每张表代表一个关系,以学生选课系统为例,涉及 4 个关系,分别是学生关系、教师关系、课程关系和选课关系,如表 7-1～表 7-4 所示。

表 7-1　学生表

学生编号	姓名	性别	专业	籍贯
XH2020001	胡靖	男	英语专业	福建省
XH2020002	刘铷	女	英语专业	广东省
XH2020003	刘阳	女	英语专业	上海市
XH2020004	王宇	男	英语专业	上海市
…	…	…	…	…

表 7-2　教师表

教师编号	姓名	职称	办公地址
JS001	谢晖晖	副教授	19-101
JS002	王欣欣	讲师	19-102
JS003	吴洁	副教授	19-103
JS004	孙菲	讲师	19-104
…	…	…	…

关系模型涉及的基本概念如下。

① 关系:在关系模型中,把二维表称为关系。

② 属性:关系的每列称为一个属性,每个属性的数据类型(值域)可以不同。

表 7-3　课程表

课程编号	课程名称	学时	授课老师
KC002	数据库	32	JS003
KC003	软件工程	72	JS004
KC004	大学计算机基础	32	JS004
KC005	Python 程序设计	32	JS002
…	…	…	…

表 7-4　选课表

学生编号	课程编号	成绩
XH2020001	KC008	89
XH2020001	KC017	78
XH2020001	KC018	71
XH2020002	KC020	62
…	…	…

③ 元组：关系的每行(标题行除外)称为一个元组,它由属性的值组成。

④ 超关键字：关系中能够唯一标识每个元组的属性集合称为超关键字,超关键字虽然能唯一确定记录,但是它包含的字段可能有多余的。

⑤ 候选关键字：如果一个超关键字在去掉其中任何一个字段后不再能唯一标识一个元组,则称它为候选关键字;候选关键字既能唯一标识一个元组,它包含的字段又是最精炼的。

⑥ 主关键字：又称为主键,它的值用于唯一标识表中的某一条记录;主键可以由一个字段或多个字段组成。

⑦ 外部关键字：关系中某个属性或属性组合并非该关系的主关键字,但却是另一个关系的主关键字,该属性或属性组合称为该关系的外部关键字;外部关键字是关系之间的连接纽带,在进行跨表查询时起到连接多张表的作用。

2. 关系模型的基本运算

关系模型的基本运算包括选择、投影和连接,其运算结果仍然是关系(表)。

(1) 选择

选择运算是指在表中选择满足某些条件的元组,其中的条件以逻辑表达式给出,该逻辑表达式的值为真的元组被选取。该运算从行的角度进行运算,即水平方向抽取元组。选择运算得到的结果可以形成新表,且表结构不变,但其中元组的数目小于或等于原表中的元组的个数,是原表的一个子集。

例如,从学生关系(表)中选择性别为"男"的学生信息,结果如表 7-5 所示。

表 7-5　只包含男生的学生表

学生编号	姓名	性别	专业	籍贯
XH2020001	胡靖	男	英语专业	福建省
XH2020004	王宇	男	英语专业	上海市
…	…	…	…	…

（2）投影

投影运算是指在原表中选择若干属性列组成新表，是从列的角度进行运算，相当于对表进行垂直分解，经过投影运算可以得到一个新表，其包含的属性个数往往比原表少，或者属性的排列顺序不同，如果新表中包含重复元组，则要删除重复元组。

例如，从教师关系（表）中通过投影运算列出所有教师的"教师姓名"和"职称"，结果如表 7-6 所示。

表 7-6　教师姓名及职称表

教师姓名	职称
谢晖晖	副教授
王欣欣	讲师
吴洁	副教授
孙菲	讲师
…	…

（3）连接

连接运算是指将两个表连接成一个新表。例如一个具有 n 个属性的表 R 与一个具有 m 个属性的表 S 进行笛卡儿积，其结果仍为一个表，该表的结构是表 R 和表 S 的结构的连接，属性个数为 $m+n$，元组个数为表 R 中的元组个数乘以表 S 中的元组个数。连接运算是从两个表的笛卡儿积中选取属性满足一定条件的元组并生成一个新表的操作。在连接运算中，按表的属性值对应相等为条件进行的连接称为等值连接，去掉重复属性的等值连接称为自然连接。

例如：将教师关系（表）和课程关系（表）进行自然连接，结果如表 7-7 所示。

表 7-7　"教师"和"课程"信息表

教师编号	教师姓名	职称	办公地址	课程编号	课程名称	学时
JS002	王欣欣	讲师	19-102	KC005	Python 程序设计	32
JS003	吴洁	副教授	19-103	KC002	数据库	32
JS004	孙菲	讲师	19-104	KC003	软件工程	72
JS004	孙菲	讲师	19-104	KC004	大学计算机基础	32
…	…	…	…	…	…	…

3. 结构化查询语言

数据库管理系统利用结构化查询语言（Structured Query Language，SQL）表示关系模型上的运算。下面以学生选课系统中的 4 个关系模式为例进行讲解。

```
student(sno,sname,ssex,major,birthplace)
teacher(tno,tname,professional,toffice)
course(cno,cname,chours,tno)
sc(sno,cno,score)
```

例如：利用 SQL 语句查询 student 表中男生的所有信息，用 SQL 可以表达为：

```
SELECT sno,sname,ssex,major,birthplace
FROM student
WHERE ssex="男"
```

或者

```
SELECT *
FROM student
WHERE ssex="男"
```

例如：利用 SQL 语句查询 student 表中北京男生的学号、姓名和专业，用 SQL 可以表达为：

```
SELECT sno,sname, major
FROM student
WHERE ssex="男"and birthplace="北京"
```

例如：查询选修了"Python 程序设计"这门课的学生姓名和成绩，该查询需要将 student、course 和 sc 三张表进行连接，然后选择满足条件的元组。

```
SELECT student.sname, sc.score
FROM student,course,sc
WHERE student.sno=sc.sno and sc.cno=course.cno and course.cname="Python 程序
设计"
```

例如：查询学生选课的成绩，包含学生姓名、课程名、成绩及授课教师的姓名，该查询需要将 student、course、sc 和 teacher 四张表进行连接，然后选择满足条件的元组。

```
SELECT student.sname, course.cname,sc.score,teacher.tname
FROM student,course,sc,teacher
WHERE student.sno=sc.sno and sc.cno=course.cno and course.tno=teacher,tno
```

以上每个 SQL 查询语句都包括三部分：SELECT 子句、FROM 子句、WHERE 子句，分别代表选择什么属性、从哪些表中选择、选择条件。除此之外，SQL 语句还提供定义关系结构、创建关系和修改关系内容的操作。可以使用 INSERT INTO、DELETE FROM 和 UPDATE 对数据表中的元组进行添加、删除和修改操作。

创建一个 student 表可以使用以下 SQL 语句完成：

```
CREATE TABLE student(sno varchar(9),sname varchar(10),ssex varchar(1),major
varchar(20),birthplace varchar(10))
```

以下 SQL 语句可以实现在 student 表中插入一名学生，该学生的信息：学号为 XH2020115、姓名为张三、性别为男、专业为英语专业、籍贯为上海市。

```
INSERT INTO student
VALUSES("XH2020115"," 张三"," 男"," 英语专业","上海市")
```

删除 course 表中课程号为 KC003 的课程信息可以通过以下 SQL 语句完成。

```
DELETE FROM course
WHERE cno="KC003"
```

下面的 SQL 语句可以实现数据的更新，例如修改 sc 表中学号为 XH2020001 的学生的 KC018 课程成绩为 91。

```
UPDATE sc
SET score=91
WHERE sno="XH2020001" and cno=" KC018"
```

7.3　数据库管理系统

7.3.1　数据库管理系统的功能

数据库管理系统是一种操作和管理数据库的软件，用于建立、使用和维护数据库，它对数据库进行统一的管理和控制，以保证数据库的安全性和完整性。用户可以通过 DBMS 访问数据库中的数据，数据库管理员可以通过 DBMS 进行数据库的维护工作。DBMS 的功能如下。

1. 数据定义功能

DBMS 提供了数据定义语言（Data Description Language，DDL），描述内容包括数据的结构和操作，以及数据的完整性约束和访问控制条件等。用户可以通过它方便地对数据库的数据对象进行定义。

2. 数据操纵功能

DBMS 提供了数据操作语言(Data Manipulation Language,DML),用于实现对数据库的检索、插入、删除和修改等操作。

3. 数据库运行管理

数据库技术能够支持多个用户并发访问数据库,实现数据共享,所以 DBMS 必须对数据提供一定的保护措施,保证在多个用户共享数据时,只有被授权的用户才能查看或修改数据。为此,DBMS 提供并发控制机制、访问控制机制和数据完整性约束机制,以避免多个读写操作并发执行时可能引发的问题、重要数据被盗以及安全性和完整性被破坏等一系列问题。

4. 数据库的建立和维护

数据库的建立和维护包括数据库初始数据的输入、转换,数据库的转储、恢复,数据库的重组织和性能监视、分析等。

5. 数据库的管理

数据库管理系统的管理包括分类组织、存储和管理各种数据,包括数据字典、用户数据、数据的存取路径等。

6. 提供数据库的多种接口

为了满足不同类型用户(如常规用户、应用程序的开发者、DBA 等)的操作需求,DBMS 通常提供了多种接口,用户可以通过不同的接口使用不同的方法和交互界面操作数据库。主流的 DBMS 除了提供命令行式的接口以外,通常还提供图形化接口,用户使用 DBMS 就像使用 Windows 操作系统一样方便。

7.3.2 常见的数据库管理系统

1. MySQL

MySQL 是一个关系数据库管理系统,由瑞典 MySQL AB 公司开发,属于 Oracle 旗下的产品。MySQL 是一个快速、多线程、多用户和健壮的 SQL 数据库服务器,也可以将它嵌入大配置的软件。与其他数据库管理系统相比,MySQL 具有以下优势。

① 功能强大:MySQL 提供了多种数据库存储引擎,引擎各有所长,适用于不同的应用场合,用户可以选择最合适的引擎以得到最高性能。

② 支持跨平台:MySQL 支持至少 20 种开发平台,包括 Linux、Windows、FreeBSD、IBMAIX、AIX、FreeBSD 等,这使得在任何平台下编写的程序都可以进行移植,而不需要对程序做任何修改。

③ 开放源码:MySQL 数据库是一款完全免费的产品,用户可以直接通过网络下载使用。

④ 安全性高:MySQL 具有灵活和安全的权限与密码系统,允许基本主机的验证,连

接到服务器时,所有的密码传输均采用加密形式,从而保证了密码的安全。

⑤ 运行速度快:高速是 MySQL 的显著特性,MySQL 使用了极快的 B 树磁盘表和索引压缩;通过使用优化的单扫描、多连接能够极快地实现连接;SQL 函数使用高度优化的类库实现,运行速度极快。

2. SQL Server

SQL Server 是由微软公司开发的数据库管理系统,已广泛用于电子商务、银行、保险、电力等与数据库有关的行业。SQL Server 提供了众多 Web 和电子商务功能,如对 XML 和 Internet 标准的支持,通过 Web 对数据进行轻松安全的访问,具有强大、灵活、基于 Web 和安全的应用程序管理等。由于易操作性及友好的操作界面,SQL Server 深受广大用户的喜爱。

3. Oracle

Oracle 数据库管理系统是美国 Oracle(甲骨文)公司开发的以分布式数据库为核心的一款软件产品,是目前流行的 C/S 或 B/S 体系结构的数据库。Oracle 数据库作为一个通用的数据库系统,它具有完整的数据管理功能;作为一个关系数据库,它是一个具有完备关系的产品;作为分布式数据库,它实现了分布式处理功能,用户只要在一种机型上学习了 Oracle 的知识,便能在各种类型的机器上使用它。

Oracle 数据库产品具有以下特性。

① 兼容性:Oracle 采用标准 SQL,并通过了美国国家标准技术所的测试,与 IBM SQL/DS、DB2、INGRES、IDMS/R 等兼容。

② 可移植性:Oracle 可运行于大部分的硬件与操作系统平台上;可以安装在 70 种以上不同的大、中、小型机上;可在 VMS、DOS、UNIX、Windows 等多种操作系统下工作。

③ 可联结性:Oracle 能与多种通信网络相连,支持多种协议。

④ 高生产率:Oracle 提供了多种开发工具,能极大地方便用户进行进一步的开发。

4. Sybase

Sybase 数据库是美国 Sybase 公司研制的关系数据库系统,是典型的 UNIX 或 Windows NT 平台的 C/S 环境下的大型数据库系统。Sybase 提供了一套应用程序编程接口和库,可以与非 Sybase 数据源及服务器集成,允许在多个数据库之间复制数据,适用于创建多层应用。Sybase 具有完备的触发器、存储过程、规则以及完整性定义,支持优化查询,具有较好的数据安全性。

5. Access

Microsoft Office Access 是由微软公司发布的关系数据库管理系统,它结合了 Microsoft Jet Database Engine 和图形用户界面两项特点,是 Microsoft Office 的组件之一。

Access 最大的优点是简单易学,非计算机类专业的人员也能学会,低成本地满足了非计算机类专业人员实现软件开发的"梦想"。Access 广泛应用于小型 Web 应用程序的开发。

7.3.3　MySQL 数据库管理系统

本节以 MySQL 数据库管理系统为例展开讲解。MySQL 是一个精巧的数据库管理系统，由于它的功能强大、灵活性高、应用编程接口（API）丰富以及系统结构精巧，受到了广大软件爱好者甚至商业软件用户的青睐，特别是它与 Apache 和 PHP/PERL 的结合为建立基于数据库的动态网站提供了强大动力。MySQL 是一个独立的软件，需要单独下载和安装。

1. MySQL 下载与安装

进入 MySQL 官方网站（网址：http://www.mysql.com/）下载 MySQL 安装程序。本节以 MySQL 5.5 为例，安装成功后，可以通过"开始"→"所有程序"—MySQL—MySQL 5.5 Command Line Client 打开 MySQL，然后输入安装时设置密码，即可登录 MySQL，如图 7-9 所示。

图 7-9　测试 MySQL 是否安装成功

登录成功后，命令行提示符变为 mysql＞，在提示符后面就可以输入 SQL 语句，从而指挥 MySQL 完成相应的操作。例如，创建一个名为 glxt 的数据库，可以通过 create database glxt;语句完成，如图 7-10 所示。

2. SQLyog 数据库管理工具

利用命令行操作数据库的方式会给初学者带来一定的困难，但 SQLyog 数据库管理工具能够帮助用户轻松管理自己的 MySQL 数据库。SQLyog 是一款专业的图形化数据库管理软件，操作简单，功能强大。SQLyog 支持多种数据格式导出，可以帮助用户快速

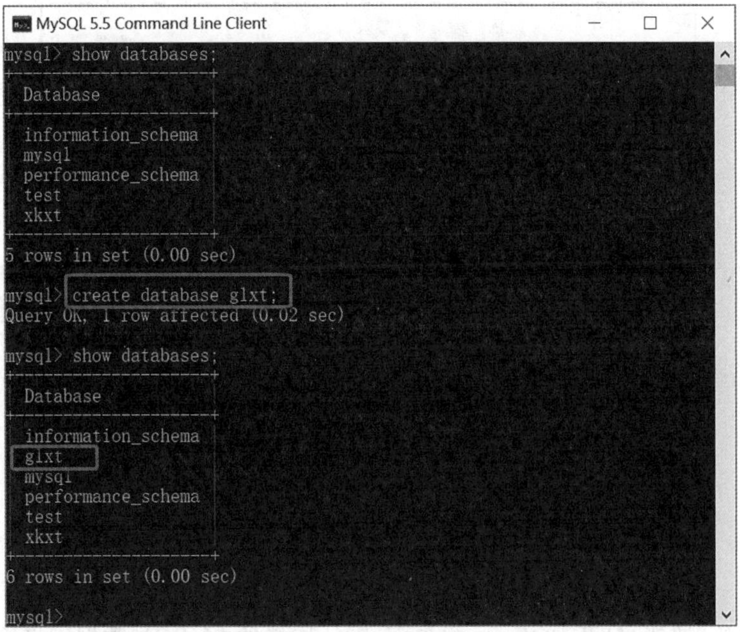

图 7-10　创建数据库

备份和恢复数据库,还能够快速运行 SQL 脚本文件,为用户的使用提供方便。本节以
SQLyog Community 10.51 免费社区版为例介绍相关操作。

进入 SQLyog 官方网站(网址:https://sqlyog.en.softonic.com/)下载 SQLyog
Community 安装程序,本节以 SQLyog Community 10.51 版本为例,双击安装程序进行
安装,安装成功的界面如图 7-11 所示。

图 7-11　安装成功

运行 SQLyog 软件,并与 MySQL 数据库进行连接,输入 MySQL 安装过程中设置的
用户名和密码,如图 7-12 所示。

图 7-12 连接 MySQL

单击"连接"按钮,打开 SQLyog 主界面,默认连接的 MySQL 数据库将给出几个系统自带的数据库,如图 7-13 所示。

图 7-13 SQLyog 主界面

3. SQLyog 管理 MySQL 数据库

（1）创建数据库

右击自带的数据库,选择"创建数据库"选项,如图 7-14 所示,打开"创建数据库"对话框,输入数据库名称,单击"创建"按钮即可创建名为 xkxt 的数据库,如图 7-15 所示。

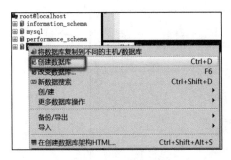

图 7-14　创建数据库

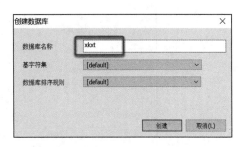

图 7-15　创建名为 xkxt 的数据库

（2）备份数据库

右击需要备份的数据库，选择"备份/导出"→"备份数据库，转储到 SQL"选项，如图 7-16 所示，打开"SQL 转储"对话框，确定导出位置和导出对象，创建数据库，然后单击"导出"按钮，如图 7-17 所示；此时显示"已成功导出"，单击"完成"按钮即可，如图 7-18 所示。

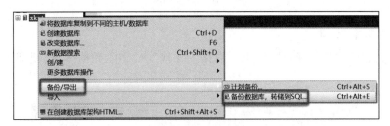

图 7-16　备份数据库

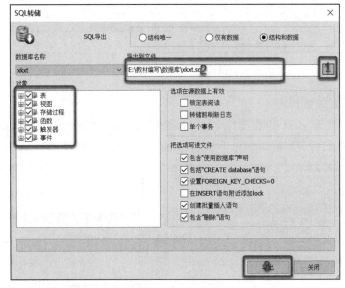

图 7-17　SQL 转储

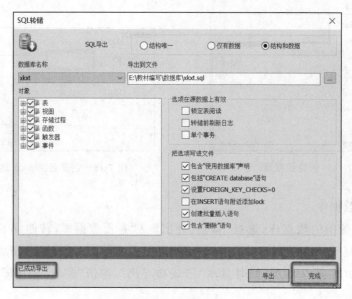

图 7-18   备份完成

（3）删除数据库

右击需要删除的数据库，选择"更多数据库操作"→"删除数据库"选项即可，如图 7-19 所示。

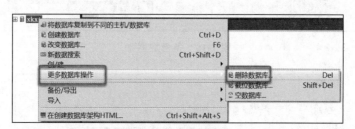

图 7-19   删除数据库

（4）导入已有的数据库

已创建一个名为 xkxt 的数据库，右击该数据库，选择"导入"→"执行 SQL 脚本"选项，如图 7-20 所示，打开"从一个文件执行查询"对话框，确定要导入的数据库，单击"执

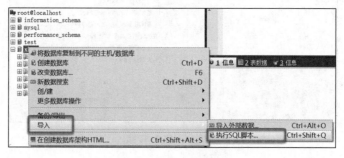

图 7-20   导入数据库

行"按钮,如图 7-21 所示;当"从一个文件执行查询"对话框提示导入成功时,单击"完成"
按钮,如图 7-22 所示;此时即可查看数据库 xkxt 中的导入数据,如图 7-23 所示。

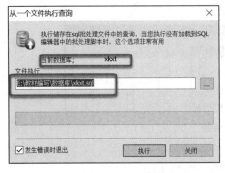

图 7-21　选择要导入的数据库

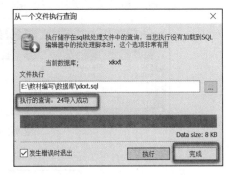

图 7-22　数据库导入成功

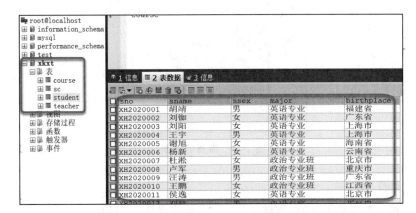

图 7-23　数据库表中的数据

4. SQLyog 管理 MySQL 数据表

（1）创建表

单击数据库 xkxt 前面的"＋"号,右击"表"项并选择"创建表"选项,如图 7-24 所示;
输入表名称、表字段名、字段类型、长度等,如图 7-25 所示;保存表,在左侧导航栏可以查
看效果,如图 7-26 所示。

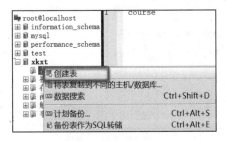

图 7-24　创建表

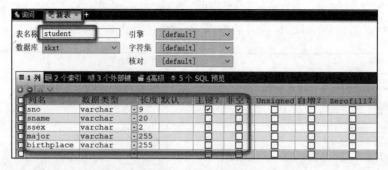

图 7-25　新表创建

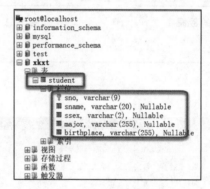

图 7-26　查看新建表

（2）导入表

右击要导入本地数据的表，选择"导入"→"导入使用本地加载的 CSV 数据"选项，如图 7-27 所示，打开"本地加载导入 CSV 数据"对话框，设置分隔符、选择字符集、选择导入的文件，如图 7-28 所示；完成导入后，即可查看 student 表的数据，如图 7-29 所示。

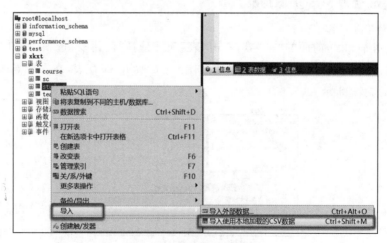

图 7-27　导入本地数据表

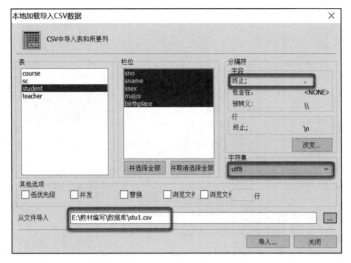

图 7-28 本地加载的 CSV 数据

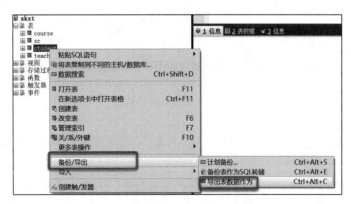

图 7-29 学生表导入成功

（3）导出表

右击要导出的表，选择"备份/导出"→"导出表数据作为"选项，如图 7-30 所示；打开 Export As 对话框，选择要导出的文件类型及保存位置，单击"导出"按钮即可，如图 7-31 所示。

图 7-30 导出表

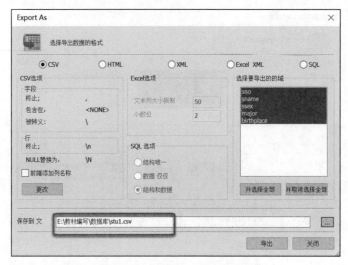

图 7-31 选择导出类型及位置

（4）创建 SQL 查询

① 检索学生表中性别为"男"的学生学号、姓名和性别。

在"询问"框中输入 SQL 语句，单击"执行查询"按钮或按快捷键 F9 运行 SQL 语句，即可以在"结果"框中得到查询结果，如图 7-32 所示。

图 7-32 单表单条件查询

② 检索学生表中性别为"男"且籍贯为"北京市"的学生学号、姓名、性别和出生地，如图 7-33 所示。

③ 检索选修了"程序设计基础"的学生姓名和成绩，如图 7-34 所示。

④ 检索选修了课程的学生姓名、课程名、成绩和教师姓名，如图 7-35 所示。

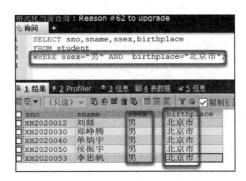

图 7-33　单表多条件查询

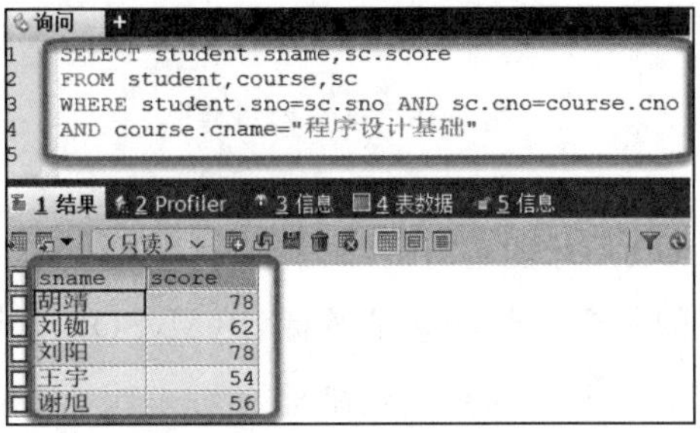

图 7-34　多表多条件查询(1)

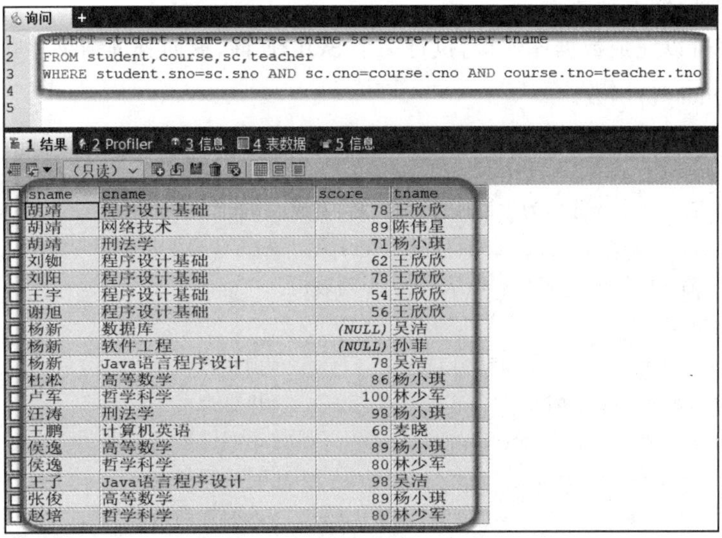

图 7-35　多表多条件查询(2)

7.4　Python 操作 MySQL 数据库

　　Python 操作 MySQL 数据库即通过 Python 程序对数据库中的数据表进行操作。利用 Python 在本地建立数据库并存入数据,利用 PyMySQL 第三方库(模块)完成 Python

连接 MySQL 数据库的操作,并提供数据库操作的相关函数。

7.4.1 数据库连接

利用 PyMySQL 模块进行操作的一般过程如图 7-36 所示。

图 7-36   连接数据库

- 连接数据库,连接成功后才能进行后续操作。
- PyMySQL 模块中的一个重要概念是游标,PyMySQL 模块利用游标执行 SQL 语句,所以在执行 SQL 语句前需要创建游标。
- 利用游标执行对应的 SQL 语句,实现相应的操作。
- 关闭游标,断开连接。

以下程序可以完成数据库连接,执行一个 SQL 查询,返回查询结果(列表),并将整个功能封装为 Query()函数。

```python
import pymysql
#连接数据库,4 个参数分别为主机地址、用户名、密码、数据库名
mysql_conn = pymysql.connect('localhost','root','123456','xkxt')
#执行一个 SQL 查询语句,返回查询结果(一个列表)
def Query(sql):
    cursor = mysql_conn.cursor()          #创建游标
    cursor.execute(sql)                   #执行查询
    results = cursor.fetchall()           #返回结果
    datas = [row for row in results]      #封装到列表
    return datas                          #返回查询结果
```

上述程序首先利用 connect()函数连接数据库,其 4 个参数中,localhost 表示本地主机。利用 cursor()函数创建一个游标,然后完成数据库连接,并把执行 SQL 查询的返回结果(列表)封装为 Query()函数。

7.4.2 Python 操作数据库

以下程序可以实现:执行 SQL 语句,实现增、删、改,返回执行结果。

```
def ExecSql(sql):
    cursor = mysql_conn.cursor()
    code = cursor.execute(sql)
    mysql_conn.commit()
    return code
```

以下程序可以实现：添加一条选课信息。

```
def AddSC(sno,cno):
    sql = "insert into sc(sno,cno) values(' "+sno +  " ',' "  +cno +" ')"
    ExecSql(sql)
```

以下程序可以实现：查询所有选课信息。

```
def QueryAllSC():
    sql = "select * from sc"
    dt = Query(sql)
ExecSql(sql)
```

以下程序可以实现：查询选修了某位教师所教课程的学生姓名、学号、课号及成绩。

```
def QuerySCbyTno(tno):
sql = "SELECT sname,sc.sno,cname,sc.cno,score
FROM course,sc,student,teacher
WHERE teacher.tno=course.tno AND sc.cno=course.cno AND sc.sno=student.sno
AND teacher.tno=' "+tno+" '"
    dt= Query(sql)
```

以下程序可以实现：查询某位学生的所有选课信息。

```
def QueryCSbySno(sno):
    sql = "SELECT sname,sc.sno,cname,sc.cno FROM course,sc,student WHERE sc.
cno =course.cno AND sc.sno=student.sno AND sc.sno=' "+sno+" '"
    dt= Query(sql)
```

可以通过以下语句调用上面的函数，实现查询功能。

```
def QueryCSbySno(sno):
AddSC("XH2020001","KC0017")
QueryAllSC()
QueryCSbySno("XH2020001")
QuerySCbyTno("JS003")
```

习　题

1. 在下列关系运算中,不改变关系表中的属性个数,但能减少元组个数的是(　　)。

　　A. 并　　　　　　　　B. 交　　　　　　　　C. 投影　　　　　　　　D. 连接

2. 在 E-R 图中,用来表示实体之间联系的图形是(　　)。

　　A. 矩形　　　　　　　B. 椭圆形　　　　　　C. 平行四边形　　　　D. 菱形

3. 数据库设计的根本目标是解决(　　)。

　　A. 数据共享问题　　　　　　　　　　B. 数据安全问题

　　C. 大量数据存储问题　　　　　　　　D. 简化数据维护

4. E-R 模型中,实体与实体之间的联系不可能是(　　)。

　　A. 一对一　　　　　　B. 多对多　　　　　　C. 一对多　　　　　　D. 一对零

5. 支持数据库各种操作的软件系统叫作(　　)。

　　A. 数据库管理系统　　　　　　　　　B. 文件系统

　　C. 数据库系统　　　　　　　　　　　D. 操作系统

6. "商品"与"顾客"这两个实体集之间的联系一般是(　　)。

　　A. 一对一　　　　　　B. 多对多　　　　　　C. 一对多　　　　　　D. 多对一

7. 数据库(DB)、数据库系统(DBS)、数据库管理系统(DBMS)之间的关系是(　　)。

　　A. DB 包含 DBS 和 DBMS　　　　　　B. DBMS 包含 DB 和 DBS

　　C. DBS 包含 DB 和 DBMS　　　　　　D. 没有任何关系

8. SQL 语言又称为(　　)。

　　A. 结构化定义语言　　　　　　　　　B. 结构化控制语言

　　C. 结构化查询语言　　　　　　　　　D. 结构化操纵语言

9. 数据管理技术的发展经历了人工管理阶段、文件系统阶段和数据库系统阶段。其中,数据独立性最高的阶段是(　　)。

　　A. 数据库系统　　　　B. 文件系统　　　　　C. 人工管理　　　　　D. 数据项管理

第 **8** 章

计算机网络及其应用

【学习目标】
- 了解计算机网络的产生和发展
- 理解计算机网络的定义、功能、组成及分类
- 了解计算机网络的性能衡量标准
- 理解计算机网络体系结构及协议的作用
- 熟悉常见的网络传输介质及互联设备
- 理解 IP 地址的作用、组成及分类，能够根据实际需要配置 IP 地址、子网掩码等网络属性信息，了解 Internet 接入技术
- 理解域名的作用、构成、层级结构，熟悉常见的域名
- 了解网络安全的基本概念、常见安全威胁及防护措施，培养网络安全防范意识

8.1 计算机网络概述

计算机技术和通信技术的紧密结合和快速发展，推动了计算机网络的产生和广泛应用，计算机网络成为 20 世纪伟大的科技成就。随着大数据、云计算、物联网等新技术的出现和广泛应用，计算机网络的使用已深入人们生活的方方面面，经济、政治、教育、文化、科技等各领域的发展均离不开计算机网络，计算机网络的发展水平已经成为衡量一个国家综合国力的关键因素。学习和掌握计算机网络技术，有效地应用计算机网络技术解决学习、生活、工作中的问题，是信息时代人们必备的技能。

8.1.1 计算机网络的产生与发展

计算机网络从 20 世纪 50 年代诞生至今，其发展历程可以划分为以下四个阶段。

1. 以单机为中心的联机系统阶段

第一阶段的计算机网络是以单机为中心的联机系统(图 8-1)，此阶段可以追溯到 20 世纪 50 年代。当时，计算机的价格非常昂贵，只有少数的大型机构才能拥有一台计算机。为使多个用户共同使用该计算机，人们通过通信线路将主机与若干终端连接起来，形成"终端-计算机"结构的计算机网络。该结构下的终端不具备自主处理能力，各终端只是

计算机输入/输出设备的延伸和扩展,中心计算机既要承担数据处理任务,又要承担与终端的通信工作,因此连接的终端数目不能过多。

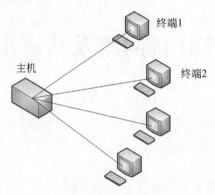

图 8-1   以单机为中心的联机系统示意

2. 多台计算机互连的网络阶段

第二阶段的计算机网络是多台计算机互连的网络(图 8-2)。从 20 世纪 60 年代中期到 70 年代中期,随着计算机技术和通信技术的发展,计算机的价格下降,各中小企业将其拥有的计算机通过通信线路相互连接起来,形成以资源共享为目的的计算机网络。该阶段计算机网络的典型代表是 1969 年美国国防部高级研究计划局建成的 ARPANet (Advanced Research Projects Agency Net,高级研究计划管理局网络),它是计算机网络技术发展的一个里程碑,它的研究成果对促进网络技术的发展起到了重要作用,为 Internet(互联网)的形成奠定了基础。

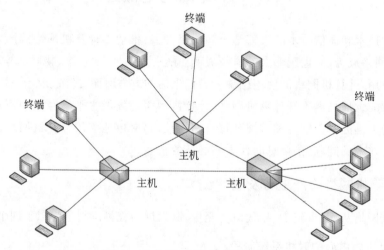

图 8-2   多台计算机互连的网络示意

3. 体系结构标准化的网络阶段

第三阶段的计算机网络是体系结构标准化的计算机网络。20 世纪 70 年代中后期,国际上的各种网络迅速发展,各计算机厂商纷纷发展各自的计算机网络设备,但随之而来的是网络体系结构和网络协议的标准化问题。许多国际组织,如 ISO(International Organization for Standardization,国际标准化组织)、IEEE(Institute of Electrical and Electronics Engineers,国际电气电子工程师协会)等都成立了研究机构,研究计算机系统互联以及计算机网络协议的标准化问题。1984 年,ISO 正式颁布了 OSI/RM(Open System Interconnection Reference Model,开放系统互联参考模型)国际标准 ISO 7498,该模型被公认为是新一代计算机网络体系结构的基础,对网络理论体系的形成与网络技术的发展起到了非常重要作用。

4. 互联网阶段

第四阶段的计算机网络始于 20 世纪 80 年代中后期,其典型代表是以 Internet 为代表的互联网。随着计算机技术和通信技术的快速发展,互连、高速、广泛应用的计算机网络逐渐形成和发展,计算机网络的功能也由传统的数据通信、资源共享、分布式处理等转变为基于云环境、物联网的无所不在的网络服务,对人们的生产生活产生了越来越深远的影响。

8.1.2 计算机网络的定义与功能

1. 计算机网络的定义

计算机网络的精确定义并未统一,现在广为人们所接受的定义是:计算机网络是将分布在不同地理位置且具有独立功能的计算机系统,通过通信设备和通信线路相互连接起来,在网络协议和网络软件的支持下进行数据通信、资源共享的计算机系统的集合。

随着时代的发展,笔者认为谢希仁教授编写的《计算机网络(第 7 版)》教程上的定义是对计算机网络较深刻的说明,即"计算机网络主要是由一些通用的、可编程的硬件互连而成的,而这些硬件并非专门用来实现某一特定目的(如传送数据或视频信号)"。其中,可编程的硬件是指该硬件一定包含中央处理器,这些硬件能够传送多种不同类型的数据,并能支持广泛和日益增长的应用。根据该定义,可得出:①计算机网络连接的硬件并不限于一般的计算机,也包括智能手机等终端;②计算机网络并非专门用来传送数据,而是能够支持很多其他应用(包括今后可能出现的各种应用)。

2. 计算机网络的功能

计算机网络在很多方面都发挥着重要的作用,其功能可以归结为以下几大类。

(1)数据通信

数据通信是指计算机与计算机、计算机与终端之间的数据通信,是计算机网络最基本的功能。电子邮件、网页浏览、即时通信等都属于数据通信。

(2)资源共享

网络上的资源有硬件资源、软件资源和数据资源,各类资源均可共享。硬件资源共享是指对各类硬件资源,如打印机、硬盘、主机等的共享;软件资源共享是指对各种网络软件,如杀毒软件、文件处理软件、数据处理软件等的共享;数据资源共享是指对各种网络数据,如网页数据、数据库数据等的共享。

（3）协同处理

协同处理是指利用计算机网络技术将多台独立的主机连接起来,在相应软件的管理和控制下,整体表现出更高级性能的独立计算机系统。该系统下的多台计算机协同工作,完成各自承担的工作,最终共同完成大型的复杂任务。分布式计算、云计算、网格计算等都是计算机协同处理的体现。

（4）提高计算机的可靠性和可用性

在计算机网络中,每台计算机都可以借助计算机网络与其他计算机互为后备机,一旦某台计算机出现故障,其他计算机可以立即承担故障计算机担负的任务,从而使计算机网络的可靠性大幅提高。当计算机网络中的某台计算机负载过重时,计算机网络能够进行智能判断,并将新的任务转交给网络中任务负载较轻的计算机,从而均衡负载,提高计算机的可用性。

8.1.3　计算机网络的组成与分类

1. 计算机网络的组成

从不同角度看,计算机网络的组成不尽相同。

（1）从软硬件组成角度看

计算机网络由硬件和软件两大部分组成。硬件包括计算机系统、终端、通信处理机、通信设备和通信线路;软件部分包括计算机系统和通信处理机上的各种网络管理软件,主要包括网络操作系统、网络协议软件、网络管理软件和网络应用软件。

① 计算机系统和终端。计算机系统是计算机网络中用来完成数据收集、存储、处理等任务,并向网络提供各种网络资源的终端系统。计算机系统依据功能角色的不同可以分为服务器和工作站。服务器负责数据处理和网络控制,是网络资源的主要提供者,而工作站只提供有限的资源,主要实现用户操作网络及人机交互。通常将网络中的计算机称为主机。除计算机系统外,网络中还包括各种提供特定应用的终端设备,如打印机、显示器等。

② 通信处理机。通信处理机又称为通信控制器或前端处理机,是网络中用来完成通信控制功能的专用计算机和通信处理设备,主要实现编码、编址、发送和接收信息、通信过程控制等功能。在广域网中,通常有专门的通信处理机,而在局域网中,一般由网络适配器(网卡)承担通信控制任务。

③ 通信线路和通信设备。通信线路是由连接网络结点(网络中的主机系统、路由器、交换机、集线器等都可以称为结点)的一种或几种传输介质构成的数据物理传输通路,用来传输网络中的数据及控制信息等。通信线路可以分为有线和无线两大类,使用广泛的有线通信线路有双绞线、光缆,使用较广泛的无线传输线路有微波、红外线等。通信设备是指连接通信线路并进行数据传输控制的硬件设备,如交换机、路由器、集线器等。

④ 网络操作系统。网络操作系统是向网络中的某些计算机提供服务的特殊操作系统。网络操作系统可提供用户管理(如控制用户的网络访问权限)、多种网络应用支持、网络通信服务、系统管理服务(如建立和控制网络进程、监视网络活动)等功能。常见的网络操作系统有 UNIX、Linux、Windows 2000/2003/2008/2012 等。

⑤ 网络协议软件。网络协议用来保证网络中不同设备之间信息的正确传输。网络协议规定了网络中信息的内容、格式、传输顺序等,这些为网络数据交换而制定的规则、标准或约定即为网络协议。网络协议通过网络协议软件实现。

⑥ 网络管理软件和网络应用软件。网络管理软件用来监控和管理网络中的活动,网络应用软件用来向网络用户提供具体的应用服务。

(2) 从逻辑功能组成角度看

从逻辑功能组成角度看,计算机网络分为通信子网和资源子网。通信子网是计算机网络中实现数据传输或数据转发的软硬件集合,主要包括网络适配器、集线器、交换机、传输介质以及相关软件;资源子网是网络中负责提供数据和处理数据的软硬件设备,主要包括网络中的服务器、工作站、共享打印机等网络设备及其相应软件和信息资源。

2. 计算机网络的分类

计算机网络可分为不同的类别。

(1) 按网络覆盖范围划分

按照网络覆盖范围进行划分,计算机网络可以分为广域网、局域网、城域网和个域网。

① 广域网(Wide Area Network,WAN)。广域网的覆盖范围通常是几十到几千米,一般为一个城市、国家或者全世界。

② 局域网(Local Area Network,LAN)。局域网用于将有限范围内(如一个办公室、一幢大楼、一个校园、一个企业园区等)的各种计算机、终端及外部设备连接组成网络。

局域网具有以下主要特点:覆盖范围有限,一般为几十米到几千米;结构简单,易于实现;速度快,其数据传输速率可达 10～10000Mb/s,且误码率低;私有性强,局域网一般是企业或单位自行出资建设的网络,仅供内部使用。

③ 城域网(Metropolitan Area Network,MAN)。城域网介于局域网和广域网之间,覆盖范围在几十千米以内,用于将一个城市、一个地区的企业、机关、学校等机构的局域网互联起来进行资源共享。

④ 个域网(Personal Area Network,PAN)。个域网是在个人工作或学习空间内将属于个人使用的电子设备通过有线或无线技术连接起来形成的网络,其覆盖范围最小,一般在 10m 左右。

(2) 按网络拓扑结构划分

计算机网络的拓扑结构用来表示网络传输介质和网络结点的连接形式,即传输介质构成的几何形状。计算机网络的拓扑结构可以分为星状、环状、总线状、树状、网状和混合型(图 8-3)。

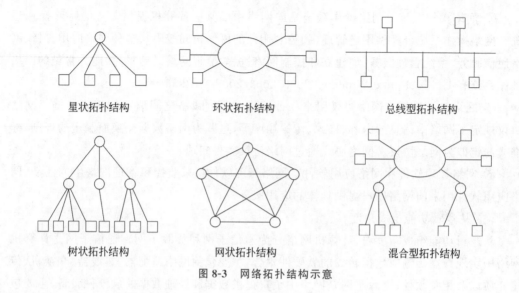

图 8-3　网络拓扑结构示意

（3）按网络工作模式划分

按网络工作模式的不同,计算机网络可以分为对等网络和客户机/服务器网络。对等网络中,所有计算机是平等的,彼此互相提供服务;客户机/服务器网络中,服务器为其他设备提供服务,客户机通过访问服务器获取服务(图 8-4 和图 8-5)。

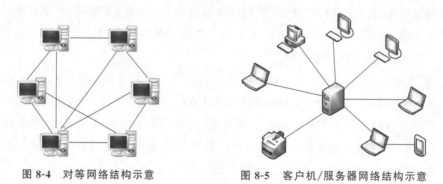

图 8-4　对等网络结构示意　　　　　图 8-5　客户机/服务器网络结构示意

（4）按网络用途划分

按网络用途的不同,可以将计算机网络分为主干网、接入网和用户网。

① 主干网。主干网是一种大型传输网络,用来连接小型网络,是数据传输的“高速公路”,如连接国家之间的网络、连接各省之间的网络等。中国四大主干网分别是中国公用计算机互联网(ChinaNET)、中国教育科研网(CERNET)、中国科学技术网(CSTNET)和中国金桥信息网(ChinaGBN)。局域网也有主干网,它是企业内部网络的“高速公路”。主干网一般采用光纤结构,传输速度极快。

② 接入网。接入网包含主干网与用户终端之间的所有设备,其长度一般为几百米到几千米,因此也被称为“网络接入的最后一公里”。接入网的接入方式包括网线接入、光纤

接入、无线接入等。

③ 用户网。用户网是用户最终使用的网络和终端设备构成的网络,如家庭网络、企事业单位的局域网等。

此外,计算机网络还可按照使用范围的不同分为公用网和专用网;按照通信介质的不同分为有线网和无线网;按照介质访问协议的不同分为以太网、令牌环网和令牌总线网。

8.1.4　计算机网络的性能

1. 计算机网络的性能指标

计算机网络的性能指标可以用来衡量计算机网络的性能,其中,速率和带宽是两个关键的性能指标。

(1) 速率

速率是指计算机网络中数据的传输速率,是计算机网络中最重要的性能指标,也称为数据率(data rate)或比特率(bit rate)。速率的基本单位是 bit/s(比特每秒),有时也写为 bps(bit per second,b/s)。当数据速率较高时,可以通过 Kb、Mb、Gb、Tb、Pb、Eb、Zb、Yb 衡量。具体的单位换算关系如下:

$$1Kb = 10^3 b$$
$$1Mb = 10^3 Kb$$
$$1Gb = 10^3 Mb$$
$$1Tb = 10^3 Gb$$
$$1Pb = 10^3 Tb$$
$$1Eb = 10^3 Pb$$
$$1Zb = 10^3 Eb$$
$$1Yb = 10^3 Zb$$

说明:当提到网络速率时,往往指的是额定速率或标称速率(理论速率),而非网络的实际运行速率。实际运行中,网络速率的基本单位为字节(B,1B=8b),而非比特。

(2) 带宽

带宽(bandwidth)一般有两种含义,一种含义是指某个信号具有的频带宽度,即信号包含的各种不同频率成分占据的频率范围,如传统通信线路上传送的电话信号,其标准带宽为 3.1kHz,标识了话音的主要频率范围为 300Hz~3.4kHz,此意义下的带宽基本单位为赫兹;在计算机网络中,带宽用来表示网络中某通道传送数据的能力,表示在单位时间内网络中的标准信道能通过的"最高数据率",此意义下的带宽基本单位为 b/s。

2. 计算机网络的非性能指标

计算机网络还有一些重要的非性能特征,这些非性能特征与前面介绍的性能指标有很大的关系,常见的非性能指标有费用、质量、标准化、可靠性、可扩展性和可升级性、易于管理和维护特性等。

8.1.5 计算机网络体系结构与协议

1. 概述

计算机网络是一个非常复杂的系统,为简化其设计实现,人们采用了分层设计的思想,即将网络通信过程中需要完成的总体功能分解到不同的功能层次上,并为每层都制定相应的标准。

计算机网络中,各结点进行数据交换时必须遵守相应的标准,这些标准、规则、约定称为计算机网络协议。计算机网络协议主要包括 3 方面的内容,分别是语法(syntax)、语义(semantics)和时序(timing)。

① 语法。指明数据和控制信息的结构和格式,包括数据格式、编码、信号电平等。

② 语义。为控制网络通信中的数据能准确无误地传送至接收端,通信时需要加入控制信息,如地址信息、差错控制信息、同步信息等。在一个协议中,需要加入哪些控制信息? 接收方收到信息后如何应答? 此类问题由语义解决。

③ 时序。指明了数据传输的次序、步骤、速度等,约定了数据传输时先做什么,后做什么。

计算机网络如何分层及各层协议的集合称为计算机网络体系结构。计算机网络体系结构是研究如何对一个计算机网络进行分层、分为哪些层、各层应实现什么样的功能、不同结点的同一层(对等层)采用哪些协议、同一结点相邻层之间采用的接口以及下层应向上层提供哪些服务等问题。世界上比较著名的计算机网络体系结构有 OSI/RM(Open System Interconnection Reference Model,开放系统互连参考模型)和 TCP/IP(Transmission Control Protocol/Internet Protocol,传输控制协议/网际互连协议)体系结构。

2. OSI/RM 体系结构

OSI/RM 是国际标准化组织于 1977 年提出并着手研究的计算机网络体系结构,该体系结构旨在实现异构网络的互连互通,进而实现全球范围的数据通信。

OSI/RM 共分为 7 个功能层次,由低到高分别为物理层、数据链路层、网络层、传输层、会话层、表示层和应用层,如图 8-6 所示。

OSI/RM 中的低三层为传输控制层,主要负责通信子网的相关工作,解决网络中的通信问题;高三层为应用控制层,主要负责有关资源子网的工作,解决应用进程的通信问题;传输层是通信子网和资源子网的接口,起到连接传输和应用的作用。

OSI/RM 试图让全球范围内都遵循该标准的计算机设备实现互联互通。虽然 OSI/RM 标准已制定完成,但由于基于 TCP/IP 体系结构的互联网已抢先在全球相当大的范围内占领了市场,而同期却几乎找不到厂家能生产出符合 OSI/RM 标准的商用产品,因此 OSI/RM 只获得了一些理论研究成果,在市场化方面却事与愿违地失败了。

3. TCP/IP 体系结构

TCP/IP 体系结构以 TCP(Transmission Control Protocol,传输控制协议)和 IP

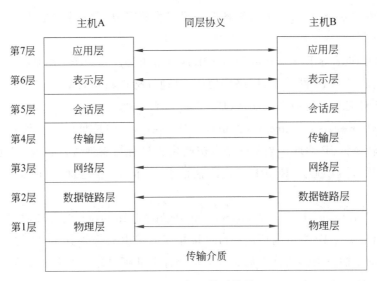

图 8-6　OSI/RM 体系结构

(Internet Protocol,网际互连协议)为核心协议,使得连接在互联网上的任何计算机无论类型是否相同,也无论是否使用相同的操作系统,均能方便地进行数据传输和资源共享。

　　TCP/IP 体系结构将整个计算机网络从功能角度划分为 4 层,由低到高分别是网络接口层、网际层、传输层和应用层,如图 8-7 所示。

第4层	应用层	HTTP、HTTPS、FTP、DNS、SMTP、Telnet等
第3层	传输层	TCP、UDP等
第2层	网际层	IP、ICMP、ARP、RARP、IGMP等
第1层	网络接口层	Ethernet、Token、Ring、FDDI、ATM等

图 8-7　TCP/IP 体系结构

　　(1) 网络接口层

　　提供 TCP/IP 与各种物理网络的接口,指定如何通过物理地址发送数据。该层使用介质访问协议(如 FDDI、以太网、令牌环网、X.25 等)为高层提供服务。

　　(2) 网际层

　　网际层提供网络数据通信功能,其通信协议由 5 部分组成,分别是 IP、ICMP、ARP、RARP 和 IGMP。

　　① IP。IP 规定了互联网上计算机通信时的 IP 地址格式、数据如何从一台计算机传送到另一台计算机(路由选择)。IP 向上层提供统一的 IP 数据包,使得低层的各种物理差异对上层不复存在。

　　② ICMP(Internet Control Message Protocol,Internet 控制报文协议)。ICMP 用来

处理差错报告和差错控制,使出错设备向源设备发送差错报文或控制报文。PING 命令属于 ICMP。

③ ARP(Address Resolution Protocol,地址解析协议)。ARP 用来将 IP 地址转换为物理地址。在 TCP/IP 网络中,网络层使用 IP 地址标识每台计算机,但该地址是逻辑地址,最终必须对应于主机物理地址,以唯一标识一台主机。

④ RARP(Reverse Address Resolution Protocol,反向地址解析协议)。RARP 用来将物理地址转换为 IP 地址。当某一站点初始化后只有物理地址却没有 IP 地址时(如学生无盘计算机),可以通过 RARP 发出广播请求,寻找其 IP 地址,进而实现后续的正常通信。

⑤ IGMP(Internet Group Management Protocol,Internet 组管理协议)。IGMP 为组播协议,用来实现 IP 主机向任何一台直接相邻的路由器报告其组员情况,使连接在本地局域网上的多播路由器明确本局域网上是否有主机参加或退出某多播组。

(3) 传输层

传输层包括 TCP 和 UDP(User Datagram Protocol,用户数据报协议)这两个核心协议。TCP 是一个面向连接的、可靠的协议。在发送数据之前,通过三次握手建立连接,然后数据沿着该连接依次发送,发送后拆除连接。TCP 还可以实现自动检测损坏和丢失的数据报,并自动重传数据报的功能。UDP 是无连接、不可靠的协议,该协议适用于传输数据量小且对数据正确性要求不高的场合,当对实时性要求较高但对数据可靠性没有太严格的要求时,也可采用该协议。

(4) 应用层

应用层通过提供多个具有特定功能的协议实现用户访问网络的功能。常见协议有用于文件传输的 FTP(File Transfer Protocol,文件传输协议)、用于发送电子邮件的 SMTP(Simple Mail Transfer Protocol,简单邮件传输协议)、用于接收电子邮件的 POP3(Post Office Protocol-Version 3,邮局协议版本 3) 、用于实现域名到 IP 地址转换的 DNS(Domain Name System,域名系统)协议、用于传输万维网文档的 HTTP(Hyper Text Transport Protocol,超文本传输协议)。

8.1.6　计算机网络传输介质及互连设备

1. 计算机网络传输介质

计算机网络中,传输介质将网络设备互连起来,为数据通信提供物理通道。传输介质可以分为无线和有线两大类。无线传输介质是指各种用于传输数据的无线电波。常用的有线传输介质有双绞线、同轴电缆和光纤。

(1) 双绞线

双绞线(双绞线电缆)由多根具有绝缘保护层且两两绞合的铜导线构成,并将其放置在一根导管中。双绞线可以分为屏蔽双绞线和非屏蔽双绞线两类,如图 8-8 所示。双绞线根据其数据传输速率的不同,又可分为 5 类双绞线、超 5 类双绞线、6 类双绞线等(表 8-1)。

聚氯乙烯套层 绝缘层 铜钱　　聚氯乙烯套层 屏蔽层 绝缘层 铜钱

3类双绞线

5类双绞线

(a) 非屏蔽双绞线　　　　(b) 屏蔽双绞线　　　　(c) 不同绞合度的双绞线

图 8-8　双绞线示意

表 8-1　常见双绞线的类别、带宽和典型应用

绞合线类别	带宽/MHz	特　　点	典 型 应 用
3	16	2 对 4 芯双绞线	模拟电话；曾用于传统以太网(10Mb/s)
4	20	4 对 8 芯双绞线	曾用于令牌局域网
5	100	与 4 类相比增加了绞合度	传输速率不超过 100Mb/s 的应用
5E(超 5 类)	125	与 5 类相比衰减更小	传输速率不超过 1Gb/s 的应用
6	250	与 5 类相比改善了串扰等性能	传输速率高于 1Gb/s 的应用
7	600	使用屏蔽双绞线	传输速率高于 10Gb/s 的应用

（2）同轴电缆

同轴电缆由内导体铜质芯线、绝缘层、网状编织的外导体屏蔽层以及绝缘保护套层组成（图 8-9）。由于外导体屏蔽层的作用，同轴电缆具有很好的抗干扰特性。局域网发展初期曾广泛使用同轴电缆作为传输媒体。随着通信技术的不断进步，局域网基本采用双绞线作为传输介质，目前同轴电缆主要用在居民区的有线电视网，高质量同轴电缆的带宽基本可达 1GHz。

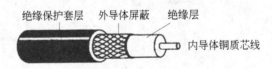

绝缘保护套层 外导体屏蔽 绝缘层

内导体铜质芯线

图 8-9　同轴电缆示意

（3）光纤

光纤利用光导纤维（简称光纤）传递光脉冲进行通信。有光脉冲代表 1，无光脉冲代表 0。由于可见光的频率范围很广，因此光纤通信系统的传输带宽远大于其他传输介质。

光纤通信时，在发送端，通过发光二极管等发光源发射光信号；在接收端，利用光电二极管等光检测器还原出电脉冲。光纤通常由透明度很高的石英玻璃拉成细丝，由纤芯和包层构成双层通信圆柱体。纤芯用来传导光波，而包层具有较低的折射率，光线触碰到包层时就会反射回纤芯，该过程不断重复，光就会沿着光纤传输下去（图 8-10）。根据光是否经过包层折射，光纤分为单模光纤（一束光线不折射）和多模光纤（多束光线折射传播）。

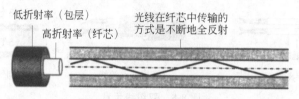

低折射率（包层）

高折射率（纤芯）

光线在纤芯中传输的
方式是不断地全反射

图 8-10　光波在纤芯中传播

2. 计算机网络互连设备

在计算机网络中，除了用于传输数据的传输介质外，还需要连接传输介质与计算机系统，以及帮助信息尽可能正确快速地传送至目的地的各种网络互连设备。常见的网络互连设备有网络接口卡、集线器、交换机、路由器。

（1）网络接口卡

网络接口卡又称网络适配器，简称网卡，是实现主机和传输介质互连的设备。网卡将本机数据从正确位置读出并传送至网络传输介质，并接收和传送通过网络传输介质送至本机的数据至合适位置。要想正常使用网卡，必须为该网卡安装型号匹配的网卡驱动程序，只有网卡和网卡驱动程序配合使用，才能完成数据的正确收发。

网卡的类型取决于网络传输系统、网络传输速率、连接器接口、总线类型等。网卡具有唯一识别全球联网终端的物理地址标识码 MAC（MediaAccessControl，媒体访问控制）地址，该地址由 48 位二进制数组成。其中，前 24 位为网卡生产厂商标识，后 24 位为网卡序号。48 位二进制 MAC 地址通常采用"-"（连字符）分隔的十六进制表示法，如图 8-11所示。

无线局域网适配器　本地连接* 1:

媒体状态 . . . . : 媒体已断开连接
连接特定的 DNS 后缀 . . . . :
描述. . . . . : Microsoft Wi-Fi Direct Virtual Adapter
物理地址. . . . . : 40-EC-99-0A-CA-18
DHCP 已启用 . . . . : 是
自动配置已启用. . . . . : 是

图 8-11　网卡地址示意

（2）集线器

集线器属于物理层设备，其主要功能是对接收到的信号进行再生和放大，以扩大网络的传输距离。

（3）交换机

交换机属于数据链路层设备，其主要功能是基于其内部存储的交换表，将数据基于MAC 地址从不同的端口发送出去。

（4）路由器

路由器属于网络层设备，其主要功能是基于其内部存储的路由表，将数据基于目的IP 地址从不同的端口发送出去。

8.2 Internet 基础

Internet 又名因特网,是由许多小的网络互连而成的大网络。每个小的网络中连接着若干台主机,整个网络基于 TCP/IP 体系结构实现,是目前全球最大的电子信息资源汇聚地。下面分别介绍与 Internet 密切关联的核心技术。

8.2.1 IP 地址

1. IP 地址的含义及构成

IP 地址是 Internet 上用来唯一标识一台主机的网络标识符。目前,IP 地址分为 IPv4 (IP 第 4 版)和 IPv6(IP 第 6 版)两个版本。IPv4 由 32 位二进制数组成,为方便用户查看,常将 32 位 IP 地址划分为等长的 4 组,每组采用十进制数表示,各组之间用"."进行分隔,此种表示方法称为"点分十进制表示法",如 IP 地址 11001010110001000011111011000110 用点分十进制表示法可表示为 202.196.62.198。主机等终端配置的 IP 地址均采用此种表示方法,如图 8-12 所示。

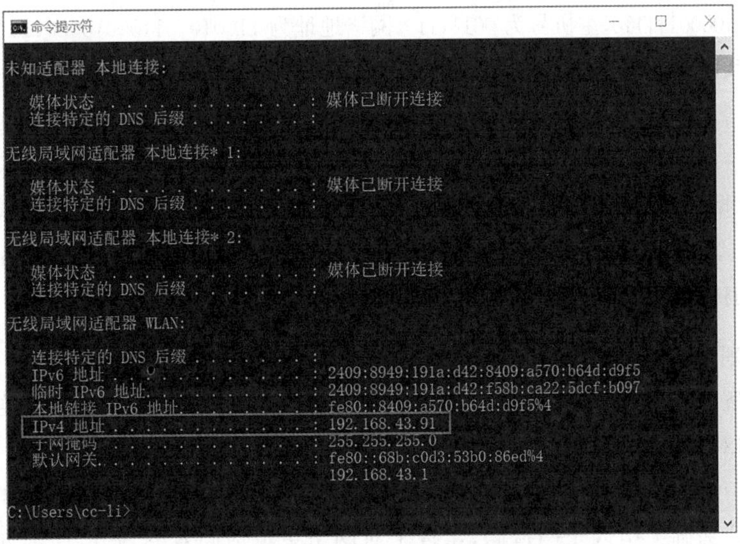

图 8-12 IPv4 点分十进制地址格式示意

从逻辑结构看,IP 地址可以分为三部分,分别是类别标识、网络标识和主机标识,如图 8-13 所示。

① 类别标识,又称类别号,用来表示 IP 地址的类型。IPv4 分为 A 类、B 类、C 类、D 类、E 类,其类别标识分别为二进制符号串"0""10""110""1110"和"1111",位于 IP 地址的最左侧。

② 网络标识,又称网络号,用来唯一标识本主机所处的网络,同一网络中终端主机的网络号相同。

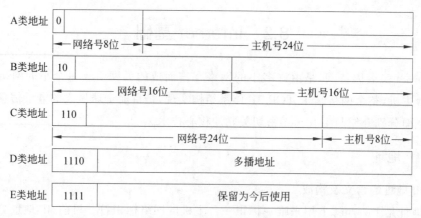

图 8-13 IP 地址组成示意

③ 主机标识,又称主机号,用来唯一标识网络中的某台主机,同一网络中主机的主机号不同。

在分类 IP 地址下,主机号为全 0 的 IP 地址为该 IP 地址对应的网络地址。对于 IP 地址 11001010110001000011111101000110,可判断其为 C 类 IP 地址,其网络号为 110010101100010000111110,主机号为 00111110,网络地址为 11001010110001000011111000000000。

随着互联网中用户数量的急剧增加,IPv4 的网络标识能力(最多 2^{32} 个)已不能满足现实需求。1990 年,IEEE 着手制定 IPv6 地址,旨在通过提升 IP 地址的长度增加地址空间。IPv6 由 128 位二进制数构成,地址空间为 2^{128}。IPv6 采用了先进的技术简化已有协议,以减小数据转发时路由器中路由表的大小,并提升了网络的安全性、实时性和多样性。IPv6 与 IPv4 紧密承接,在兼容 IPv4 的基础上进一步扩充演变。目前,多数国家已着手部署并应用 IPv6 技术。

2. 子网划分与子网掩码

实际网络中,主机的规模可能有几台到几万台,如果只按照 A、B、C 此类网络划分法进行分类,则对于某一容纳 400 台主机的网络,要申请一个 B 类 IP 网段,这必然造成 IP 地址的浪费。为提高 IP 地址的利用率,人们采用了更加灵活的子网划分法,即在基本网络结构划分的基础上引入子网掩码,实现了对网络更灵活高效的划分,此类划分技术即为子网划分。

子网掩码是一类 IP 地址,其左边为连续的 1,右边紧接着连续的 0。连续的 1 对应于该主机 IP 地址中的网络号,连续的 0 对应该主机 IP 地址中的主机号。由此可得出 A、B、C 三类网络的默认子网掩码分别如下。

① A 类网络:11111111000000000000000000000000,即 255.0.0.0。

② B 类网络:11111111111111110000000000000000,即 255.255.0.0。

③ C 类网络:11111111111111111111111100000000,即 255.255.255.0。

网络管理员可以通过改变子网掩码中 1 和 0 的个数修改网络号的范围和设备编号的范

围,从而将一个大的网络划分为多个更小的子网。如网络号为 202.296.62 的网络,IP 地址范围为 202.296.62.0~202.296.62.255,理论上最多拥有 256 个地址。现从该 C 类网络中划分出两个容纳 126 台主机的子网,则取主机号最高一位表示子网标识,该网络主机的子网掩码原为 11111111111111111111111100000000,则变为 11111111111111111111111110000000,此时,子网中主机的 IP 地址只能从 202.196.62.0~202.196.62.127 或 202.196.62.128~202.196.62.255 中选取。

划分子网的情况下,终端的网络地址是 IP 地址与其子网掩码执行二进制"与"运算后的结果。可以得出,同一子网中,终端的网络地址均相同;不同子网中,终端的网络地址均不同。上例中,两个子网中终端的网络地址分别为 202.196.62.0 和 202.196.62.128。

目前,IP 地址与子网掩码必须配合使用以标识网络中的主机,路由器对网络数据的转发也需要基于其内部路由表中的子网掩码确定对数据执行何种操作。

8.2.2　Internet 接入

用户要想使用互联网中的资源或为互联网中的其他用户提供资源,首先要接入互联网。目前,接入互联网的方式有多种,基本均为宽带接入。从宽带接入的介质看,接入技术可划分为两类,一类为有线宽带接入,另一类为无线宽带接入。常用的有线接入技术有非对称数字用户线(Asymmetric Digital Subscriber Line,ADSL)技术、光纤同轴混合网(Hybrid Fiber Coax,HFC)技术和光纤到户(Fiber To The Home,FTTH)技术。

1. ADSL 技术

ADSL 技术是对已有模拟电话用户线进行改造,使其能够承载宽带数字业务的技术。随着 ADSL 技术的不断改进,其传输速率已由原来的约 1Mb/s 提升至 25Mb/s,且性能也在不断改进。

传统 ADSL 技术适用于电话线依然存在且改造代价较高的老建筑,不适用于企业。为满足企业需要,ADSL 技术产生了几种变体,如对称数字用户线(Symmetric DSL,SDSL)、高速数字用户线(Highspeed DSL,HDSL)、甚高速数字用户线(Very high speed DSL,VDSL)、第二代甚高速数字用户线(VDSL 2)、超高速 Giga DSL 技术等。

2. HFC 技术

HFC 技术是在有线电视网的基础上开发的一种居民宽带接入网,除可传送电视节目外,还可提供电话、数据和其他宽带交互型业务(图 8-14)。HFC 网中的主干传输线路为光纤,光纤从头端连接到光纤结点,在光纤结点处,光信号被转换为电信号,通过同轴电缆传送到每个用户家庭。从头端到用户家庭所需的放大器数目一般为 4~5 个,连接一个光纤结点的典型用户数为 500 个(不超过 2000 个)。

3. FTTH 技术

光纤到户是指将光纤一直铺设到用户家庭,只有在光纤进入用户的家门后,才将光信号转换为电信号,从而使用户获得更高的上网速率。

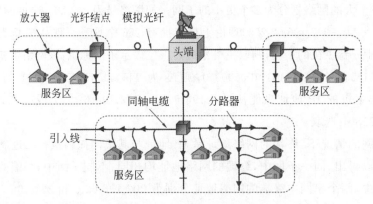

图 8-14　HFC 网络接入示意

为满足不同传输速率的用户需求,可通过将光电转换点设置在不同的位置实现,为此出现了 FTTx 接入方式,此处的 x 代表光纤接入地点,一般为距离用户家门一定距离的地方,如 FTTC(FTT Curb,光纤到路边)、FTTZ(FTT Zone,光纤到小区)、FTTB(FTT Building,光纤到大楼)、FTTF(FTT Floor,光纤到楼层)、FTTO(FTT Office,光纤到办公室)、FTTD(FTT Desk,光纤到桌面),等等。

8.2.3　域名

1. 域名及其作用

IP 地址是互联网上唯一标识一台主机的逻辑地址。对于普通用户而言,IP 地址是一个无意义的数字串。人们并不擅长记忆无意义的数字串,但却擅长记忆有意义的符号串,基于该原因,人们提出了域名。

域名是 IP 地址的"别名",由"."和具有一定意义的字符串(标号)组成,如 www.baidu.com 是百度 Web 服务器的域名,是 IP 地址 110.242.68.4 的别名。域名中的标号可以是英文字母、数字,也可以是中文字母(较少使用),每个标号的长度理论上不超过 63 个字符(为便于记忆,尽量不超过 12 个),不区分大小写,不能包含除连字符"－"之外的其他标点符号,多个标号组成的完整域名的长度不能超过 255 个字符。域名中的各个标号具有层次结构,从右至左分别为顶级域名、二级域名、三级域名等,如在 www.baidu.com 中,com 为顶级域名,baidu 为二级域名,www 为三级域名。通常,一个 IP 地址可以有 0 个或多个域名,一个域名必须对应唯一的 IP 地址。

2. 域名系统

网络设备基于 IP 地址进行数据转发,为此,需要将域名转换为 IP 地址才能正常传输。将域名转换为 IP 地址的过程称为域名解析,域名解析由域名系统完成。DNS 由多个能够将域名解析为 IP 地址的域名服务器组成,服务器相互协作,共同完成互联网中域名的解析。

根据解析范围的不同,可将域名服务器划分为根域名服务器、顶级域名服务器、权限域名服务器和本地域名服务器。主机在进行网络属性配置时,填写的 DNS 服务器信息即为本地域名服务器的 IP 地址。四类域名服务器中,根域名服务器最重要,世界上任何一台具有合法域名的计算机都可以通过根域名服务器找到其对应的 IP 地址,但根域名服务器在世界范围内的分布并不均匀,大部分分布在北美洲。

3. 域名申请

互联网中的域名需要申请才能使用。国际域名由美国商业部授权的 ICANN(The Internet Corporation for Assigned Namesand Numbers,互联网名称与数字地址分配机构)负责注册和管理,国内域名则由各国的相应机构负责注册和管理,如 cn 域名由 CNNIC(China Internet Network Information Center,中国互联网管理中心)负责注册和管理。

8.3　Internet 应用

8.3.1　WWW 服务

WWW(World Wide Web,万维网)是基于客户机/服务器方式的信息发现技术和超文本技术的结合。WWW 服务使用 HTML(Hyper Text Markup Language,超文本标记语言)将信息组织为图文并茂的超文本(Web 页面,简称网页),基于 HTTP 或 HTTPS(Hyper Text Transfer Protocolover Secure Socket Layer,安全 HTTP)实现 Web 页面的传输,通过浏览器软件实现 Web 页面内容的展示,使用 URL(UniformResourceLocator,统一资源定位符)唯一标识一个网页,通过单击网页上的超链接从一个网页跳转到另一个网页或从一个站点跳转到另一个站点。

URL 一般由协议、主机、端口和路径四部分组成,基本格式如下:

<协议>://<主机>:<端口>/<路径>

其中,

① 协议:指明使用哪种协议获取互联网上的资源。

② 主机:指明资源在互联网中的哪台主机上,此处可以用域名标识,也可以使用 IP 地址标识。

③ 端口:指明该资源由主机上的哪个进程提供;端口号与 URL 中协议的类型有关,HTTP 的默认端口号为 80,HTTPS 的默认端口号为 443(对于默认端口,通常可省略不写)。

④ 路径:指明访问的资源在主机上的具体存储位置。

如 URL"http://www.gov.cn/xinwen/2022-03/14/content_5678871.htm"表示访问的文件为"content_5678871.htm",存储在域名为"www.gov.cn"的主机上的"xinwen\2022-03\14\"目录下,从服务器上访问文件时所用的协议为 HTTP,通过浏览器查看该文件,结果如图 8-15 所示。

图 8-15　网页结果展示

8.3.2　电子邮件

电子邮件(Electronicmail,E-mail)服务是互联网上广泛使用的服务之一。它采用客户机/服务器的工作模式,以存储转发的方式将电子邮件从发送方送至接收方。存储转发方式使得通信双方可以在不同时在线的情况下灵活地实现收发邮件。电子邮件系统的核心组成元素及基本工作过程如图 8-16 所示。

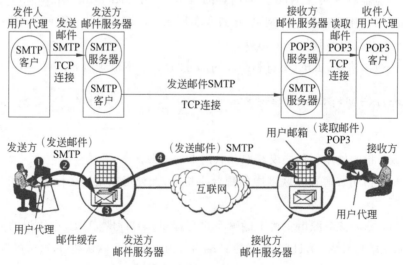

图 8-16　电子邮件系统核心组成要素及基本工作过程示意

电子邮件的传送过程具体如下。

① 发送方和接收方在收发电子邮件前,需要向电子邮件服务器提供者申请电子邮箱(一定大小的存储空间)。

② 发送方使用用户邮件代理软件（如 Outlook）书写邮件，并填写发件人（如 abc.163.com）和收件人（如 def.sina.com）的邮箱地址，完成后单击"发送"按钮，使用简单邮件传输协议（Simple Mail Transport Protocol，SMTP）将邮件发送至发送方的邮件服务器（如 163 邮件服务器）上。

③ 发送方 SMTP 服务器收到用户代理发来的邮件后，将邮件临时存放在邮件缓存队列中，等待发送至接收方邮件服务器。

④ 发送方邮件服务器的 SMTP 客户与接收方邮件服务器的 SMTP 服务器建立 TCP 连接，然后将邮件缓存队列中的邮件依次发送至接收方邮件服务器（如新浪邮件服务器）上。

⑤ 运行在接收方邮件服务器中的 SMTP 服务器进程收到邮件后，将邮件放入收件人的用户邮箱中，等待收件人读取。

⑥ 收件人运行计算机中的邮件用户代理，使用 POP3 或 IMAP（Internet Message Access Protocol，因特网消息访问协议）读取发送给自己的邮件，完成邮件的接收和查看。

说明：用户也可以使用网页登录电子邮箱，基于 Web 邮件技术完成邮件收发。电子邮箱在两种方式下均可正常使用，但基于用户代理软件收发电子邮件前，需要进行一定的设置，基本设置方法可查阅相关资料，图 8-17 是为用户代理软件 Outlook 配置 163 邮箱的说明。

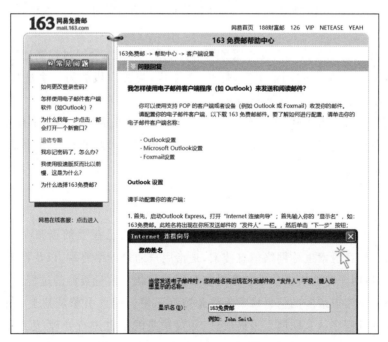

图 8-17　Outlook 配置 163 邮箱的设置说明

8.3.3　文件传输

FTP 可以在保证传输安全性的情况下将文件从网络中的一台计算机传送至另一台

计算机。

  FTP 服务是一种实时联机服务,用户需要首先登录到存储文件的计算机上,然后才可以执行后续的文件搜索、传输等操作。FTP 服务采用客户机/服务器的工作模式,用户通过客户机程序向服务器程序发出命令,服务器程序执行用户发来的命令,并将执行结果返回给客户机。用户要想访问服务器上的资源,必须确保服务器和客户机同时在线。FTP 服务的基本工作过程如图 8-18 所示。

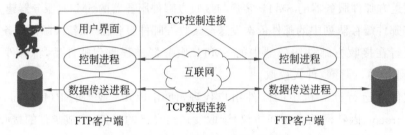

图 8-18　FTP 服务工作原理示意

  ① FTP 服务器打开端口号 21,使其始终处于监听状态。

  ② 客户机与服务器建立控制连接。当客户端发起通信时,客户端进程使用 1024～65535 中的一个随机数作为端口号,与服务器方的 21 端口建立 TCP 连接,用来传输控制信息。

  ③ 数据传输。当客户端需要与服务器进行数据传输时,会通过控制连接向服务器发送数据传输请求,服务器收到请求后,打开 20 端口,与客户机的另一个端口建立数据连接。数据传输结束后,立即撤销该连接。

  说明:FTP 服务器进程可以同时为多个客户端提供服务,且 FTP 不仅支持匿名(不需要用户名和密码)访问,也支持授权(需要用户使用合法的账号和密码)访问。

8.3.4　搜索引擎

1. 简介

  互联网上的信息浩如烟海,用户如何从中快速找到自己想要的资源呢?这就需要进行信息检索。信息检索也称网络信息搜索,是指用户通过网络终端,以及特定的网络搜索工具或手段,运用一定的检索技术和策略获取所需互联网信息资源的过程。

  互联网上使用得最多的信息检索工具是搜索引擎。搜索引擎是基于一定的策略,运用特定的计算机程序从互联网上采集信息,并对采集的信息进行处理、组织和存储,形成索引信息库,通过向用户提供检索接口,使得用户可以从信息库中检索到想要的信息,并将检索结果展示给用户的系统。

  随着智能时代的到来,搜索引擎依托的技术更加多样,如网络爬虫技术、检索排序技术、网页处理技术、大数据处理技术、自然语言处理技术等,可以为信息检索用户提供更快速、高效的信息服务。

目前,市面上的搜索引擎众多,图 8-19 和图 8-20 为 2021—2022 年世界及我国搜索引擎使用情况的统计结果。

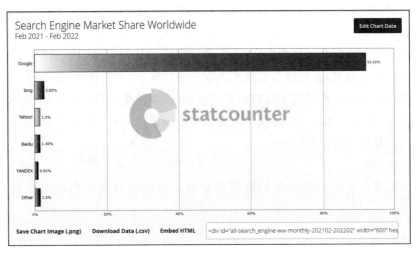

图 8-19   2021—2022 年世界搜索引擎使用比率情况

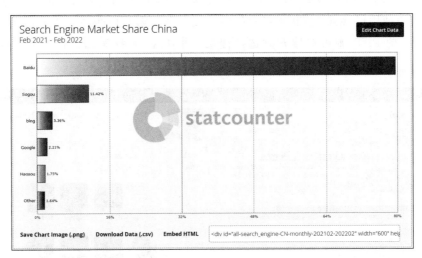

图 8-20   2021—2022 年中国搜索引擎使用比率情况

2. 搜索引擎工作过程

搜索引擎的工作过程大致分为以下四个步骤。

(1)从互联网上抓取网页

搜索引擎使用称为网络蜘蛛(spider)的程序自动访问互联网,沿着网页中的 URL 地址从一个网页爬取到另一个网页,并将爬过的所有网页记录下来。为了能反映网页的更新情况,网络蜘蛛需要定期重新访问网页,并根据网页内容和链接关系的变化记录结果。

(2)建立索引数据库

搜索引擎使用索引程序对爬取的网页进行分析,提取相关网页信息(包括网页 URL、编码类型、页面内容包含的关键词、关键词位置、生成时间、大小、与其他网页的链接关系等），基于相关度算法进行大量复杂计算，得到页面内容及超链接中每个关键词的相关度（或重要性），然后用这些相关信息建立网页索引数据库。

（3）接受查询

当用户输入关键词并开启搜索后，搜索系统程序将从网页索引数据库中找到符合该关键词的所有相关网页，并依据关键词相关度进行排序，相关度越高，排名越靠前。目前，搜索引擎的返回结果主要以网页链接的形式呈现，借助链接，用户便可到达包含所需资料的网页。此外，搜索引擎也会在链接下方提供一小段来自网页的摘要信息，以帮助用户判断该网页是否是自己的搜索目标。

（4）显示结果

由页面生成系统将搜索结果的链接地址和页面内容摘要等内容组织起来返回给用户。

3. 基本使用简介

用户最常用的信息检索策略是通过在搜索引擎的搜索框中输入搜索关键词进行搜索，为此，搜索关键词的提取是搜索的关键，提取时需要注意信息表达的精准性和完整性。此外，还可以使用搜索引擎提供的高级搜索功能提高搜索的精准性。如果要查找主题为"我的家乡"的PPT，则可在搜索时选择搜索结果类型，将搜索结果设置为PPT类型，图 8-21～图 8-23 为以百度搜索引擎为例进行展示。

图 8-21　特定类型文件搜索（1）

用户也可以基于时间、站点等进行精准搜索。除此之外，可以充分利用各个搜索引擎的高级搜索功能提高搜索结果的精准性，图 8-24 和图 8-25 展示了如何调出百度搜索引擎的高级搜索窗口。

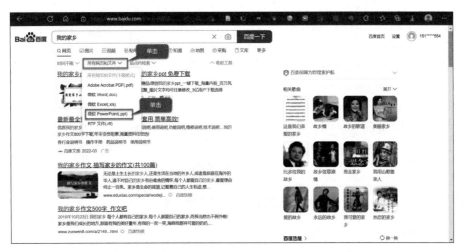

图 8-22　特定类型文件搜索（2）

图 8-23　特定类型文件搜索结果

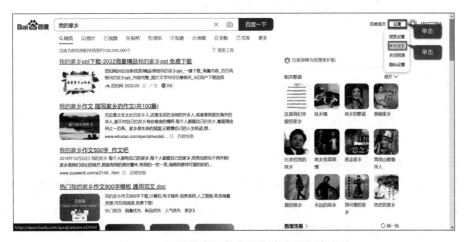

图 8-24　百度搜索引擎高级搜索窗口调出方法

图 8-25　百度搜索引擎高级搜索窗口示意

8.4　网络安全

网络中丰富的信息资源给网络用户带来了极大的便利,但网络信息涉及面广、位置分散,互联网的开放性和超越组织与国界的特点为用户使用网络带来了安全隐患。

8.4.1　基本概念

网络安全是指通过采用各种技术和管理措施使网络系统正常运行,从而确保网络数据的保密性、完整性、可用性、可靠性、可控性和可审查性。

① 保密性:指信息不泄露给非授权用户,防止非法入侵者获得信息。

② 完整性:指数据未经授权不能进行改变,即信息在存储或传输过程中保持不被修改、破坏和丢失。

③ 可用性:指信息能够被授权实体访问且按需求使用,即当需要时能否正常存取所需信息。

④ 可控性:指对信息的传播及内容具有控制能力。

⑤ 可审查性:指一旦信息系统发生安全事故,可以提供审计核查的依据,做到有据可查。

8.4.2　网络面临的安全威胁

安全威胁是某个人、物、事或概念对某个资源的机密性、完整性、可用性或合法性等造成的危害,攻击是威胁的具体实现。

安全威胁分为故意和偶然两类,故意威胁又可以分为被动式和主动式两类。被动攻击的特点是偷听或监视传送,目的是获得正在传送的信息。被动攻击主要包括泄露信息内容和通信量分析。通信量分析是指在不干扰信息流的情况下观察传输的数据单元,通过分析了解通信终端的身份、地址、数据内容、性质等信息,可以使用 Wireshark 等工具进行流量分析。

主动攻击常采用中断、截取、修改、捏造、假冒等手段,从而实现重放、修改信息或拒绝服务的操作。中断是指使系统资源遭到破坏或不可用,是对可用性的攻击;截取是指未授权实体获得资源访问权,是对保密性的攻击;修改是指未授权实体对信息内容进行访问并篡改,是对完整性的攻击;捏造是指未授权实体向系统中插入伪造信息,是对真实性的攻击;假冒是指一个实体假装成另一个实体;重放是指将前期捕获的数据再次发送给接收者的操作;修改信息是指修改信息内容、打乱发送顺序或延迟发送消息等;拒绝服务是指使目标计算机的网络或系统资源耗尽,使服务暂时中断或停止,从而导致正常用户无法访问。

此外,恶意程序攻击也是一种主动攻击方式,常见的恶意程序有特洛伊木马、陷门等。

8.4.3 网络安全工作内容

保障网络安全的基本措施是保密、鉴别、访问控制和攻击防范。

(1)保密

保密是信息系统防止信息非法泄露的一种防护手段。保密通过信息加密、身份认证、访问控制、安全通信协议等技术实施。信息加密是保密的最基本手段,为系统登录账号设置密码即为一种加密手段,如图 8-26 所示。

图 8-26 用户账号加密

(2)鉴别

鉴别是实现信息接收者确认发送者身份和信息完整性的技术手段。鉴别是授权的基础,用于识别是否是合法用户以及是否拥有特定的访问权限。鉴别常采用口令认证(如设置系统登录密码)和数字签名技术(如浏览器身份认证证书,如图 8-27 所示)实现。

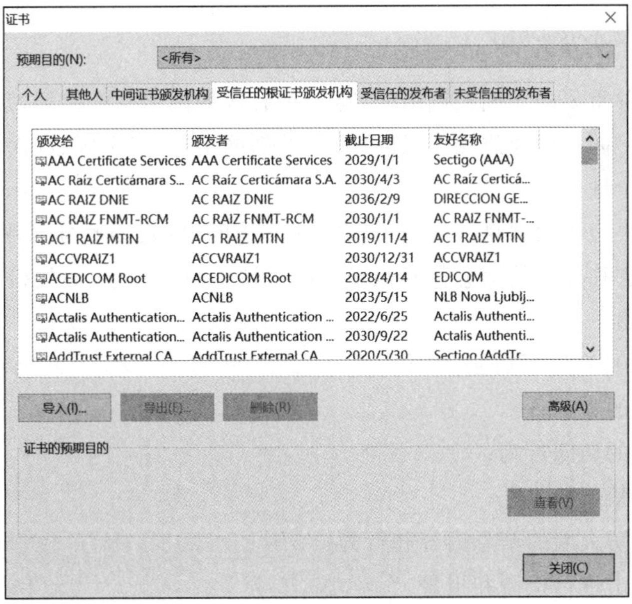

图 8-27 证书

（3）访问控制

访问控制用来保证网络资源不被非法访问和使用。Windows 10 系统可以通过本地组策略编辑器进行访问控制设置，如图 8-28 所示。

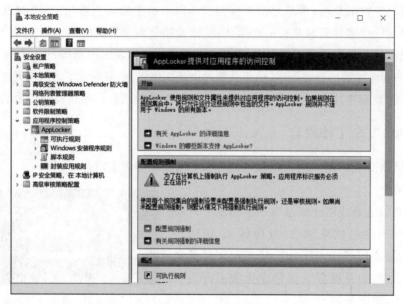

图 8-28　访问控制

（4）攻击防范

攻击防范是指通过加密、安装入侵检测系统及防火墙等措施防范攻击。加密常用来防止被动攻击，入侵检测和防火墙常用来防止主动攻击。

8.4.4　防火墙技术及应用

防火墙是一种重要的访问控制措施，是一种有效的网络安全模型，是内网和外网之间的一个安全屏障。防火墙通过隔离风险区域（外部网络）与安全区域（内部网络）的连接增强内部网络的安全性。

防火墙系统决定了内部哪些区域可以被外部访问，以及哪些外部服务可以被内部访问。所有来自和去往外部的信息都必须经过防火墙，并接受防火墙的检查，防火墙只允许被核准的信息进出。

通常，防火墙具有以下功能：

① 过滤进出的数据；

② 管理进出的访问行为；

③ 封堵某些禁止的业务；

④ 记录通过防火墙的信息内容和行为；

⑤ 对网络攻击进行检测和报警。

防火墙可以是软件，也可以是硬件，但一般是硬件和软件的结合。个人计算机安装的操作系统一般会自带防火墙,用户也可以安装专业的防火墙软件(如 360 安全卫士等)。

　　根据过滤内容的不同,防火墙可以有不同的配置方法,一般配置方法有:屏蔽路由器方式、双穴主机网关方式、被屏蔽主机网关方式和被屏蔽子网方式。个人路由器一般采用具有包过滤功能的软件,防火墙用于监控、阻止任何未经授权的数据进入或发送到互联网,和网络专用防火墙一样,能够根据管理员设定的安全规则提供访问控制、安全监视、信息过滤等功能,防范网络入侵和攻击,防止信息泄露,使系统免遭黑客攻击。

　　Windows 10 系统自带 WindowsDefender 高级防火墙(图 8-29),其基本设置可以满足一般用户的防护需求,用户如需进行个性化配置,可自行设置。

图 8-29　Windows 10 系统自带的防火墙

习　　题

一、填空题

1.网络协议的三个要素分别是:语法、语义和_____。

2.网络拓扑结构一般有星状结构、总线型结构、环状结构、网状结构、混合型结构等,大型企业网一般属于_____。

3.计算机网络有多种功能,最主要的是_____。

4.按照地理覆盖范围的不同,计算机网络可以分为_____、城域网、广域网和个域网。

5.通信介质可以分为有线介质和无线介质两大类,目前广泛使用的有线介质有双绞线和_____。

6.正常工作的终端设备要想连网,必须安装有物理硬件_____,网卡的唯一识别码是_____。

7.IPv4 地址是由_____位二进制数组成的。为了便于人们使用,人们将 IPv4 地址采用_____方式进行表示。

8.IP 地址 192.1.1.2 属于_____类地址,其默认子网掩码为_____。

9.DNS 的作用是_____。

10.FTP 是_____的缩写,用来实现文件在网上的_____。

二、思考题

1.计算机网络的发展可以划分为哪几个阶段?各个阶段有何特点?

2.简述计算机网络的定义和组成。

3.简述计算机网络体系结构分层的好处。

4.简述 IP 地址及子网掩码的主要作用。

5.简述 WWW 用户查询信息时客户浏览器与 Web 服务器的交互过程。

6.简述计算机网络面临的主要威胁。

7.简述防火墙的主要作用。

图 书 资 源 支 持

感谢您一直以来对清华版图书的支持和爱护。为了配合本书的使用，本书提供配套的资源，有需求的读者请扫描下方的"书圈"微信公众号二维码，在图书专区下载，也可以拨打电话或发送电子邮件咨询。

如果您在使用本书的过程中遇到了什么问题，或者有相关图书出版计划，也请您发邮件告诉我们，以便我们更好地为您服务。

我们的联系方式：

地　　址：北京市海淀区双清路学研大厦 A 座 714

邮　　编：100084

电　　话：010-83470236　010-83470237

客服邮箱：2301891038@qq.com

QQ：2301891038（请写明您的单位和姓名）

资源下载：关注公众号"书圈"下载配套资源。

资源下载、样书申请

书圈

图书案例

清华计算机学堂

观看课程直播